JN299696

朝倉物性物理シリーズ

9

編集委員 ● 川畑有郷・斯波弘行・鹿児島誠一

中性子散乱

遠藤康夫 著

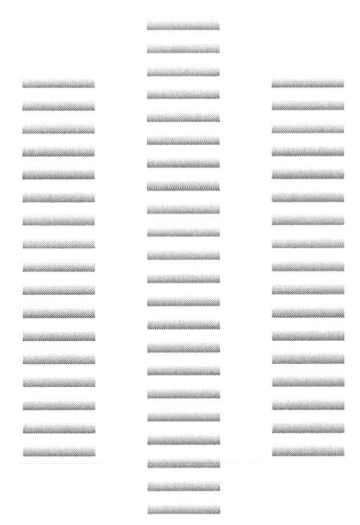

朝倉書店

ます　え　が　き

　中性子散乱は1950年代に原子炉が欧米をはじめ各国に満遍なく建設されるとともに，物性実験の先端的な道具になり，以後60年経過した現在も進化し続けている．20世紀の後半には米国とフランスの高束研究用原子炉を中心に世界中に30を超える中性子散乱研究施設が稼動することになった．日本では茨城県東海村の日本原子力研究所（現在は日本原子力研究機構・東海研究所）のJRR-2原子炉が中性子散乱実験施設として活躍したが，この原子炉は世界最強の大強度中性子源に比べると2桁以上弱いもので非弾性散乱実験には適さなかった．1990年に世界に肩を並べる高性能の熱中性子源としてのJRR-3研究用原子炉（20 MW）の利用ができるようになり今日に至っている．21世紀に入って今日の中性子散乱研究の状況を眺めると，大きな様変わりに驚かされる．一つは米国のブルックヘヴン国立研究所のHFBR（出力60 MW）をはじめとする欧米の研究用原子炉の停止が続き，原発に対する世論の不信が研究炉の運転にも大きな影響をもたらしたことで，JRR-3原子炉も将来安定的に利用できるか不透明のままである．二つには日本や欧米で1960年代から開発された加速器駆動の中性子源が1980年代に開花し，1985年に運転を開始した英国のラザフォード・アップルトン研究所の陽子シンクロトロン（ISIS 800 MeV）とパルス中性子源が加速器駆動中性子散乱研究分野を開拓したことである．日本では1980年につくばにある高エネルギー研究所（現在の高エネルギー加速器研究機構）の500 MeV陽子シンクロトロンに装着したパルス中性子源が，当時の世界の加速器駆動パルス中性子散乱研究の先頭集団の先頭を走ったが，2007年に，より発展した形でJ-PARC, 3 GeV陽子シンクロトロンに付属する世界最大規模のパルス中性子研究施設（MLF）が利用運転を開始した．豪州がANSTRO原子炉（30 MW），韓国がHANARO原子炉（30 MW）を利用する中性子実験を進め，中国では100 MW原子炉の建設，500 MW陽子加速器の建設などが進められている．このようにわずか20年の間に，中性子散乱研究をめぐる舞台が欧米から日本を含む

アジア，オセアニアへと大きなウネリとなって広がり始めている．

　将来中性子利用研究が，物質科学（materials science）の発展に不可欠な研究手段になると確信しているが，その拠り所となる固体物理研究，とくに磁性研究の進展に貢献してきた歴史を概観する．Chadwick 卿によって発見された（1932）中性子の利用は，先達の X 線回折の歩んだ道をたどり，中性子線回折現象の確認や回折理論（Bloch, 1937）がすぐに生まれている．続いて中性子磁気モーメントを利用する磁気散乱理論（Halpern and Johnson, 1939）が中性子のミクロ顕微の道具としての高い価値を予測した．原子炉初期時代の 1947 年頃から磁気散乱（当時は磁気モーメントをもつ原子位置の決定）実験が始まり，後に Neel が反強磁性体を見つけるきっかけを作る磁気モーメントの超格子の発見があった（Shull and Wollan, 1949）．それ以後大強度の中性子源の開発の歴史とともに，磁気相転移や転移温度近辺にあらわれる臨界散乱実験と理論（Van Hove, 1965）や磁気モーメントの個別運動や集団運動（スピン波），あるいは磁気散乱が動的磁化率と直接結びつくという揺動散逸定理（fluctuation dissipation theorem）（Kubo, 1966）など，物性物理学の基礎概念の構築に中性子散乱研究が大きな貢献をすることになった．

　21 世紀に入ると物質を原子レベルで制御できる技術まで完成し，「ナノサイエンス」「ナノテクノロジー」の時代であるといわれている．現代の物性物理研究は多様性と普遍性，あるいは基礎概念の構築と工業的応用への寄与という絶えず対峙する 2 極面を追求することが求められている時代に突入している．したがって高密度の電子，原子が創り出す複雑なミクロ構造とこれらの構造が物理的性質の発現の根源にどう関わるかを顕微するためには，静的なミクロ構造解析のみならず動的な分光計測が不可欠となる．中性子は電子，スピン，原子，分子などミクロな構造体の運動をみる最適な顕微手段である．筆者はミクロ構造の顕微実験をもとにした物理理論の構築が新しいパラダイムを開くと信じている．現在，中性子利用研究（中性子科学ともいわれる）の間口が広がり，一方で専門化も始まっている．中性子散乱に関する教科書，参考書も数多く出版されているが，これらの教科書はこれから中性子散乱の研究を始めようという学生，若手研究者向けというよりは，専門家向きに書かれた論文集の集約や解説が多い．とくに日本語で書かれた中性子全般に関する入門書に位置する教科書は古く，星埜禎男著の『中性子回折』までさかのぼらなければならず，名著であるこの教科書はすでに

絶版になっている．この教科書が書かれた時代にはパルス中性子が一般化していなかったし，書名にもあるように「回折」が主で「散乱」や「分光」の記述はわずかである．このような事情を鑑み，中性子散乱，すなわち回折と分光を含めて，現在非常な勢いで発展しつつあるパルス中性子による中性子散乱の最前線の研究の状況を理解するための，より一般的な「散乱」入門書を書くことにした．

現在，中性子以外にも放射光や電子線，あるいはミューオンなど世界一流の先端計測の道具が与えられ，日本ではいずれをとっても利用の便宜が図られ日常的に使える環境にいる．筆者の実力がその意図を十分に発揮できたかははなはだ怪しいかぎりではあるが，この教科書では計測道具としての熱中性子の特徴を伝え，物性物理研究に最大限に活かすときになぜ中性子が必要とされ，いかに中性子を使いたいかを伝えるように書いたつもりである．教科書の構成は前半の基礎編に中性子散乱の基礎的な記述を，後半の応用編に実際の中性子散乱実験と装置の記述によっていかに研究を進めるかを理解しやすいように，研究の具体例を紹介して読者に役立てるように組み立てたつもりである．付録に中性子散乱実験に欠かせない原子核の散乱振幅表や物理常数などを転載した．

本書を著すにあたって新井正敏，伊藤晋一，遠藤　仁，大友季也，神山　崇，加倉井和久，加藤礼三，金子耕二，鈴木淳市，高橋浩之，武田全康，中島健次，前川藤夫，山崎　大（敬称略）諸氏から資料を提供して頂いたり，筆者の理解の不足を補って頂いたり大変お世話になったので，ここでお礼を申し上げる．また Gerry Lander 博士および ILL 研究所から，彼が編集した原子核散乱長などの表を転載する許可を得た．さらに Stephan Shapiro 博士には，3軸分光の分解能関数に関する記述を転載する許可を得た．遠藤　仁博士には中性子小角散乱とスピンエコー法の記述を加筆して頂いた．これらの方々にとくにこの場を借りて感謝したい．加倉井和久博士とは数年にわたって雑誌『固体物理』中性子入門を共著し，当初この教科書の共同執筆を依頼したが，多忙のために実現できなかった．しかしながら原稿の段階で査読と意見を頂いた．これらの方々に改めてお礼を申し上げる．

最後にこの教科書を書くことを勧めて頂いた斯波弘行先生と朝倉書店編集部に終始激励していただき，的確な指示を頂いたことに感謝する．

　　2012 年 2 月

遠　藤　康　夫

目 次

〔基礎編〕

1. 物質の顕微 ··· 1
  1.1 結晶構造，逆格子（物質構造の基本） ································ 3
  1.2 結晶対称操作（点群，空間群） ·· 5
  1.3 回折現象，構造因子（ラウエの法則，ブラッグの法則） ············ 6

2. 中性子の特性と中性子の発生－なぜ中性子か？ ·················· 11
  2.1 中性子の特性と中性子散乱 ·· 11
  2.2 中性子光学現象（反射，屈折，吸収） ································ 13
  2.3 中性子の発生と中性子散乱のための中性子源 ····················· 16
  2.4 偏極中性子 ··· 24
  2.5 熱中性子を計測する検出器 ·· 29
  2.6 中性子源と散乱測定法の違い ··· 31
  ■コラム　石川義和 ·· 35

3. 中性子散乱現象の基本（I）－熱中性子と物質の相互作用 ······ 37
  3.1 中性子の原子核散乱 ·· 37
  3.2 中性子の磁気散乱 ·· 40
  3.3 中性子の干渉性散乱と非干渉性散乱 ································ 44
  3.4 弾性散乱と非弾性散乱 ··· 45
  3.5 偏極中性子散乱 ··· 49

4. 中性子散乱現象の基本 (II) ―相関関数と感受率 ······················ 52
　4.1 ボルン近似による散乱関数の導出 ······························ 52
　4.2 相関関数 ·· 53
　4.3 動的感受率 ··· 54
　■コラム　久保亮五 ·· 57

5. 中性子散乱現象の基本 (III) ··· 59
　5.1 中性子小角散乱断面積（ボルン近似による導出）············ 59
　5.2 ギニエ則とポロド則 ·· 61

〔応用編〕

6. 中性子カメラを用いた構造解析―構造をみるための回折計と構造解析方法
　 ·· 64
　6.1 中性子反射率測定と反射計 ······································· 65
　6.2 中性子小角散乱とカメラ ·· 70
　　6.2.1 中性子小角散乱カメラの原理 ································ 70
　　6.2.2 中性子小角散乱プロファイル ································ 71
　6.3 中性子散乱と全散乱カメラ ······································· 76
　6.4 中性子回折（粉末回折，単結晶回折，磁気構造回折）······ 81
　6.5 偏極中性子による磁気構造解析 ································· 88
　■コラム　木村一治 ·· 91

7. 中性子分光装置を用いた散乱研究―動きをみるための分光装置と実験方法
　 ·· 93
　7.1 飛行時間分析装置（チョッパー分光器）······················ 94
　7.2 3軸型分光装置 ·· 100
　7.3 3軸分光器分解能関数 ··· 103
　7.4 後方散乱装置 ·· 109
　7.5 偏極度解析分光装置 ··· 110
　　7.5.1 偏極解析 ··· 111
　　7.5.2 3次元偏極度解析（CRYOPAD Neutron Polarimetry）····· 117

- 7.6 中性子スピンエコー ……………………………………………………… 121
  - 7.6.1 中性子スピンエコー法の原理 ………………………………… 121
  - 7.6.2 中性子スピンエコー実験 ……………………………………… 123
- ■コラム　白根　元 ……………………………………………………… 125

8. 中性子散乱による物性物理研究 …………………………………………… 127
- 8.1 規則構造 …………………………………………………………………… 127
  - 8.1.1 液体を含む乱れたミクロ構造 ………………………………… 131
- 8.2 相転移 ……………………………………………………………………… 134
- 8.3 格子振動（phonon） ……………………………………………………… 140
  - 8.3.1 結晶の格子振動 ………………………………………………… 140
  - 8.3.2 フォノンに対する原子核非弾性散乱断面積 ………………… 145
  - 8.3.3 フォノンに対する中性子散乱実験 …………………………… 146
- 8.4 スピン波（magnon） ……………………………………………………… 148
  - 8.4.1 マグノンに対する中性子磁気非弾性散乱断面積 …………… 150
  - 8.4.2 マグノンの中性子散乱実験 …………………………………… 152
- 8.5 次元，量子効果 ………………………………………………………… 156
  - 8.5.1 準弾性散乱による低次元スピン相関 ………………………… 157
  - 8.5.2 中性子磁気非弾性散乱にみる1次元スピン揺らぎ ………… 159
  - 8.5.3 量子効果の直接検証（低次元 $S=1/2$ 系の磁気励起） ……… 164
- ■コラム　平川金四郎 …………………………………………………… 170

文　　献 …………………………………………………………………………… 173
あ と が き ………………………………………………………………………… 177
付　　録 …………………………………………………………………………… 179
　付　録 A　物理定数・単位 ……………………………………………… 179
　付　録 B　中性子散乱長・断面積 ……………………………………… 180
索　　引 …………………………………………………………………………… 197

基礎編

1

物質の顕微

　物質科学の研究はまず物質の姿形をみることから始まる．物質は原子核と電子により構成される「原子集団」，あるいは複数の原子から構成される分子集団から成り立っている．その原子や分子の立体構造や立体構造の中の多数の電子の状態が物質の物理的性質（物性）の多様性を支配することは早くから知られていた．鉱物結晶表面の規則的な幾何模様の存在が結晶の構成原子・分子集団が規則的な立体構造を示すことに起因するという格子概念（lattice postulate）は，20世紀初頭の原子（イオン）サイズの波長をもつX線回折像の解析による von Laue の実験的証明（1912）以前に確立していた．約400年前ドイツの J. Kepler が「六角対称性を示す雪について」（De nivis hexagonalis）という論文を著し，彼はその中で顕微鏡の「雪」の結晶像をみて構成単位の規則配列の存在という概念を示した（1611）．密度の高い水滴の単位胞の周期配列〔図 1.1(a)〕の概念を導入したことがその後の発展につながったと考えられる．結晶表面の規則的な交わり角の存在や結晶の並進性や等方（異方性ともいえるが）的な物性が内部構造に起因するという格子概念が導入される（R. J. Haüy, 1784）のに1世紀以上の時間を要したが，A. Blavais は R. J. Haüy の格子概念を完成させた．このように長い年月を経て群論，対称性など数学的記述の導入を経て確立されたこの幾何学的格子概念は前述のように20世紀初頭になって，X線回折というミクロ顕微の実験によって原子，イオンの構成単位の周期配列からの回折現象の観測から物理の基本である結晶が検証されたのである．現在では，高分解能の電子顕微鏡をのぞいてみると，原子や電子雲の立体的な規則配列を回折像ではなく実像として目の当たりにすることも可能である．物質顕微の歴史を振り返ると，観測分解能の日進月歩の発展によって観測可能な大きさが飛躍的に小さくなり，超伝導のような特異な特性を示す分子が形成する複雑な結晶構造〔図 1.1(b)〕，最小単位である金属，無

                    (a)   (b)

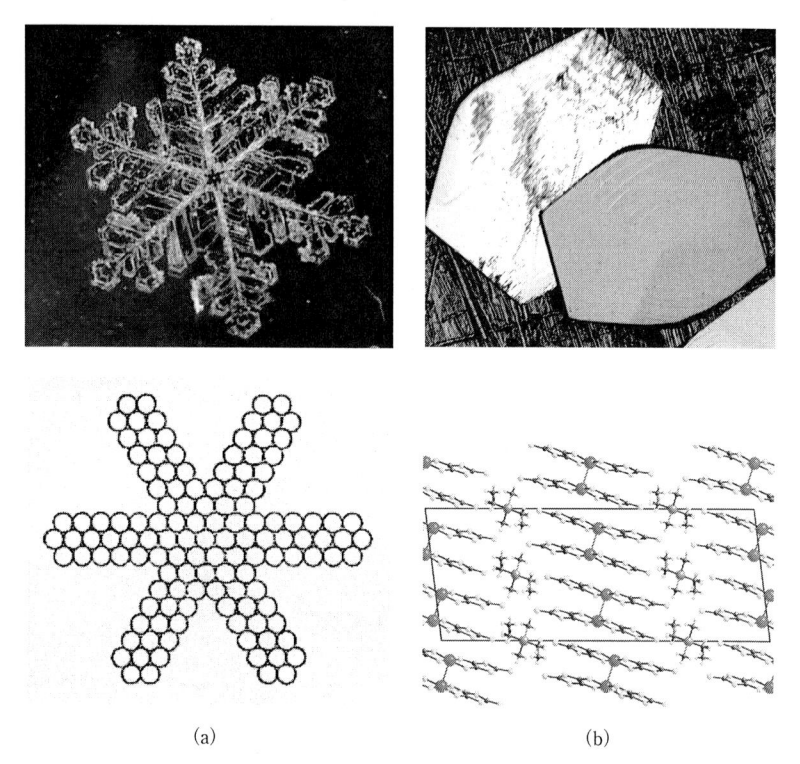

図 1.1 (a) 雪の結晶と Kapler の結晶構造モデル
(b) 超伝導分子性結晶 ETMeP[Pd(dmit)$_2$] とその結晶構造 (加藤礼三氏提供)

機化合物結晶中の単原子・イオンの電子雲も捉えられる時代を迎えるようになった．X 線回折法が確立されて，1 世紀以上の期間に達成された分解能と輝度の飛躍的向上，電子顕微鏡などの新しい顕微手段などの発明，高輝度レーザーや軌道放射光などの先端計測手段の革命的な進歩によって，今や原子 1 個 1 個の空間配列を識別できる時代に到達している．

完全な 3 次元規則構造をもつ「結晶」を一方の究極とすると，2 次元結晶膜が乱雑な方向で積層した擬 2 次元結晶，分子基の方向だけが揃った液晶，さらに 5 回回転対称を含む 3 次元の完全な周期構造がなくガラスとの中間的な準結晶固体，局所的な近距離構造を保ちながら乱れたままの液体を凍らせたガラスあるいはアモルファス金属などをさらに複雑にしたナノ構造をもう一方の極限とした多様なミクロ構造が，物質の物理的性質の決定的要因を与えることが解明されるよ

うになった．その中で中性子散乱は初期には X 線に準ずるミクロ構造決定の手段としての回折法であったが，中性子の特性を活かすことによって物質の構成単位の「動き」あるいは「揺らぎ」をみる分光を伴った顕微法としての確固たる地位を得ている．そしてまた時を同じくして高輝度の放射光，レーザーなどの動的構造のための先端計測研究が開発されてきた．両者は一方で相補的関係を保ちながら，もう一方で競合しながらより先端的な顕微手段として物質科学の発展に貢献することを期待されている．この章ではまず物質構造の基本となる結晶構造，逆格子，空間群，回折法則を復習する．

1.1 結晶構造，逆格子（物質構造の基本）

3次元（2次元）結晶は周期配列の基本となる平行6面体（平行四辺形）からなる単位胞（セル）から構成される．この単位胞は格子の3つ（2つ）の基本ベクトルから形成されることから，単位格子と定義される．幾通りもある格子の取り方のうち，最も高い対称性をもち，かつ最小の大きさである条件のもとで決められたのが唯一の基本単位格子である．逆格子は幾何学的に3次元結晶構造を整理するために導入され，回折法あるいは量子論を駆使するのに不可欠の定義である．逆格子を組み立ててみよう．図1.2では座標の原点から結晶面に垂直に立てた法線ベクトル $\vec{B}_h$ を定義している．

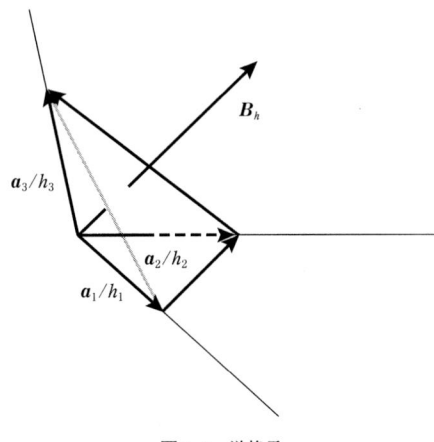

図 1.2 逆格子

図1.2の単位格子 $(\vec{a}_1, \vec{a}_2, \vec{a}_3)$ の基本並進ベクトルで表される座標を横切る面はミラー指数（Miller indices），(h_1, h_2, h_3) で表すと，逆格子の基本並進ベクトル $(\vec{a}_1^*, \vec{a}_2^*, \vec{a}_3^*)$ は次のように定義される．

$$\vec{a}_1^* = \frac{\vec{a}_2 \times \vec{a}_3}{\vec{a}_1[\vec{a}_2 \times \vec{a}_3]} = \frac{\vec{a}_2 \times \vec{a}_3}{V}, \quad \vec{a}_2^* \equiv \frac{\vec{a}_3 \times \vec{a}_1}{V}, \quad \vec{a}_3^* \equiv \frac{\vec{a}_1 \times \vec{a}_2}{V} \tag{1.1}$$

$\vec{a}_i \cdot \vec{a}_i^* = \delta_{ij}, \quad i, j = 1, 2, 3, \quad i = j$ のとき，$\delta_{ij} = 1, \quad i \neq j$ のとき $\delta_{ij} = 0$

そこで，図1.2の結晶面は逆格子で表すと，$\vec{B}_h = h_1\vec{a}_1^* + h_2\vec{a}_2^* + h_3\vec{a}_3^*$ となる．ベクトル $\vec{B}_h$ の長さは (hkl) 面の面間隔の逆数に等しい．すなわち，$\vec{B}_h = 1/\vec{d}_{hkl}$ と書ける．平面 (hkl) の面上の $\overrightarrow{AB}$ は $(\vec{a}_1/h) + \overrightarrow{AB} = \vec{a}_2/k$ と書ける．B_h と $\overrightarrow{AB}$ とのスカラー積をとると，

$$\vec{B}_h \cdot \overrightarrow{AB} = (h\vec{a}_1^* + k\vec{a}_2^* + l\vec{a}_3^*) \cdot \left(\frac{\vec{a}_2}{k} - \frac{\vec{a}_1}{h}\right) = 0 \tag{1.2}$$

つまり $\vec{B}_h$ と $\overrightarrow{AB}$ は直交する．同様に $\vec{B}_h = (1/d_{hkl})$ の関係も証明できる．線分 $d = (\vec{a}_1/h) \cdot \vec{n}, \vec{n} = (\vec{B}_h/H)$ であるから，

$$d = \frac{\vec{a}_1}{h} \cdot \frac{(h\vec{a}_1 + k\vec{a}_2 + l\vec{a}_3)}{H} = \frac{1}{H} \tag{1.3}$$

繰り返しになるが，すべての格子は $\vec{a}_1, \vec{a}_2, \vec{a}_3$ をもとにする (hkl) 面の集積が $\vec{B}_h$ の集積でもある．後者の集積が $\vec{a}_1^*, \vec{a}_2^*, \vec{a}_3^*$ をもとにしているので逆格子と定義される．

格子が幾何学上周期関数として表示されるので，フーリエ級数で展開される．

$$\Omega(x_1, x_2, x_3) = \sum_{-\infty}^{\infty} \Omega_H e^{-i2\pi(H_1 x_1 + H_2 x_2 + H_3 x_3)}, \quad \{\Omega(\vec{r}) = \sum \Omega_H e^{-2\pi \vec{B}_H \vec{r}}\} \tag{1.4}$$

形式的にはフーリエ展開係数 Ω_H は逆変換によって，

$$\Omega_H = \int_0^1 \Omega(x_1, x_2, x_3) e^{2\pi \vec{B}_H \vec{r}} dx_1 dx_2 dx_3, \quad \left\{\Omega_H = \frac{1}{V}\int_V \Omega(\vec{r}) e^{2\pi \vec{B}_H \vec{r}} dv\right\} \tag{1.5}$$

V：結晶体積

と表される．格子関数のフーリエ級数展開は次節以降で求める構造因子の導出に使われる．

1.2 結晶対称操作（点群，空間群）

「対称操作」は単位格子の並進（平行移動）と，格子内のある特定の点の周りの，回転，鏡映，反転などの操作群（点群と定義する）からなるが，これらの操作に対して不変，すなわち操作の前後で両方が完全に重なることを「対称」と定義する．この「対称操作」が群論的に整理されて，2次元結晶では5個，3次元結晶ではすべての結晶が32個の「点群」に整理される．

対称操作は次のように整理される．

閉じた対称操作（点群）　　回転対称軸　　1, 2, 3, 4, 6
　　　　　　　　　　　　　回転反映軸　　$\bar{2}=m, \bar{3}, \bar{4}, \bar{6}$
　　　　　　　　　　　　　鏡映対称面　　m
　　　　　　　　　　　　　反転中心　　　$\bar{1}$

そのうえに基本格子を移動する開いた対称操作（点群に並進，グライド，反映などの対称操作が重なる）が加わったものを「空間群」と定義するが，これは結晶構造ではなくあくまでも対称要素を並べた空間模様である．2次元結晶では17個，3次元結晶では230個の空間群が指定される．表1.1に空間群に指定される対称軸，対称面の記号やその性質をまとめておく．

結晶構造を網羅した辞書，『*International Tables for Crystallography*』（国際結晶学会発行）は固体結晶を扱う研究者必携の書であるが，データ集として定評ある参考書やカードなど結晶構造が整理された資料も多く存在する．「結晶回折」あるいは「結晶構造解析」の学問は完全に確立し，実際中性子回折パターンから格子像を引き出すソフトウエアが構造解析を瞬時に可能にしてくれる．回折実験で決まる結晶構造から必要な空間群を上記の「辞書」である *International Tables* から空間群の番号を引き出し，構成する原子やイオンの空間対称性の詳細がわかれば対称性を反映する物性まで予測できる．空間群は純粋に群論による数学的表現であり，物理の基本とは一線を隔する概念ではあるが，空間群を理解することは物性の理解に不可欠となる重要な意味をもつことを付け加えておこう．この節の終わりにブラベー格子（Bravais lattice）を取り上げる（図1.3）．純粋に群論をもとにした格子概念を完成させたのがBravaisの仕事で，3次元結晶では32個の点群から14個の空間格子，すなわちブラベー格子が得られる．

表 1.1 対称軸，対称面の記号とその内容

記号	対称軸	図示記号	右回りらせん操作の軸方向の性質	記号	対称軸	図示記号	右回りらせん操作の軸方向の性質
1	一重回転	なし	なし	4	四重回転	◆	なし
$\bar{1}$	一重反像	○	なし	4_1	四重らせん	◆	$c/4$
2	二重回転	● (紙面に垂直)	なし	4_2		◆	$2c/4$
		→ (紙面に平行)		4_3		◆	$3c/4$
2_1	二重らせん	● (紙面に垂直)	$c/2$	$\bar{4}$	四重反像	◈	なし
				6	六重回転	⬢	なし
		→ (紙面に平行)	$a/2$ あるいは $b/2$	6_1	六重らせん	⬢	$c/6$
		(以下は紙面に垂直)	なし	6_2		⬢	$2c/6$
				6_3		⬢	$3c/6$
				6_4		⬢	$4c/6$
				6_5		⬢	$5c/6$
3	三重回転	▲	$c/3$	$\bar{6}$	六重反像	⬡	なし
3_1	三重らせん	▲	$2c/3$				
3_2		▲					
$\bar{3}$	三重反像	△	なし				

記号	対称面	図示記号 投影面に垂直	図示記号 投影面に平行	映進操作の性質
m	鏡映面 (mirror)	———	⌐	なし．（注意，$z=1/4$ のところに面のあるときは，記号のわきに $1/4$ をつける）
a, b	軸(方向)映進面	- - - - -	⌐↓	〔100〕方向に $a/2$，あるいは〔010〕方向に $b/2$．または〈100〉方向
c	軸(方向)映進面	·········	なし	z 軸方向に $c/2$，あるいは斜方面体晶系の [111] 方向に $(a+b+c)/2$
n	対角(方向)映進面 (net)	—·—·—	⌐↗	$(a+b)/2$，あるいは $(b+c)/2$，あるいは $(c+a)/2$，または $(a+b+c)/2$（正方または立方晶系）
d	"ダイヤモンド"型映進面	—·←·—	$\frac{1}{8}$ $\frac{3}{8}$	$(a\pm b)/4$，あるいは $(b\pm c)/4$，あるいは $(c\pm a)/4$，または $(a\pm b\pm c)/4$，（正方または立方晶系）．この面は図示したように $z=1/8$ と $3/8$ とにある

Bravais はこれを完全な結晶点群と考えた．これを表 1.2 にまとめておこう．

1.3 回折現象，構造因子（ラウエの法則，ブラッグの法則）

慣れ親しんだブラッグの法則は結晶に X 線を照射したときに現れる「回折線」が結晶内の原子面からの個別の反射の干渉効果である．この法則はその前年に発

1.3 回折現象，構造因子（ラウエの法則，ブラッグの法則）

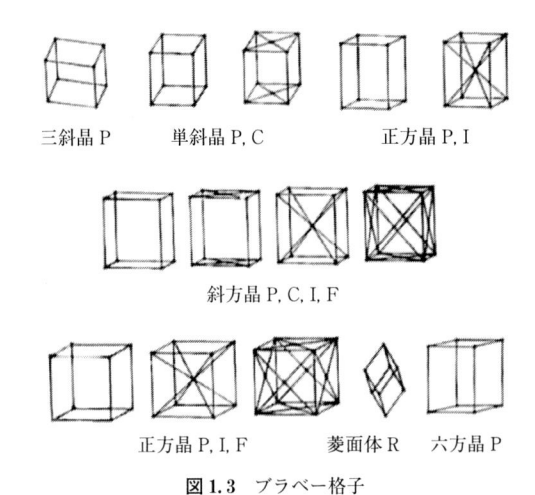

図1.3 ブラベー格子

三斜晶 P　単斜晶 P, C　正方晶 P, I

斜方晶 P, C, I, F

正方晶 P, I, F　菱面体 R　六方晶 P

表1.2 3次元ブラベー格子

系	系に含まれる格子の数	格子シンボル	単位格子長さ，角度	単位格子の特性	格子の対称性
triclinic 三斜晶系	1	P	a, b, c α, β, γ	$a \neq b \neq c$ $\alpha \neq \beta \neq \gamma$	$\bar{1}$
monoclinic 単斜晶系	2	P C	a, b, c β	$a \neq b \neq c$ $\alpha = \gamma = 90°$ $\beta \neq 90°$	$2/m$
orthorhombic 斜方晶系	4	P C I F	a, b, c	$a \neq b \neq c$ $\alpha = \beta = \gamma = 90°$	mmm
tetragonal 正方晶系	2	P I	a, c	$a = b \neq c$ $\alpha = \beta = \gamma = 90°$	$4/mmm$
cubic 立方晶系	3	P I F	a	$a = b = c$ $\alpha = \beta = \gamma = 90°$	$m3m$
trigonal 菱面体晶系	1	R	A α	$a = b = c$ $\alpha = \beta = \gamma \neq 90°$	$\bar{3}m$
hexagonal 六方晶系	1	P	a, c	$a = b \neq c$ $\alpha = \beta = 90°$ $\gamma = 120°$	$6/mmm$

表された von Laue の幾何学的な考察による X 線回折を実証したものである．ブラッグ父子は，入射線（波）と反射波との行路差が X 線波長の整数倍であれば，

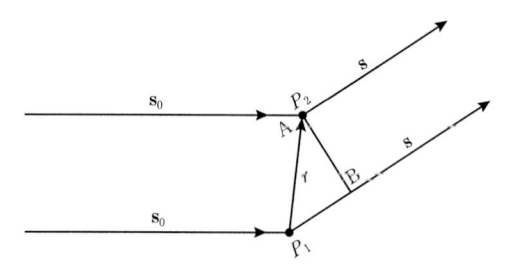

図1.4 ラウエの回折条件の原理図

強い回折線がみられるというきわめて簡単な条件式を得た．ラウエの法則はより一般的で，1.1節で述べた逆格子表示を用いて説明され，もちろんブラッグの法則は自動的に導かれることになる．

回折条件を幾何学的に理解するために図1.4を使う．

P_1点 $(0, 0, 0)$ にある原子に散乱されたビームが P_2 点 $(p\vec{a}_1, q\vec{a}_2, r\vec{a}_3)$ に位置する原子によって散乱されるビームとの相関を考える．入射線，散乱線の単位ベクトルを各々 $\vec{S}_0, \vec{S}$ とすると $\vec{S}_0, \vec{S}, \overrightarrow{P_1P_2}(=p\vec{a}_1+q\vec{a}_2+r\vec{a}_3)$ は一般に同一平面上にない．図1.4には入射線 $\vec{S}_0$，散乱線 $\vec{S}$ に垂直な波面を線分 $\overrightarrow{P_1u}, \overrightarrow{P_1v}$ で表現するが，P_1 点，P_2 点で散乱されるビームの経路差 δ は次のようになる．

$\delta = \overrightarrow{P_2u} + \overrightarrow{P_2v} = \overrightarrow{P_1m} + \overrightarrow{P_1n} = \vec{S}_0 \cdot \overrightarrow{P_1P_2} + (-\vec{S}) \cdot \overrightarrow{P_1P_2} = -\overrightarrow{P_1P_2} \cdot (\vec{S}-\vec{S}_0)$ と書け，従って位相差 ϕ は $\phi = 2\pi\delta/\lambda$ であるから，$\phi = -2\pi\{(\vec{S}-\vec{S}_0)/\lambda\} \cdot \overrightarrow{P_1P_2}$ と表される．$(\vec{S}-\vec{S}_0)/\lambda = h\vec{a}_1^* + k\vec{a}_2^* + l\vec{a}_3^*$ と逆格子表示する．

$\phi = -2\pi(h\vec{a}_1^* + k\vec{a}_2^* + l\vec{a}_3^*) \cdot (p\vec{a}_1 + q\vec{a}_2 + r\vec{a}_3) = hp + kq + lr$ と書き直される．位相差 ϕ が強め合う条件は ϕ が 2π の整数倍である必要がある．つまり h, k, l は整数であることが条件となる．

回折条件を与える式は結局，(1.6) 式のように表される．

$$\frac{\vec{S}-\vec{S}_0}{\lambda} = \vec{B}_h = h\vec{a}_1^* + k\vec{a}_2^* + l\vec{a}_3^* \tag{1.6}$$

Ewald によって与えられた方法でこの回折原理を説明しよう．この表現はラウエの公式やブラッグの法則を一元的に含むものである．

ある点 A から入射線ベクトル $(\vec{S}_0/\lambda)$ を引くと終点が原点 O と定義され，線分 $\overline{AO}$ を半径とする球殻（エヴァルト球（Ewald sphere）と定義される）上に散乱ベクトル $\overrightarrow{BO}$ が乗るが $\overline{BOA}$ を結ぶ平面（散乱面）はエヴァルト球の2次元の円

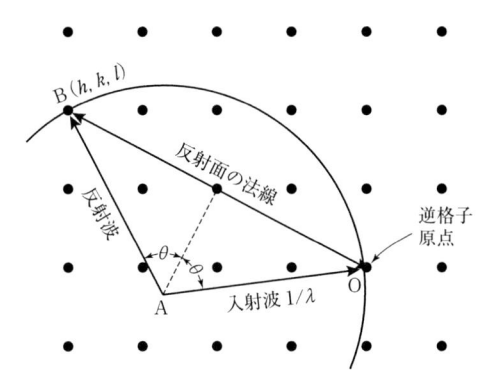

1.3 回折現象，構造因子（ラウエの法則，ブラッグの法則）

図 1.5 エヴァルト球（2次元投影）と回折条件

上に位置することが容易にわかる．つまり逆格子空間の原点とエヴァルト球殻を重ねてこの球殻に逆格子点が乗ったときに上式すなわち回折の必要条件がみたされることになる．図 1.5 からわかるように回折条件のみたされる逆格子点は多結晶（粉末試料）の場合は球殻上の円弧（リング）になる．これをラウエリング（Laue ring）と定義されるが，実際 2 次元の位置敏感検出器を備えた回折計でラウエリングをみることができる．実際の回折カメラの原理等は応用編で説明する．

次に回折線（もしくは逆格子上での回折点）の散乱強度，この場合は結晶格子の単位胞（unit cell）からの散乱を理解しよう．X 線，電子線では電子により散乱され，中性子線は原子核と電子磁気モーメントによって散乱されるが，原子の外側に遍歴する磁気モーメントを含めて，中性子線による原子散乱能は後章で与えられる．n 個の原子からなる単位格子の角を原点とする散乱フレームとする．単位格子内のすべての位置は次のように定義できる．

$$\vec{r} = \sum_i x_i \vec{a}_i, \qquad 0 \leq x_i \leq 1$$

したがって単位胞内の原子位置は座標点 $\vec{r}_n$ で指定されることになる．原子の分布関数は 1.1 節で与えられたフーリエ級数を使うと単位胞の散乱能（F^0）は

$$F^0 = \sum_k f_k^0 e^{i \vec{\kappa} \vec{r}_k} \tag{1.7}$$

で与えられる．反射される回折線の強度，すなわち散乱能は結晶全体をみるので単位胞を結晶全体で積分した値をもって構造因子（structure factor）と定義することになる．

結晶を構成する単位胞を全部取り込むと，散乱振幅として以下の式のように定

義できる．

$$\Phi_n = E_n F^0 \sum_L e^{i\vec{\kappa}\cdot\vec{A}_L}, \qquad \vec{A}_L = L_1\vec{a}_1 + L_2\vec{a}_2 + L_3\vec{a}_3 \qquad (1.8)$$

ここで新たに，原点にある単位胞と散乱に寄与する単位胞との位相因子 $\vec{\kappa}\cdot\vec{A}_L$ を考慮しなければならない．すべての単位胞について上式の総和をとると，

$$\sum_L e^{i\vec{\kappa}\cdot\vec{A}_L} = \sum_0^{N_1-1} e^{iL_1\vec{\kappa}\cdot\vec{a}_1} \sum_0^{N_2-1} e^{iL_2\vec{\kappa}\cdot\vec{a}_2} \sum_0^{N_3-1} e^{iL_3\vec{\kappa}\cdot\vec{a}_3} \qquad (1.9)$$

この計算は展開公式から求められるので最終的に，$\Phi_n = E_n \prod_i \{(e^{iN_i\vec{\kappa}\cdot\vec{a}_i} - 1)/(e^{i\vec{\kappa}\cdot\vec{a}_i} - 1)\}$ となる．散乱強度は散乱振幅の2乗となるから，

$$I_n = |F_0|^2 \prod_i \frac{\sin^2(1/2)N_i\vec{\kappa}\cdot\vec{a}_i}{\sin^2(1/2)\vec{\kappa}\cdot\vec{a}_i} \qquad (1.10)$$

ここで，反射ベクトル $\vec{\kappa}$ は $\vec{\kappa} = 2\pi(\vec{k} - \vec{k}_0)$ をみたす．$\vec{k}, \vec{k}_0$ は各々散乱，入射ベクトルである．

$$\vec{\kappa}_H \cdot \vec{a}_1 = 2\pi H_1, \vec{\kappa}_H \cdot \vec{a}_2 = 2\pi H_2, \vec{\kappa}_H \cdot \vec{a}_3 = 2\pi H_3$$
$$\vec{\kappa}_H = 2\pi \vec{B}_H = 2\pi(H_1\vec{a}_1^* + H_2\vec{a}_2^* + H_3\vec{a}_3^*) \qquad (1.11)$$

をみたすとき，I_n が最大値をとる．この式はラウエ公式，あるいはブラッグ条件と等価である．

実際の結晶試料では N_i が大数（∞）とおけるので，

$$\sum_L^\infty e^{i\vec{\kappa}\cdot\vec{A}_L} = \frac{1}{1 - e^{i\vec{\kappa}\cdot\vec{a}_i}} = \delta(\vec{\kappa} - 2\pi\vec{\tau})$$

となることはいうまでもない．ここで次元性のことについて触れておく．仮に1次元結晶が存在するならば，ブラッグ条件をみたす逆格子ベクトル $\vec{\tau}$ は1次元格子と垂直平面内のすべての点である．したがって3次元の逆格子空間内に1次元格子のブラッグ条件をみたすのはブラッグ面ということになる．同様の論法で2次元格子の場合にはブラッグ条件をみたすのはブラッグ線で表される．実際，磁気的な長距離秩序が実現している（3次元）結晶の磁気反射を求めると，1次元的な規則配列が実現している場合には逆格子空間では磁気的な超距離秩序と直行するブラッグ面が観測されるので，1次元磁気秩序の直接的検証となる．単位胞からの散乱能は定義から原子散乱因子（atomic structure factor）と定義され，次章以下で与えられる単位胞内の原子と中性子の散乱振幅を計算することによって，最終的に結晶全体の散乱強度が求められる．

2

中性子の特性と中性子の発生 —— なぜ中性子か？

　中性子は1932年，James Chadwickによって発見されたが，発見後4年経った頃に電磁波X線と同様，中性子線の回折現象が示された．これらの初期の回折現象の検証実験はα線をベリリウム（Be）に照射し発生した中性子をパラフィンで減速させた低速（熱）中性子による実験であり，未知の構造解析や物質の顕微に応用されるのはEnrico Fermiによって開発された大量の中性子を発生する原子炉の出現を待たなければならなかった．しかし，この間に中性子の特性を応用すると先行のX線に勝る有用な顕微道具になることが理論的に明らかにされた．このことがその後の中性子散乱が急速に発展する基礎となった．

2.1 中性子の特性と中性子散乱

　中性子は陽子とともに原子核を構成する電気的に中性の準安定な素粒子（ハドロン）であることはよく知られている．中性子は14分以上の寿命をもちβ崩壊して陽子とニュートリノに変わる．物理的な特性をまとめておくと次のようになる．

質量　　　　　　　　$m = 1.674928 \times 10^{-27}$ kg（1.008664915 a.u.）

スピン（磁気能率）　$S = -\dfrac{\hbar}{2}$（$\mu_N = -9.6491783 \times 10^{-27}$ J T）

寿命　　　　　　　　$t = 885.8$ sec

波動関数動径　　　　$r = 0.7$ fm

クォーク構造　　　　udd

上の式から重要な中性子の特性は陽子とほとんど同等の質量をもち*，電荷を

---

* 中性子と陽子の質量の差：$(m_n - m_p)/m_n = 0.0013765$

\# （次頁）電荷：$q = -0.4 \pm 1.1 \times 10^{-21}$ e（$d = -0.1 \pm 0.36 \times 10^{-25}$ e・cm）

もたない#，そしてスピン量子数 1/2 の磁気モーメントをもつことである．量子力学から質量と波動の両面性に基づいて波長（波動の速度）とエネルギーを計算すると，物質の顕微に役立つイオンサイズの波長の中性子は 0.1 eV 程度の物質内のイオンや原子，さらに電子や磁気モーメントの運動と同じオーダーのエネルギーをもつことになり，たとえば結晶の原子位置とその運動を同時に観測しやすい状況にある．物質波として運動量（波長）とエネルギーの間の関係が次のように書ける．

$$\lambda(A) = \frac{2\pi}{k} = \frac{h}{mv} = \frac{3.96}{v(\mathrm{km\cdot sec^{-1}})} = \frac{0.286}{\sqrt{E(\mathrm{eV})}} \quad (2.1)$$

中性子を物質中に照射すると，原子核と反応する．原子核との反応は，散乱，吸収，さらに核分裂などがある．我々の関心事である熱（低速）中性子散乱現象は量子力学の基本的な散乱問題として，物質中の原子との相互作用ポテンシャルを入れたハミルトニアンを与えた中性子の波動方程式シュレーディンガー（Schrödinger）方程式を解くことで与えられる．物質の構造解析（動的なものも含めて）の実験の解析に必要な中性子散乱現象の基本式は次章で詳しく説明する．中性子の波動関数の広がりは波長に比べると数桁も小さいし（粒の大きさが小さいともいえる）原子核も熱中性子線の波長に比べると点とみなせる．半面波近似がよい入射中性子線は中心力で表されるポテンシャル（Fermi pseudo-potential と定義される）が働く場で散乱されるが多重散乱（「粒子」間相互作用）を無視して第 1 ボルン近似（kinematical 近似）が適用される．

中性子は量子数 1/2 の磁気モーメントをもつ，いわば小さな磁石でもある．このために中性子が物質中に入れば中性子の場所にできた散乱体の原子スピンがつくる局所磁場によって散乱されるが，この磁気散乱も以下の節で詳しく説明する．磁気散乱を解析すると物質の局所的な磁気状態（磁性）が詳しくわかるので，磁性体の研究には今や欠かせない実験道具の地位を得ている．

中性子は原子核との衝突によって複合核をつくる際に核スピンと結合する．複合核から飛び出した中性子は中性子散乱現象の結果であるから当然核スピンとの結合状態が散乱振幅を決める．物質の中では原子核スピンが揃っていないのが普通で，散乱の後では入射中性子とスピン状態の異なる成分が混じることを考慮しなければならない．このことについては次章の原子核散乱の基本の節で詳しく述べる．

中性子と原子（核）との相互作用の結果，例外的に (n,p), (n,γ), (n,α) 等の強い核反応の結果，原子核に吸収されて出射しない場合を除いて，通常その相互作用による吸収は小さいので，従って熱中性子の透過度が高いことも特徴の1つである．吸収を含めると相互作用ポテンシャルは複素数で書かれ，中性子波動関数は平面波の入射波と振幅 $f(\theta)$ をもつ球面波で表される散乱波の和で表記される．

$$\psi_{\vec{k}}(\vec{r}) \to e^{i\vec{k}\cdot\vec{r}} - f(\theta)\frac{e^{i\vec{k}\cdot\vec{r}}}{r} \tag{2.2}$$

ここでは散乱波は振幅が θ によらない正符号の散乱長 b で表される S 波で近似できることを注意したい．散乱長の値は核種ごとに異なるので実験で決めることになるが，ある種の原子核では散乱長の符号が負になることも特徴の1つである．また中性子光学現象，すなわち中性子による反射，屈折，吸収などは電磁波（光）の光学現象をもとにして理解する．次節ではとくに中性子に特有な現象についてのみ強調しておくことを，読者にはあらかじめ知っておいて頂きたい．

2.2　中性子光学現象（反射，屈折，吸収）

電磁波の光学現象に準じて中性子光学の基本を理解する．中性子光学は光学現象から波動力学の基本概念を理解するうえで必須の概念であり，これから得られる基礎物理実験が現在も精力的に行われているが，本書では光学実験（図2.1）（中

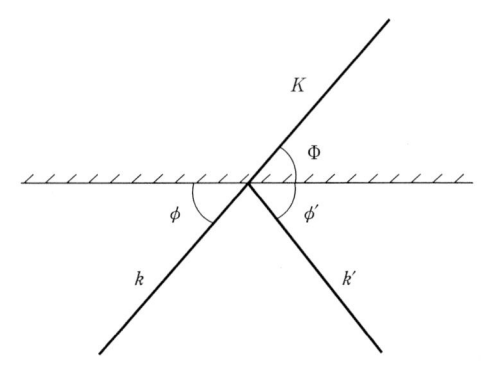

図2.1 中性子の散乱体界面（$z=0$）での反射，屈折（$z<0$ は真空層）

性子反射，屈折など）あるいは全反射法や透過による選択（フィルター）法による中性子偏極や中性子集束の基本を説明するにとどめる．電磁気学における均質な2つの媒質を通る電磁波（光）の界面（表面）での屈折に準じて中性子の屈折率を定義する．中性子散乱は完全に干渉性散乱と規定する．つまり弾性散乱であり，散乱前後に散乱体の状態は不変であるとする．この時波数 $\vec{k}$ で入射した中性子は界面で屈折して波数 $\vec{K}$ に変わる．干渉性散乱ゆえ，方向が変わるということである．電磁波と中性子線はともにド・ブロイ（de Broglie）波であるが，屈折率 n を定義すると，光学では $n=v_0/v_i$ で与えられる．v_0, v_i は各々真空中，媒質中の位相速度である．中性子光学では中性子の速度は群速度（group velocity）である．位相速度はド・ブロイの定義によって $v_p=h/m\lambda$ であることを考慮に入れなければならない．したがって，

$$E = \frac{\hbar^2 K^2}{2m} + v_0 = \frac{\hbar^2 k^2}{2m} \tag{2.3}$$

$$n = \frac{K}{k}, \quad n^2 = 1 - \xi, \quad \xi = \frac{v_0}{E} \tag{2.4}$$

中性子の屈折率は媒質内外の波数（momentum）の比で与えられることになる．衝突理論から定義されるポテンシャル散乱の結論は

$$\sigma_s = 4\pi R^2 \sigma_s, \quad R：散乱断面積，ポテンシャル径 \tag{2.5}$$

中性子散乱で与えられるのは R の代わりに散乱長 b でその中身は中性子が原子核に衝突の際，いったん原子核に捉えられて複合核をつくり外に出ていく反応過程を鑑みて相互作用はポテンシャル散乱と共鳴散乱の和として表される．さらに吸収反応を伴うので数学的には b は複素スカラー量で記述される．

熱中性子の波長に比べて小さい半径 R の原子核に対するポテンシャル散乱は剛体球による散乱と近似できて，この部分は (2.5) 式で表される．式中の R は質量数の3乗根に比例する．ところが中性子散乱に特有な複合核による共鳴散乱の項については，共鳴順位と中性子エネルギー，原子核スピンの状態などに強く依存する．ポテンシャル散乱は散乱の前後で波動関数の位相を逆転させるので散乱振幅の定義から正符号が入射と散乱の位相逆転状態を表すことになる．

結局，光学（散乱）ポテンシャル v_0 は次のように与えられる．

$$v_0 = \frac{2\pi\hbar^2}{m}\rho b \tag{2.6}$$

2.2 中性子光学現象（反射，屈折，吸収）

ここでは原子核散乱長で単原子の媒体に適用されるものとする．多原子媒体の場合は $\rho b \equiv \sum_l \rho_l b_l$ となる．

$$\xi = \frac{4\pi}{k^2}\rho b = \frac{\lambda^2}{\pi}\rho b \quad (k = 2\pi/\lambda) \tag{2.7}$$

全反射の臨界波長 λ_c が決まれば，$\xi = (\lambda/\lambda_c)^2$ で与えられる．つまり，

$$\lambda_c = \sqrt{\frac{\pi}{\rho b}} \tag{2.8}$$

この式から実験的に核散乱長 b が決まる．熱中性子では $|\xi| \approx 10^{-5}$ なので，全反射角 $\phi_c = \lambda\sqrt{\rho b/\pi}$ は 10^{-3} radians（～0.1°）という値になる．一般的に b は複素数（$b = b' - b''$）で，中性子吸収項を含むが特殊な場合を除くと b''/b' は 1 より極端に小さい値で上で述べたように透過性がよいのが特徴の 1 つである．図 2.1 にしたがって光学で得られるフレネル（Fresnel）則を求めておく．R, T を各々反射率，透過率と定義しておくと，

$$R + T = 1$$
$$R = \left|\frac{1-n_z}{1+n_z}\right|^2, \quad T = \frac{4n_z'}{|1+n_z|^2} \simeq \frac{|\xi|^2}{16\sin^4\phi} \tag{2.9}$$

平滑でかつ平行な界面をもつ均質散乱体を通過する熱中性子の強度比が最も簡単な中性子吸収係数の定義である（ランバート則）．散乱体（厚さ d）に図 2.1 と同様に見込み角 ϕ で入射する中性子を考えると，屈折率 n が決まれば散乱体の透過後に起こる位相差 $\chi(= \chi + i\chi'')$ が求まる．

$$\chi = (n_z - 1)kd\sin\phi$$
$$n = 1 - \frac{1}{2}\xi, \quad n_z = 1 - \frac{1}{2}\xi\cos ec^2\phi$$
$$\chi = (n-1)kD = -\frac{1}{2}\xi kD, \quad D = d\cos ec\phi \tag{2.10}$$

T は定義から散乱前後のビーム強度で与えられるから，結局，

$$T = |e^{i\chi}|^2 = e^{-2\chi''} \equiv e^{-\mu D} \tag{2.11a}$$

ここで吸収係数 μ が定義される．

$$\mu = 2kn''$$

となるが，また $\mu = \rho\sigma_t$ とも導かれる．

$$T = e^{-D/L} \tag{2.11b}$$

と定義すると，L は中性子の衝突間の平均自由行程（mean free path）である．

2.3 中性子の発生と中性子散乱のための中性子源

今日，中性子は自然現象として放射線による核分裂，核融合や核破砕反応により原子核から発生することが知られている．中性子の発見は Chadwick が α エミッターを使用して ^{9}Be に α 線を照射した実験の 1932 年である．もう少し詳しく説明すると ^{210}Po は α 崩壊して $5.4\,\mathrm{eV}$ のエネルギーを出し，^{4}He と ^{206}Pb に変換する．さらに Be に α 線を照射すると中性子が (n, α) 反応で発生する．

$$^4\mathrm{He} + {}^9\mathrm{Be} \rightarrow {}^{12}\mathrm{C} + n + 5.7\,\mathrm{MeV}$$

同様な (n, γ) 反応もポータブル線源として (n, α) 反応とともに利用されている．例えば ^{124}Sb が崩壊し γ 線を放出する．その γ 線を Be に照射して比較的低いエネルギーの中性子線を得ることができる．

いずれも軽元素の原子核の中性子が放射線によって外に出やすい性質を利用している．

加速電子に急ブレーキをかけると強い光とともに γ 線が発射される事が知られている．前者を放射光として用いて光実験に供することはよく知られているが，この光を重金属に照射して中性子を原子核から剥ぎ取る光反応（photoneutron reaction）で中性子を得る．この方法（bremsstrahlung）を用いて東北大学の原子核理学研究施設の電子リニアックでパルス中性子を発生させ，中性子散乱研究が開発されたことは記憶に新しい．陽子や荷電粒子を重金属に照射して中性子を発生する方法は加速器利用として開発されてきたが，最も効率がよいのは陽子による中性子スパレーション（spallation）反応である．これについては以下に詳しく説明する．

現在，中性子散乱研究用の大強度中性子源は，連続して原子核分裂を起こす原子炉からの熱中性子源と，陽子加速器によって発射される高エネルギー陽子線を重金属に照射してできる中性子源の 2 種類に限られる．将来未臨界の核分裂による中性子発生やあるいは核融合によって発生される中性子源や，荷電粒子加速器による新型の中性子源が出現する可能性は大きいが，ここでは現在稼働している代表的な中性子源について詳しく紹介する．

^{235}U に中性子を照射することによって核分裂が起こるが，Fermi は中性子の速度を十分落とすことによってより効率よく，しかも核分裂を制御させる方法に成

功した.彼はまた初期の Trigger 型より性能のよい最初の原子炉プラントをシカゴに建設したが,この原型に改良を重ね,大強度もしくは高束熱中性子源となる中性子散乱を主目的にした原子炉が数基世界に建設されている.東海村の日本原子力研究機構の JRR-3 原子炉も含まれる.高密度の ^{235}U を含む核燃料棒(自然には ^{235}U の存在量は 0.7%)と核分裂を制御する B などを含む制御棒とが発生する熱除去をするための軽水中に収めた反応炉が原子炉である.

$$n_t + {}^{235}\text{U} \to 2.5\, n_f + 180 \text{ MeV}$$

このうち 1 個分の中性子は連鎖反応分としてさらなる中性子核分裂に必要となり,残りが利用できる中性子となるが,熱除去や減速材となる軽水に吸収されると実効的な生成中性子はその分減ることになる.

10 MW 出力の原子炉を例にとるとおよそ毎秒 3.3×10^{17} の中性子と 180 MeV の熱出力を生成する.熱除去のために軽水がみたされた炉全体が大強度の熱中性子源となる.核分裂生成中性子は質量がほぼ等しいプロトンと衝突を繰り返し,周りの「水」と熱平衡に達してマクスウェル分布をする「熱中性子」ガスとなる.熱中性子の密度を燃料棒と離れた炉内の局所(中性子反射壁際)に中性子をトラップするために重水を配置する.熱中性子を炉外に取り出すビーム管の先がこの重水反射体に位置し,しかも取り出しのビーム方向が炉心をみないように直角に向いているのが今日の研究用もしくは中性子散乱のための定常中性子源としての原子炉の構造である.このような熱中性子を炉外に効率よく取り出すための原子炉技術はほぼ完成領域に達していると考えてよい.現在では,原子炉の重水中に液体(重)水素を充填した瓶(冷中性子源)を挿入して減速温度を約 20 K にして中性子ガスの分布のピークを低エネルギーに下げる技術も確立している.この冷中性子を炉外に引き出すことや,逆に高温に熱した炭素を挿入した熱外中性子源を挿入して減速温度を上げる技術も現代の先端研究用原子炉の必須技術となっている.このような装置を原子炉内に設置することは放射光の挿入光源と同じ役割で熱中性子の波長分布のピークを制御することによってより使い勝手のよい中性子ビームを供給できる.まとめておくと,図 2.2 のように原子炉から取り出される中性子の波長(エネルギー)分布,とくにピーク値(中性子の流束として $10^{18}/\text{cm}^2/\text{sec}$)を示す波長の違いが冷中性子源の特徴である.

加速された高エネルギー陽子を重金属に照射して中性子を発生させる技術は 1970 年代に急速に発達し,日本でも 1976 年につくばにある高エネルギー物理研

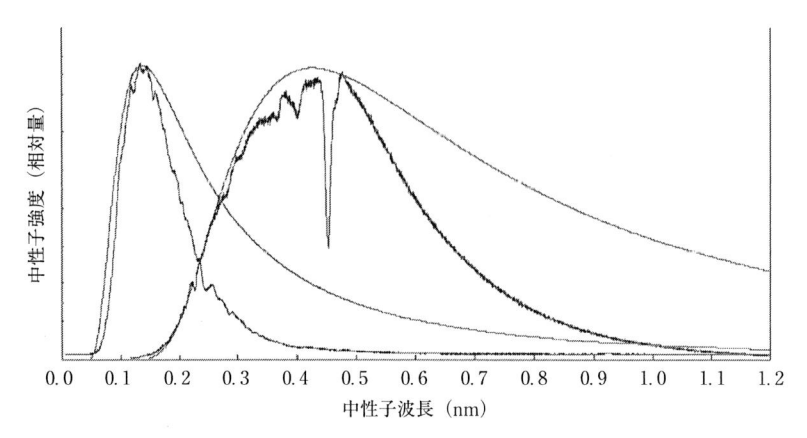

図 2.2 熱中性子と冷中性子のスペクトルの違い（細線はマクセル分布）

究所（現在の高エネルギー加速器研究機構）の 12 GeV 陽子シンクロトロンの前段加速器（Booster Synchrotron）から発射される 0.5 GeV のパルス陽子ビームを重金属に照射しパルス中性子を発生する施設や炭素に当ててパイオンを得てパイオンから変換したミューオンなどを 2 次的に発生させて物質科学や医療に使う施設が建設され共同利用に供せられた．スパレーション反応は陽子（100 MeV 以上のハドロン粒子）によって中性子が発生する機構で，核分裂より中性子発生効率が高いこと（陽子当たり 30 個位の中性子が蒸発する）と核分裂の場合に不可避の γ 線発生が非常に少ないことやエネルギーの高い（短波長）熱外中性子を含めて広範囲のエネルギーをもつ中性子線をパルス状で取り出すことができる利点が次世代の中性子源としての確固たる地位をもたらすこととなった．現在，世界には ISIS（英国, ラザフォード研究所），SINQ（スイス ETH 研究所），LANS（米国, ロスアラモス研究所），SNS（米国, オークリッジ研究所），J-PARC（日本, 東海村）に最新鋭の大型陽子加速器による中性子源が稼働中である．このうち SINQ のみが定常中性子源であり，その他はパルス中性子源である．後者の利点として，パルス発射でできる飛行時間法を駆使した散乱中性子スペクトル解析ができることと瞬間的に強い強度のパルスビームが得られることなどが挙げられる．大型の陽子加速器中性子源の建設の流れは欧州や中国にも新しい加速器とそれに付属する中性子散乱施設が計画されており，まだまだ成長過程にあるようである．以下に具体的にその中性子発生の機構等を概説する．

金属標的から発生する高エネルギーの中性子は，金属標的の周りに置いたプロ

トンを含む標的内を透過する間に中性子散乱に供せられる低速中性子にまで減速する．この減速装置内で入射中性子のもつ運動エネルギーが標的のプロトンに衝突するが，衝突後の中性子のエネルギー（波長）は衝突後のプロトンの熱エネルギーまで効率よく大幅に減速する．この減速剤の容器の工夫によってパルス中性子源から出射する中性子のパルス幅を制御する技術が主として我が国で開発されてきたが，これはもう少し後で触れることにする．加速器駆動中性子源の代表格である陽子スパレーション中性子源は熱負荷が少ないので中性子生成標的（通常はW，液体Hgなどの重金属が使われる）の直近に中性子減速剤を置くことができる．陽子加速器駆動の中性子源が高エネルギー領域の中性子を試料位置まで取り出せることや，異なる種類のクライオジェニック減速装置を配置して波長スペクトルやパルス幅の異なる低速中性子を効率よく供給できる．原子炉内にも冷中性子源や高温中性子減速器を挿入することができて中性子のTaylor made化がどんどん進化している．日本の中性子散乱施設の概要を紹介してこの節を締めくくる．

現在茨城県東海村の原研キャンパスにはJRR-3原子炉（1990年運転開始）とJ-PARCのMLF（2008年運転開始）の2つの中性子源がわずか800m離れて稼働しており，中性子散乱の実験に利用されている（図2.3）．

図2.3 東海村の中性子散乱研究施設（航空写真）．J-PARC（左）とJRR-3（右）と800mの距離にある（J-PARC, JAEA；新井正敏氏提供）（Arai and Maekawa（2009））

図 2.4　JRR-3 の原子炉の中性子散乱研究設備（JAEA；金子耕士氏提供）

前者の 20 MW 出力の原子炉は図 2.4 のように原子炉室と導管室の 2 つの実験棟をもつ定常中性子実験施設である．原子炉室には実験装置が原子炉壁の孔に直接設置されており，炉心の接線方向に向いたビームチューブから炉室に引き出された中性子線を大型の単結晶で単色化する．原子炉からの至近距離で中性子を引き出すことになるので強度は強くなる．原子炉に挿入された冷中性子源（20 K に冷やされた液体重水素の瓶）を臨むビームチューブを含めて原子炉室の外に中性子を運ぶ 5 本の中性子導管に実験装置を装備した導管室は，1 つの導管に数台の実験装置を串刺しにしてなるべく多くの装置が配置されるような工夫がされている．原子炉から数十 m 離れた場所まで中性子の全反射を利用して水平方向に大きな曲率で曲げた導管で中性子を運ぶのが導管で，全反射臨界角は中性子の波長が決まると以下の式によって決まるが，できるだけ大きな屈折率 $n(b_{coh})$ をもつ物質（Ni^{58} など）が導管の内壁に使われている．ここでも新しい技術が使われ，

2.3 中性子の発生と中性子散乱のための中性子源

近年スーパーミラー（supermirror）とよばれる単層の膜厚を連続的に変え，しかも多層構造をした薄膜からなる中性子導管を使う．スーパーミラーは臨界角からさらに大きな角度にコヒーレントな反射が連続的につながり，見かけ上全反射角度を大きくできる効果をもたらす．

$$\gamma_C = \lambda\sqrt{\frac{Nb_{coh}}{\pi}}, \quad \gamma_C^{sm} \approx m\gamma_C^{Ni}, \quad m \geq 4 \tag{2.12}$$

中性子導管を使うと1本の導管内の異なる位置のビームを複数のモノクロメーター結晶を串刺しでき，したがって複数の波長の異なった単色光を使う実験装置を設置できる．もう1つの利点は λ_C より短い波長の中性子は導管中を透過できないので，導管の内側を反射しながら通る中性子にノイズの原因となるエネルギーの高い中性子の混入がなくなる．γ 線も導管内をほとんど通らないので装置の置かれた実験室の放射線レベルも格段に低くなり，測定装置の中性子線防御が軽減される．

1 MW 級のパルス中性子源である J-PARC は図 2.5 のように 3 種類の減速剤

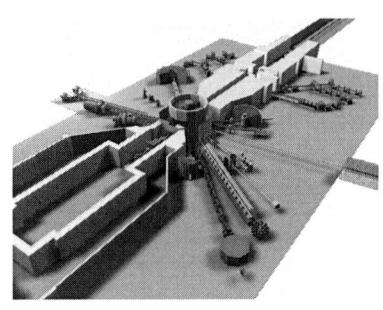

図 2.5　J-PARC の中性子散乱研究施設（J-PARC, JAEA；新井正敏氏提供）（Arai and Maekawa (2009)）

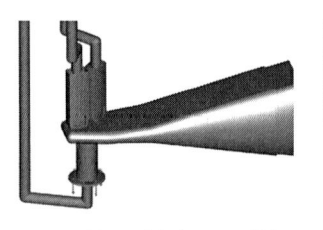

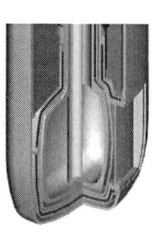

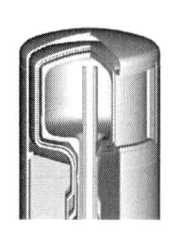

図 2.6 標的に取り付けた 3 種類の中性子減速器の配置図（最左側）とポイズン減速器，デカップル減速器，カップル減速器（左から順次 3 つの減速器を示す）．(J-PARC，JAEA：前川藤夫氏提供）(Maekawa et al.（2010))

を生成標的の上下にもつ．

実験の種類に応じておもに中性子パルス時間幅を制御したビームを引き出せるのが最大の特徴である．J-PARC の中性子強度は時間平均では約 30 MW の定常中性子源を凌駕し，パルスのピーク強度は 100 MW 級の定常中性子源を超す．パルス振動数は飛行時間の異なる中性子が中性子源から離れた検出器の位置で前後のパルスが重ならないような条件で，かつ最大利用が可能なように J-PARC では 3 GeV シンクロトロンの周波数を 25 Hz に設定している．パルス中性子源は陽子が重金属標的内で核破砕反応を起こす際の発熱を除去するために固体の重金属ではなく，流動する液体 Hg を使っている．このための Hg 流動装置や陽子ビーム方向に突き抜ける高エネルギー中性子や生成核（多くは 2 次放射化生成物）の遮蔽が巨大になることと，大強度の陽子加速器の駆動に大電力を要するので，建設費や運転経費が高額になった．ここで触れておきたいことは東海村に建設された J-PARC 施設は異分野の科学が陽子駆動の異なった 2 次粒子を共用する．これに対し欧米の陽子加速器は中性子発生に専用されている．

J-PARC の中性子源（JSNS）の中性子発生標的（液体 Hg）装置の上下に 3 台の減速剤が取り付けられている（図 2.6）．

減速剤に用いられる超臨界状態のパラ水素（20 K）を詰める容器は出射される中性子の線幅（パルス時間）を制御するためにさまざまな工夫が凝らされた．ポイズン減速器（PM）は Cd 壁と減速器内外の中性子束の結合を遮断する Ag-In-Cd 合金でできたデカップラーを組み合わせた結果，図 2.7 のようにきわめて鋭い線幅のビームが取り出された．デカップラー減速器はデカップラーから構成され，容器（DM）で線幅を広げて中性子パルス強度を上げている．標的の下面に接して付けられたカップル減速器（CM）は減速器周りで反射された中性子を効率よ

く取り入れて中性子強度を飛躍的に増強させている．図 2.7 には PM で得られたシャープなビームのパルスとともに DM と CM のパルスも合わせて示しておく．

減速剤にパラ水素が用いられるのはパラ水素の中性子断面積が 13 meV 付近で非常に小さくなり，ほとんど透明になる．そのことからパラ水素を通る中性子の

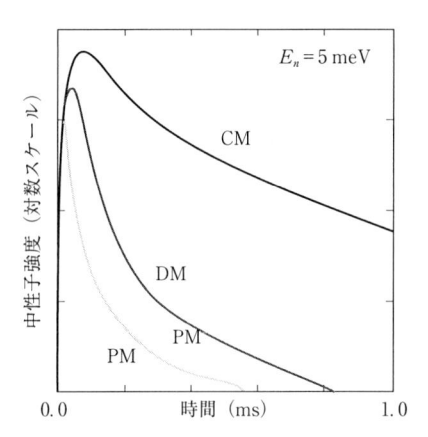

図 2.7 JSNS の 3 つの減速器から取り出される中性子パルスビーム波形（J-PARC, JAEA；前川藤夫氏提供）（Maekawa et al.（2010））

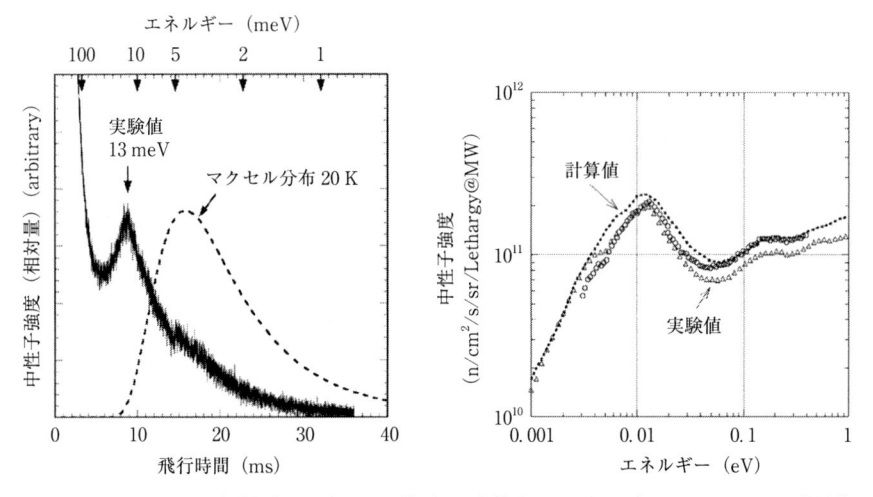

図 2.8 JSNS のパルス波形と広いエネルギー範囲での中性子スペクトル（J-PARC, JAEA；前川藤夫氏提供）（Maekawa et al.（2010））

強度がこのエネルギーのところで最大になることを利用したものである．図2.8に実測で示されたパルスの波形と広いエネルギー範囲にわたっての中性子分布を示しておく．

2.4 偏極中性子

この章の最初にも述べたように中性子は $s=1/2$ の核磁気モーメントをもつフェルミオン粒子である．厳密にはスピン状態が揃った中性子ビームを偏極中性子と定義されるべきであるが，生成の段階で中性子スピンを揃えることは困難なので，非偏極中性子を散乱の位置に運ぶ途中で偏極ビームを取り出すことになる．後に述べるように幾つかの取り出す方法でも完全に1つのスピン状態を取り出すのは簡単ではない，したがって両方のスピン状態が同じ割合の非偏極中性子に対して，一方のスピン状態の密度が他を凌駕するビームをもって一般的に偏極中性子と定義している．言い換えると下の式で定義される偏極度（$\vec{P}$）が意味をもつ量である．

偏極中性子を利用した中性子散乱断面積の導出には量子力学による偏極度ベクトル $\vec{P}$ の定義をする必要がある．

$$P_z = \frac{n_\uparrow - n_\downarrow}{n_\uparrow + n_\downarrow} \tag{2.13}$$

$n_{\uparrow,\downarrow}$ は↑↓スピン状態の中性子の数（密度）であるが，密度行列 $\hat{\rho}$ を導入して定義し直す．

$$\hat{\rho} = \frac{1}{2}I + \vec{P}\cdot\hat{s} \tag{2.14}$$

I は 2×2 単位行列，$\hat{s}$ は中性子スピン作用素である．パウリ行列との関係は $\hat{s}=(\hat{\sigma}/2)$ である．上の(2.14)式を導いておこう．

$$\chi = a\chi_\uparrow + b\chi_\downarrow \quad : \chi_{\uparrow,\downarrow}\text{は}\uparrow,\downarrow\text{スピンの中性子状態関数} \tag{2.15}$$

$|a|^2+|b|^2=1$ ととると，χ はスピノル表現で次のように書ける．

$$\chi = \begin{pmatrix} a \\ b \end{pmatrix} \tag{2.16}$$

$$\langle\sigma_z\rangle = \chi^+\sigma^z\chi = (a^* \; b^*)\begin{pmatrix} 1 & 0 \\ 0 & -1 \end{pmatrix}\begin{pmatrix} a \\ b \end{pmatrix} = a^2 - b^2 = P^z \tag{2.17}$$

$$\vec{P} = \langle \vec{\sigma} \rangle \tag{2.18}$$

$$\hat{\rho} = \chi \cdot \chi^{+} = \begin{pmatrix} |a|^2 & ab^* \\ ba^* & |b|^2 \end{pmatrix} \tag{2.19}$$

$$Tr\hat{\rho} = 1$$

$$\hat{\rho} = \frac{1}{2}(I + \vec{P}\cdot\hat{\sigma}) = \frac{1}{2}I + \vec{P}\cdot\hat{s} \tag{2.20}$$

個々の中性子は密度行列で記述できるものの,中性子散乱で取り扱う中性子ビームは平均操作をした量 $\langle \hat{\rho} \rangle$ が意味をもつ.

$$\langle \hat{\rho} \rangle = Tr\hat{\rho}\hat{\rho} = \frac{1}{2}\langle 1 + |\vec{P}|^2 \rangle \tag{2.21}$$

完全に偏極した中性子ビーム($P^2=1$)から完全に非偏極($P^2=0$)までの偏極中性子ビームに対して $1/2 < \langle \hat{\rho} \rangle \leq 1$ が量子力学的表現である.

偏極度 P を古典的なベクトルとみなすと,中性子磁気モーメントは磁場によって古典的なトルク運動をすることになる.

$$\Gamma = \overrightarrow{\mu_N} \times \vec{H}, \qquad \omega_L(\text{rad}\cdot\text{sec}^{-1}) = \gamma_L H = 18324(\text{gauss}) \tag{2.22}$$

この式から実験室で飛行する中性子ビームの偏極度 $\vec{P}$ が磁場のまわりに歳差運動をするときのラーモア角は次のように与えられる.すなわち,0.2 nm の波長の中性子は 10 gauss のかかった磁場を通過する間に約 53° 回転する.

$$\Delta\phi(\text{degree}) = 0.265\lambda(\text{nm}) \times H(\text{gauss}) \tag{2.23}$$

磁場変化がゆっくりであれば($\omega_{field} \ll \omega_L$),磁場と平行な偏極度成分は偏極度が保たれ,磁場と直行成分が回転することになる.逆の場合,すなわち磁場が急に変わる(nonadiabatic)と変わる以前の偏極度 $\vec{P}$ が新しい磁場の周りで回転を始める.この性質を利用して偏極度を制御することができる.次に偏極中性子の取り出し方法を説明する.

熱中性子による散乱や中性子吸収が中性子のスピンによって大きく異なる物質を通すと,非偏極中性子の一方のスピン状態のビームがフィルターされて取り除かれ,残りのスピン状態のビームだけが透過する.この方法をフィルター(filter)法と名づけている.もう1つは単結晶の磁気散乱もしくは磁性体からの全反射を利用して,一方のスピン状態のビームだけを反射させて取り出す方法である.この方法を反射法と定義すると結局2つの偏極法に大別される.前者は中性子をフィルターするために ^{3}He, ^{1}H 原子核スピンを整列(核偏極)させる方法が有力

であり，最近技術開発が積極的になされている．

現時点で最も実用可能な方法を紹介する．非偏極中性子ビームが ^{3}He 原子核スピンを整列させた高圧の ^{3}He 気体の中を透過するとき，核偏極された ^{3}He と各々のスピン成分の中性子の散乱断面積の差が極端に違うことを利用し（反平行スピンの中性子散乱断面積と平行スピンとは約10000倍違う），結果的に反平行スピンの中性子がフィルターされることになる． ^{3}He 原子核の偏極には次のような方法をとる．高圧の ^{3}He 気体に Rb ガスを混ぜてガラス容器に詰めておく．この容器を均一磁場中に置き，円偏光させた大強度レーザー光を照射し，Rb に代表されるアルカリ金属の電子スピンを反転させる励起状態にポンピングする．最終的に Rb の電子スピン状態が偏極されて基底状態に溜まることになる． ^{3}He 原子核スピンは Rb の電子スピンと ^{3}He 核スピンとのスピン交換が超微細相互作用 (hyperfine coupling) によって偏極される．このような原理を使った方法が SEOP (spin exchange optical pumping) とよばれて技術開発が盛んに行われている．MEOP (metastability exchange optical pumping) とよばれる方法は電場の中に希薄な ^{3}He 気体を放電してイオン化する．この状態に円偏向したレーザー光をポンプして ^{3}He の電子スピンを偏極させ，hyperfine coupling で ^{3}He 原子核スピンを偏極させる．磁場中で偏極した ^{3}He 気体を高圧にして容器に閉じ込めて，中性子を通すための容器に詰め替える．このような偏極状態が長時間持続できる技術が開発され，この容器をフィルターとして実用化されている．MEOP はフィルター容器を中性子散乱実験に設置することで中性子偏極が可能なので簡便ではあるが， ^{3}He 偏極装置が大がかりになる．SEOP は大強度のレーザー光源が使えると，比較的簡便な装置で偏極できるので，中性子ビームの途中に偏極化装置を設置し， ^{3}He を偏極しながら中性子を通す見通しがついた．現在，SEOP では Rb の偏極率は最高値約 98%， ^{3}He の偏極率は最高 85% 近くまで到達している．その結果中性子の偏極度は 90% 位となる．NEOP では中性子の偏極度は 90% を超えている． ^{3}He 気体層が厚ければ中性子偏極度は増すが，同時に透過度が減少するので quality factor ($p\sqrt{T}$：p は偏極率，T は透過度）で評価し，その最大値をもって最適値と決めている．その他，マイクロ波励起を使った ^{1}H の核整列による中性子偏極も開発されている．このようなフィルター法の最大の利点は偏極率が中性子の波長（エネルギー）に対してほぼ一定であるので，以下に述べるように中性子偏極で使われる反射法は単波長しか取り出せないことと，偏極が長波

長（低エネルギー）領域に限られ，反射強度も波長依存性も強いことから，その欠点を補う方法として注目されている．$Co_{0.92}Fe_{0.08}$，Cu_2MnAl（Heusler alloy），などの強磁性単結晶の (2, 0, 0) (1, 1, 1) 反射からの単色化と同時に偏極方法は原子炉などの定常中性子源に一般的に使われてきた．現在では後者の反射面を 2 次元曲面に貼り付けてビームの集束を図る装置をつけて実質中性子強度の増強が図られている（図 2.9 参照）．

中性子に対する磁性体の屈折率は中性子スピンに依存する．これを利用して一成分のスピンのみ全反射させて中性子を偏極させる（次式によって臨界角が決まる）．

$$\gamma_c^{\pm} = \lambda\left[\frac{N}{\pi}\left(\bar{b} \pm \frac{\mu_n(B-H)2m\pi}{h^2 N}\right)\right]^{1/2} = \lambda\left[\frac{N}{\pi}\left(\bar{b} \pm \frac{B}{B^S}p\right)\right]^{1/2} \quad (2.24)$$

この式の（ ）の中の磁気反射能が核反射能を凌駕すれば－成分の中性子の臨界角が負となり（$\theta_c = 0$），全反射する中性子は完全に偏極する．ただしこの全反射角は非常に小さく，反射あるいはフィルターされた後の実質偏極率は両方の成分の混入によって 100% 達成は難しい．また上式からわかるように長波長の中性子に対してのみ有効である．しかし中性子導管内の反射鏡を CoTi や FeMg などの多層膜を使って全反射角をできる限り大きくし，かつ偏極度，透過率を上げるスーパーミラーの開発がなされて JRR-3 のガイドホールなどで実際偏極中性子

図 2.9 Heusler 単結晶からの反射を利用する偏極中性子デバイス
（JAEA：加倉井和久氏提供）

が取り出されている．

　勾配のある磁場を通過するときの中性子の屈折原理を応用すると中性子偏極ができることを説明する．磁場中の中性子は中性子磁気モーメントの磁場中の運動を考えると次のように与えられる．

$$\frac{d^2\vec{r}}{dt^2} = -\left|\frac{\mu_n}{m_n}\right|\nabla(\vec{\sigma}_n \cdot \vec{B}) \tag{2.25a}$$

$$\frac{d\sigma_n}{dt} = \gamma_n \vec{\sigma}_n \times \vec{B} \tag{2.25b}$$

$\vec{r}, \vec{\sigma}_n, \gamma_n$ は各々中性子の位置ベクトル，中性子スピンモーメント，磁気ラーモア回転比である．中性子は周波数 ω_L でラーモア歳差運動をする．

$$\omega_L = \gamma_n |\vec{B}|$$

磁場の変化に対する回転角周波数を $\omega_B = \left|\frac{\partial B}{\partial s}\right|\frac{ds}{dt}$ とする．ここで，十分強く，$\omega_L/\omega_B \gg 1$ がみたされた磁場中では中性子の運動は古典運動方程式（ファラデー方程式）に従う．

$$\frac{d^2\vec{r}}{dt^2} = \mp \left|\frac{\mu_n}{m_n}\right|\nabla|\vec{B}| \tag{2.26}$$

ここで－符号は磁場と中性子スピンが平行のとき，＋は逆のときに成り立つ．

　今，極性をもつ磁石（4極ないし6極ハルバッハ磁石）の空心部に中性子を通すと，(2.26) 式の運動方程式に従って磁場と平行成分の中性子は中心軸に向かって集束する方向に屈折し，逆成分の中性子は発散する（図2.10）．したがって集

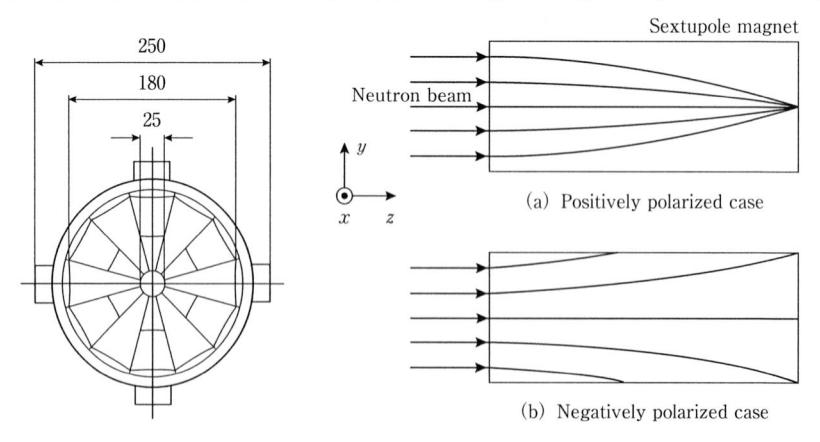

図 2.10　ハルバッハ型6極磁石を用いた偏極デバイスとデバイスを通過する中性子の軌跡

束する中性子は100%偏極することになる．実際J-PARCでは6極磁石を用いて中性子ビームを集束させている．

強い永久磁石を使っても中性子にかかる磁気力は小さいので，現実には波長の長い中性子にのみこの方法は有効である．

2.5 熱中性子を計測する検出器

中性子は電荷のない中性粒子であるので，検出器は電気信号に変えて中性子を計測する必要がある．したがって中性子によって発生する反跳「2次粒子」のイオン化，もしくは発光反応を電気信号に変換して計測することになる．計測器は中性子検出効率が高く，かつ反応の結果中性子に対して出てくる電気パルス信号が大きいことが基本的な条件である．さらに中性子検出計測器に熱中性子エネルギーに対して吸収効率がなるべく一定であるか，補正が効くように緩やかなエネルギー依存性を示すこと，中性子以外の放射線（主としてγ線）や高エネルギーの中性子が混入したときの信号（ノイズ）が熱中性子からの信号と容易に選別が可能であること，さらにTOFなどに検出器を用いる場合には検出のための検出器が短いことも必要条件となる．中性子検出器の効率は吸収効率の高い同位元素，^{10}B, ^{6}Li, ^{3}Heが中性子を吸収して反跳2次粒子のイオン化（発光）信号を出す，いわば反応の確率（100%に近いことが望ましい）と次式の [ ] で示される中性子吸収の確率の積で表される．

$$Eff = \varepsilon [1 - e^{(-N\sigma_a x)}] \qquad (2.27)$$

表2.1 中性子検出に使われる原子核（アイソトープ）とその特性

核種	状態	反応	断面積	吸収長	生成粒子 (keV)	飛程
^{3}He	Gas	(n, p)	5333 b	7.59 bar cm	p : 573 t : 191	0.43 bar cm
^{6}Li	Solid	(n, α)	940 b	230 μm	t : 2727 α : 2055	130 μm
^{10}B	Solid	(n, α)	3836 b	19.9 μm	α : 1472 Li-7 : 840	3.14 μm
^{10}BF$_3$	Gas	(n, α)	3836 b	9.82 bar cm	α : 1472 Li-7 : 840	0.42 bar cm
Gd	Solid	(n, γ)	49122 b	6.72 μm	e : 29-191	12.3 μm
^{157}Gd	Solid	(n, γ)	255000 b	1.3 μm	e : 29-191	11.6 μm

N, σ_a, x は各々吸収核をもつ原子の数（cm^{-2}），吸収断面積，検出器の長さである．これらの値が熱中性子の領域で小さい x で最大値をもつことが必要条件となる（表2.1）．

初期の頃は中性子を ^{10}B に吸収させ，2次粒子である α 線を発生させるために高圧 ^{10}BF$_3$ の気体をチューブに詰めた計測器が使われた．その後，より検出効率の高い ^{3}He ガス計測器が用いられるようになったが，近年になって ^{3}Hc の供給が制限され，この検出器の価格が高騰し，代替えの中性子検出計測器の開発が緊急の課題になっている．

^{10}BF$_3$ 比例計数管が利用されたのは熱中性子の吸収効率が大きく，高圧（高密度）ガスが得やすいことや，γ 線に対する吸収効率が小さく，しかも高エネルギーの中性子吸収からのイオン化による信号が熱中性子からの信号と容易に選別できることなどの理由による．自然の He 中の存在確率が 10^{-6} の ^{3}He の供給が現実的になると，^{10}BF$_3$ と同じガス比例管型の検出器として定量的に優れた高圧（10 P）の ^{3}He ガス検出器が取って代わるようになった．とくに検出器内の飛行距離を短くして時間分析の精度を上げる必要のある TOF 法には，^{3}He ガス検出器は今のところ不可欠である．

高圧（10 P）^{3}He ガス比例計数管は短い中性子飛行距離で高効率の中性子検出が可能で中性子ビームに対して管の側面に中性子を当てるように配置して筒方向に電圧線を張って中性子が吸収されイオン化される位置の信号を検出する位置敏感比例計数管として頻繁に使われるようになり，広い断面をもつ ^{3}He ガス管中に電圧線を縦横に張り巡らせた2次元位置を検出可能な比例計数器も商品化された．この位置敏感計数管の位置分解能はイオン化の事象の影響が数 mm の範囲に及ぶことと電圧線の密度などから mm 単位より小さくすることは困難である．

^{3}He ガス比例計数管に代わる検出器として注目されているのが固体シンチレーション計数管である．とくに最近 ^{3}He の供給が逼迫する事態が起こってきたこともあって高性能の固体シンチレーション計数管の開発が期待されている．

シンチレーション反応は中性子の衝突によって発生する2次粒子（α 粒子や電荷原子など）の発光現象であるが，この時発生する微弱な光を増倍管による信号を計測するのがシンチレーター検出器である．最近 ^{3}He ガスの後にシンチレーター検出器を接触させた新型の計測器も開発されている．固体のシンチレーターは典型的には Ag を含んだ ZnS や CeO を含む ^{6}Li ガラス，^{10}B ガラス板で中性子検出をし

て，発光現象を感知し増倍する固体受光器に接続させた装置から成り立っている．いまだ多くの開発要素が残っているが近年のエレクトロニクスや増幅器の性能が飛躍的に向上しているので，将来の有望な中性子計測器になると期待されている．

2.6　中性子源と散乱測定法の違い

　原子炉から取り出す中性子は常時一定の強度で引き出せるのに対し，加速器駆動の装置から引き出される中性子は間歇的に決まった周期のパルスが普通である．

　ただし，スイスのSINQの陽子加速器から取り出される中性子は擬定常の中性子である．

　前者は定常，後者はパルス中性子源とよばれている．中性子散乱実験には前者では通常モノクロメーターとよばれる単結晶のブラッグ反射を利用して単色化するのに対し，後者ではチョッパーとよばれる高速回転する中性子遮蔽体に中性子の透るスリットを通して単色中性子を試料に照射する．モノクロメーターは散乱能が大きく，結晶性のよい物質を選んで大型の単結晶ブロックからなる．単色化された中性子の強度をできるだけ強く，しかも良質の中性子線を得るための技術開発がほぼ完成されて，現在では種々のモノクロメーターを使い分ける実験の目的に適した波長の単色光の中性子線を得ることができる．さらに単色化の段階で不可避のモノクロメーターの高次反射からの中性子の除去のためのフィルターを通すことも普通行われている．代表的なモノクロメーターを表2.2にまとめておく．

表 2.2　代表的中性子結晶モノクロメーター

結晶（構造）	格子定数（Å）		格子面	吸収断面積（barns）
Be（六方格子）	2.2856	3.5812	[002][110]	0.0076
PG（積層六方格子）	2.461	6.7078	[002][004]	0.0035
Si（ダイアモンド）	5.4309		[111][220][311]	0.171
Ge（ダイアモンド）	5.6575		[111][220][311]	2.3
Ni^{58}（面心立方）	3.5241		[220]	4.6
Cu（面心立方）	3.6147		[220]	3.78
Zn（六方格子）	2.6649	4.9468	[002]	1.11
Pb（面心立方）	4.9502		[220]	0.17

チョッパーは回転速度,中性子パルスと時間的に同期させる機構をつけて損失を最小限に抑えて必要な単色中性子ビームを取り出すことになる.モノクロメーター用にはFermiの発明にちなんで名付けられたフェルミチョッパーがよく使われる.水平ビームに対して鉛直軸の周りを高速回転するローターを置く.このローターにはスリットが切ってあり,スリット内を通過する中性子線を選別する.スリット内の中性子線の軌跡に合わせた婉曲率でスリットが刻んであり,またスリット幅を変えることによって最適なビームが取り出せることが特徴である(図2.11).回転数を制御することによって単色中性子の波長と透過効率を制御できる.このほかに孔の開いた円盤(ディスク)をビーム方向の周りに回転させたディスクチョッパーも使われる.

中性子散乱の分光測定にいわゆる結晶法と飛行時間分析法の原理を記述するが,より詳しい説明は応用編に記述する.

一般に結晶法といわれている測定方法は単色化された波長の中性子線を使って回折像をとるので実験室で行う回折実験と同じであるので馴染みやすい.入射,散乱中性子線の運動量を各々 $\vec{k_i}, \vec{k_f}$ とし,両方の直線を結ぶ3番目の散乱ベクトル $\vec{Q}$ が規定される.実空間では入射中性子線が試料を照らし,試料と散乱中性子の方向とのなす角度を $2\theta_s$ とすると,逆格子空間では図2.12のようになる.

$$\vec{k_i} - \vec{k_f} = \vec{Q} \tag{2.28}$$

この3角形を含む平面を散乱面と定義する.したがって $k_i = k_f$ の散乱は弾性散乱となり, $k_i \neq k_f$ は散乱過程でエネルギーの授受を伴うので非弾性散乱になる.回

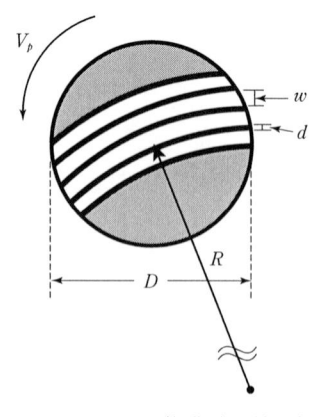

図2.11 フェルミチョッパー(写真左)とローターの原理図(伊藤晋一氏提供)

2.6 中性子源と散乱測定法の違い

折は弾性散乱過程で起こる場合がほとんどであり，図1.5のように散乱面を逆格子面に重ねると簡単に理解されると思う．検出器と試料とを同時に2:1の割合($2\theta:\theta$)で回転しながら散乱中性子を測ることは，逆格子面において，$\vec{Q}$を原点から動径方向に連続的に動かすことに対応する．

1章で述べた回折条件をみたすと，鋭い回折ピークが得られる．非弾性散乱の測定は散乱中性子の波長やエネルギー（速度）を分析するが，通常はモノクロメーターと同じような単結晶（アナライザー）を使って波長分析を行うことが多い．つまり散乱中性子線上にアナライザーを置いてアナライザーの波長ごとの散乱中性子強度分布を測定する（図2.12）．

次に飛行時間分析（Time of Flight）法をみてみよう．英語の頭文字をとって

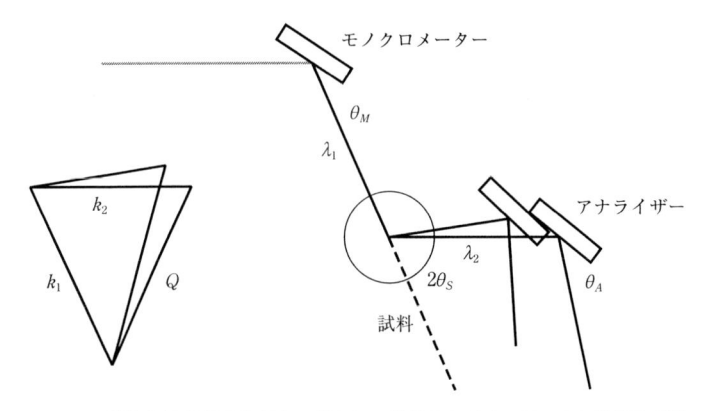

図 2.12 単色中性子$\vec{k}_i$を入射して描かれる散乱するダイアグラムと逆格子空間での表現

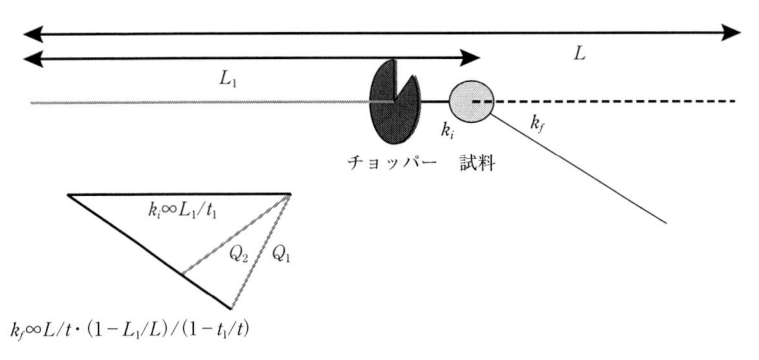

図 2.13 パルス中性子をチョッパーで単色化し，飛行時間測定して散乱を撮る原理図

TOF法といわれる場合が一般的である．比較的速度の遅い熱中性子（低速中性子ともよぶ）は決まった距離を飛行する中性子の到達時間を測定して速度を決めるのに適した方法である（図2.13）．

加速器を使うパルス中性子源では図2.13のように減速剤の置かれた熱中性子発生源を測定時刻，距離の起点と定義し，検出器に到達する距離（L）を飛行する中性子の時間（t）を精度よく測って飛行時間ごとの散乱強度を測定する方法である．J-PARCのようにパルス中性子ビームを使用する場合には飛行時刻の起点を加速器の繰り返しパルスに同期させて測定器に届く時間分析を測りながら，固定した散乱角（位置）に入る散乱中性子の強度を測ることによって散乱角は同じであっても異なるQの散乱を測り，長い時間測定を繰り返すことになる．この方法の最大の利点は検出器を試料の周りを囲んで（4πの立体角）に配置すれば散乱イベントを漏らさず一挙にみることが可能になることである．結晶法と同じように単色中性子を使う測定方法から始めよう．

中性子源の途中にモノクロメーターチョッパーを配置して試料まで単色光の中性子を照射する．結晶法と同じように運動量空間で考える．

$$k_i = \frac{mv}{\hbar} = \frac{m}{\hbar} \cdot \frac{l_1}{t_1}$$

$$k_f = \frac{m}{\hbar} \cdot \frac{l\left(1 - \frac{l_1}{l}\right)}{t\left(1 - \frac{t_1}{t}\right)}$$

ここで，中性子源と試料までの距離と時間を各々l_1, t_1とし，中性子源から検出器の位置までの距離と中性子の到達時間をl, tと定めた．試料や測定器の配置は固定されているので，チョッパーを単色化のモードに設定して後は時間分析を精確に行う．運動量空間に$\vec{k_i}, \vec{k_f}$を描いて各々のベクトルを結ぶ位置に$\vec{Q}$を設定できる．これを結晶法と同じように逆格子上に乗せて，$\vec{Q}$が逆格子点に一致するとき回折条件をみたすことは一目瞭然である．さらにモノクロメーターチョッパーを使わないときには広いバンド幅（パンクロ）のパルス中性子を入射し，一挙に広い領域の中性子を入射して広い散乱角に広がった$\vec{k_f}$から散乱エネルギーが固定されたイベントだけを選定して一挙に測定することもできる．ここでは中性子分光の原理のみを理解し，実際の実験方法については応用編の分光の章で詳しくみることにする．

石川 義和 （いしかわ よしかず，1929-1986）

日本のパルス中性子散乱研究の歴史，あるいはJ-PARC建設に至る長い道程を語るとき石川義和の存在を避けては通れない．不運なことに彼は56歳で急逝し彼の存命中に彼の夢の実現をみることはなかったが，彼の教え子や後輩が彼の遺志を継いで日本に世界に誇るJ-PARCが完成した．

石川義和は常に夢をもつ偉大なロマンチストであった．若くして東大物性研究所の助教授につき，就任後まもなくグルノーブルに滞在し中性子散乱と遭遇，その威力に魅せられて帰国，早速日本の中性子散乱研究の黎明期を支えた．筆者は物性研の磁気I部門（近角聰信教授）の石川助教授の助手として中性子散乱（当時は中性子回折）を学びほぼ終日石川の薫陶を受けた．それはさておき，石川はJRR-2に設置された物性研中性子回折装置で液体Heクライオスタットを搭載し東京六本木の物性研から液体Heを運搬して低温実験を行ったり，非弾性散乱ができるように回折計を改善したり，常に新しい実験手段を追求しながら，もっと新しい中性子散乱法としてのパルス中性子源を利用する研究会も立ち上げた．1969年に東北大学理学部教授に招聘され，木村一治と共に東北大核理研（現 東北大学電子光理学研究所）のパルス中性子源による日本で最初の中性子散乱実験を開始したが，その一方で東北大学の所有する3軸分光器をJRR-2に設置した．当時原研の固体物理研が3軸分光器を所有していたが，東北大分光装置（TUNS）は大学研究者が使える本格的な最初の分光器となった．このような努力にもかかわらず，当時欧米で盛んに行われていた中性子分光実験はJRR-2や核理研のパルス中性子源では難しく，どうしても大強度の中性子源の建設が不可避であり，石川は当時の中性子研究者の先頭に立って日本に大強度中性子源の必要性を訴えた．当時の西川哲治高エネルギー研究所長とは石川とキリスト教会の兄弟関係でもあり，旧知の仲であった．そのこともあって，1980年に高エネルギー研究所の12 GeV陽子加速器のブースターシンクロトロンにミューオン科学施設とプロトンを使う医療施設の3つの研究分野からなるブースター利用研究を目的とした研究施設を完成させた．石川は東北大学の教授としての研究・教育と，東海村，つくばの両中性子散乱施設の実質的な運営の責任を担ってまさに馬車馬のように働いた．彼はその活動には飽き足らず，将来日本が中性子散乱研究で世界とくに第一線の欧米に肩を並べるためにはどうしても欧米の一流の研究所での研鑽が不可欠であるという信念があった．彼の存命中に日米（Brookhaven研究所）協力（代表者は星野槇男），日仏（ILL）との協力研究を推進した．不幸にも日英（Rutherford研究

所）協力（代表者は渡辺昇）を立ち上げる前に急逝したが，実質協力の合意を ISIS の Alan Leadbetter と取り付け，1986 年に日英協力が始まった．

石川の成し遂げた大仕事は，高エネルギー研（現 高エネルギー加速器研究機構）でのパルス中性子研究施設（KENS）とこの施設を利用する共同利用の仕組みの創設であった．中性子散乱に関しての原研施設の共同利用は独立したものではなく，一般の原子炉の照射実験施設利用に組み込まれていたし，一般公募というような開かれた窓口も存在していなかった．幸い高エネルギー研の共同利用実験方式は公募採否が peer review で決まる公平なもので，石川はその方式の採用ができれば中性子散乱の共同利用に画期的なものになると判断し，高エネルギー研究所に申し入れて認められた．KENS は研究所の所内外の壁を取り払って，施設の運転，装置の維持，利用研究をほぼ公平に責任をもつことや，共同利用を効率よく進めるために，利用研究者を，装置開発，装置維持，利用実験の3つのカテゴリーに分け施設の運転に所外の研究者を包含することによって絶対的なマンパワー不足を補うことにもなった．最大の効果はこの公募方式によって研究者人口を大幅に広げ，高分子（ソフトマター），材料，原子核研究者が中性子散乱研究に参入したことである．さらに peer review 方式の採用で研究者間の競争意識を啓発したことや，新しいアイデアに基づく装置開発などが自発的に始まった．これらの事は今日の中性子散乱実験ではごく当たり前のことであるが，この先導を付けたのが KENS であった．

石川はこの KENS の完成直後にすでに KENSII と称して将来計画の立案も始めたし，さらに ICANS という国際協力のためのパルス中性子源利用研究フォーラムも立ち上げた．しかも原子炉からの定常中性子源を使った高度な中性子分光実験にも精力を傾け，たとえば MnSi の金属磁性の解明なども行った．彼の残した名（迷）言に「every neutron is good neutron」があるが，その言葉の真意はパルスであろうが定常であろうが，研究に最適の中性子ビームをもっとも最先端の装置を使って，しかも最も素晴らしい研究成果を出すために我々は努力を惜しんではならない．遺された者からみると，石川の研究人生はまさにこの名言を実行したものであろう．今日，石川の後輩達がこの名言を実行し東海村で，それこそ JRR-3 と J-PARC を日本の研究拠点にして世界と競争しているのである．

3

中性子散乱現象の基本（I）
── 熱中性子と物質の相互作用

　話を元に戻すと，中性子散乱は物質に拘束された原子の原子核との核力相互作用と原子の周りの電子のもつ磁気モーメントとの磁気相互作用によって起こる．この章では散乱の際の相互作用を解説するが，前章で述べたように量子力学の散乱問題として散乱中性子の時間変化を追跡して散乱後の中性子の波動関数 $\varphi(\vec{r})$ は次の波動方程式を解くことになる．

$$\left\{\nabla^2 + k_0^2 - \frac{2m}{\hbar^2}V(\vec{r})\right\}\varphi(\vec{r}) = 0, \qquad V(\vec{r}):\text{相互作用ポテンシャル}$$

まず中性子散乱の基本である原子核散乱と磁気散乱の事象を求めることから始める．

3.1　中性子の原子核散乱

　熱中性子の波長（10^{-10} m）に比べて空間的な大きさが数桁小さい（10^{-15} m）原子核との散乱は空間の1点での等方的な短距離力で起こるとみなせる．波動方程式の解として与えられる散乱体から遠く離れた中性子の波動関数は，前章でみたように，入射平面波と球面波で表されるS波の散乱波との和で表される．

$$\varphi_0 + \varphi_1 = e^{i k_0 \cdot x} - \frac{b}{r}e^{i \vec{k} \cdot \vec{r}} \tag{3.1}$$

しかも散乱振幅が例外を除いて散乱エネルギーによらない負の値をもつことが明らかにされた．この事実と散乱振幅の定義が正の値を示す約束から波動関数の近似解が上のように表されることもみてきた．散乱基本式に使われたポテンシャルはスカラー量で現象論的にフェルミ擬ポテンシャルと定義され，以後の熱中性子散乱問題を解くボルン（Born）近似では十分な仮定とされている．

$$\tilde{V}(\vec{r}) = \frac{2\pi\hbar^2 b}{m}\delta(r) \tag{3.2}$$

検出器の立体角 $d\Omega'$ 当たりの散乱中性子の流速は入射中性子の流速が与えられると散乱断面積をかけて定義されるが,これはとりもなおさず散乱前後の遷移確率 $W_{k\to k'}$ であるというフェルミの黄金則 (Fermi golden rule) そのものである.

$$\int \frac{d\sigma}{d\Omega} d\Omega = 散乱中性子の流速/入射中性子の流速 = W_{k\to k'}/N_0$$

$$W_{k\to k'} = \left|\frac{2\pi}{\hbar}\right|\left|\int d\vec{r}\,\varphi_{k'}\tilde{V}\varphi_k\right|^2 \rho_{k'}(E)\,d\Omega \tag{3.3}$$

は散乱による中性子の遷移確率を表す.原子核散乱相互作用ポテンシャルをフェルミの擬ポテンシャルで書くと,

$$\int \frac{d\sigma}{d\Omega} d\Omega = \int \frac{4\pi r^2 v\left|\frac{b}{r}e^{i\vec{k}\cdot\vec{r}}\right|}{v|e^{i\vec{k}_0\cdot x}|^2}\,d\Omega = 4\pi b^2 \tag{3.4}$$

中性子の波動関数を位相空間で規定し,散乱中性子の確率密度を同じく位相空間で求めて計算を進めると,$\varphi_k = \sqrt{V}^{-1}e^{i\vec{k}\vec{r}}$, $\rho_{k'}(E) = (V/8\pi^3)(dE/dk')$,さらに $d^3k' = k'^2 dk' d\Omega' = k^2 dk d\Omega$ を使って,

$$W_{k\to k'} = \frac{V}{4\pi^2}\left(\frac{mk}{\hbar^3}\right)\left|\int d\vec{r}\,\varphi_{k'}\tilde{V}\varphi_k\right|^2 d\Omega \tag{3.5}$$

中性子散乱事象を量子力学のボルン近似で中性子と標的物質との相互作用(この場合は原子核散乱能)を摂動とした中性子の時間変化を追いかけて遷移確率 $W_{k\to k'}$ の計算を行うことができる.ボルン近似による散乱断面積の導出は次章に詳しく説明する.

$$W_{k'S',kS} = \sum_{\lambda S} p_\lambda p_\sigma \left\langle \vec{k}''\lambda'\sigma'\left|\int_0^t dt''\tilde{V}^+(t'')a^+_{k'\sigma'}a_{k\sigma}e^{-\frac{i}{\hbar}(E_{k'}-E_k)t''}\int_0^t dt'\tilde{V}^+(t')a^+_{k'\sigma'}a_{k\sigma}e^{-\frac{i}{\hbar}(E_{k'}-E_k)t}\right|\vec{k}\sigma\lambda\right\rangle$$

この式で表される 〈 〉式の熱平均値をとると,

$$\frac{2\pi}{\hbar}\sum_{\lambda S}p_\lambda p_\sigma \sum_{\alpha' S'}|\langle\lambda'|\tilde{V}|\lambda\rangle|^2 \delta(E_{k'}-E_k-E_{\lambda'}+E_\lambda) = \frac{1}{\hbar^2}\int_{-\infty}^{\infty} dt\, e^{-\frac{i}{\hbar}(E_{k'}-E_k)t}\langle \tilde{V}^+(0)\tilde{V}(t)\rangle$$

p_λ, p_σ は各々散乱体,中性子の散乱前後の状態密度を表し,後者では中性子スピン状態を問題視するが非偏極中性子では $p_\sigma = 1$ となる.

この結果を使って,単位エネルギー当たりの微分散乱断面積を導くと,

$$\frac{d^2\sigma}{dEd\Omega} = \frac{k_f}{k_i}\left(\frac{m}{2\pi\hbar^2}\right) V_0^2 \sum_{\sigma\sigma'} p_\lambda \sum_{\lambda\lambda'} |\langle\vec{k}'\lambda'|\tilde{V}|\vec{k}\lambda\rangle|^2 \delta(\hbar\omega + E_\lambda - E_{\lambda'}) \tag{3.6}$$

$\hbar\omega = E_k - E_{k'}$ と定義した.

Van Hove は上式と次のような散乱する原子核によらない散乱関数 $S(k, \omega)$ と結びつける散乱則なる定理を導いた.

$$\frac{d^2\sigma}{dEd\Omega} = NV^2 \frac{k_f}{k_i} \left(\frac{m}{2\pi\hbar^2}\right)^2 \overline{V(\kappa)}^2 \cdot S(\vec{\kappa}, \omega) \tag{3.7}$$

(3.2) 式で定義した b の中身は,中性子が原子核に衝突する際,いったん原子核に捉えられて複合核をつくり外に出ていく反応過程をとることから,相互作用をポテンシャル散乱と共鳴散乱の和として表される.吸収反応を伴うので数学的には b を複素スカラー量で記述する.ポテンシャル散乱は一般的に原子核の大きさ(半径 R)に比例し,共鳴散乱はエネルギー,原子核の状態に依存する.これはX線(光)や電子線散乱と基本的に異なる中性子散乱に特有な重要な現象である.原子核散乱の相互作用領域はもちろん原子核の大きさを越えるものではないので,熱中性子の波長に比べると 10^{-4} も小さい.したがって散乱の際のモーメンタムが大きくなっても原子核断面積の値は一定である.

繰り返しになるが,前者のポテンシャル散乱は散乱の前後で波動関数の位相を逆転させるので散乱振幅の定義から正符号が入射と散乱の位相逆転状態を表すことになる.原子核と中性子の共鳴エネルギーの低い反応に対しては散乱振幅(散乱長)の符号が逆転し(位相差が π 異なる)負の値をとる(^{1}H, ^{7}Li, Ti, Mn, ^{62}Ni など).

原子核のスピン状態が共鳴散乱の主たる原因となる.すなわち中性子の原子核スピンと標的の中性子核スピンとの状態によって散乱振幅が大きく異なる.

標的の核スピンに対して中性子スピンの2つの状態(up and down spin)によって異なる複合核が生じる.

$$b^+ \equiv I + \frac{1}{2}, \qquad b^- \equiv I - \frac{1}{2} \tag{3.8}$$

もう少し詳しく記述すると原子核スピン (i) に対して中性子の up spin に対する複合核の全角運動量は,

$$2\left(i + \frac{1}{2}\right) + 1 = 2i + 1 \tag{3.9}$$

同様に down spin に対して $2\{i - (1/2)\} + 1 = 2i + 1$ と書ける.通常核スピンが整列していないので2つの状態の重率(存在確率)を各々 $w^\pm$ としてその値を見積

もる．非偏極中性子が標的の核スピンが揃っていない状態で反応すればこの項の存在が大きな非干渉性散乱を導く．

$$w^+ = \frac{2(i+1)}{2(i+1)+2i} = \frac{i+1}{2i+1}, \quad w^- = \frac{i}{2i+1} \tag{3.10}$$

全散乱断面積をσで定義すると，$\sigma = 4\pi(w^+ b^{+2} + w^- b^{-2})$となる．$b^\pm$はスピン状態で異なる値をもつし，干渉性散乱すなわち2つの状態の干渉項は

$$\zeta = 4\pi(w^+ b^+ + w^- b^-)^2 \tag{3.11}$$

と表されるから，全散乱断面積から干渉性散乱断面積の差をとった非干渉性散乱断面積が残る．その結果，$i=1/2$の原子核による散乱では非干渉性散乱項の寄与が大きくなるし，当然核スピンが0であれば，非干渉項は0となる．

共鳴散乱項はポテンシャル散乱（$A^{1/3}$）項と同じ程度の大きさで，かつ原子番号には依存しない量となり，結局散乱振幅bは原子番号には規則性がないほぼ同じような値をとる．散乱振幅，散乱断面積の値は他の非干渉性散乱の原因ともまとめて次の節で詳しく説明するが，中性子散乱振幅bは原子番号の規則性とは異なるなど大きな特徴をもつことをぜひ理解しておいてほしい．

3.2 中性子の磁気散乱

磁気モーメントを運ぶ中性子は，固体の中の局所磁場を敏感に感じ取りながら動くことになるのでミクロ磁石を送り込むとみなされる．したがってはじめに述べたように，中性子と散乱体の磁気モーメントによる散乱が原子核散乱と同じ感度で検出されるので，物質の磁気的な性質のミクロ構造に欠かせない手段であることをみておこう．ふたたび量子力学で中性子の運動を記述すると相互作用ポテンシャルに

$$\tilde{V}_{magnetic} = -\vec{\mu}_N \cdot \vec{B}_{loc}$$

を与えて中性子散乱断面積を計算することになる．原子（正確には電子）の局所磁気モーメントが中性子の位置につくる局所磁場$\vec{B}_{loc}$を双極子磁場とみなして$\tilde{V}_{magnetic}$の計算が必要である．中性子の磁気相互作用ポテンシャルは原子核相互作用ポテンシャルと比較すると弱いが，相互作用領域が電子の広がりに及び，時に熱中性子の波長の大きさ以上となるので，結果的に中性子磁気散乱断面積は核散乱断面積に匹敵する大きさを与える．もちろん原子核も磁気モーメントをもつ

3.2 中性子の磁気散乱

のでこれによる磁気相互作用も考慮する必要はあるが，原子磁気モーメントと比べると桁違いに弱いこともあって通常は無視する．

$$\vec{B}_{loc} = \vec{B}_S + \vec{B}_L = \frac{1}{4\pi}\left\{\mathrm{rot}\left(\frac{\vec{\mu}\times\vec{R}}{|R|^3}\right) + \frac{-e}{c}\frac{\vec{V}_e\times\vec{R}}{|R|^3}\right\}$$

$$\vec{R} = \vec{r}_i - \vec{r}_n,\ \vec{\mu} = 2\mu_B\vec{S} \qquad \vec{V}_e: \text{electron velocity} \tag{3.12}$$

結局，

$$\tilde{V}_{magnetic} = \frac{1}{4\pi}\gamma\mu_N 2\mu_B\vec{\sigma}\left\{\mathrm{rot}\left(\frac{\vec{S}\times\vec{R}}{|R|^3}\right) + \frac{1}{\hbar}\left(\frac{\vec{P}\times\vec{R}}{|R|^3}\right)\right\}$$

$$\vec{P}: \text{electron momentum} \tag{3.13}$$

と与えられる．上式右辺は第 1 項のスピンモーメント，第 2 項の軌道モーメントの寄与からなる．電子のつくる電場と中性子磁気モーメント間の電磁相互作用の項も存在するが，磁気相互作用に比して無視できる大きさである．

$$\frac{\vec{R}}{|R|^3} = -\vec{\nabla}_R\left(\frac{1}{|R|}\right) \tag{3.14}$$

の関係を使って，$\tilde{V}_{magnetic}$ を与えて以下のような磁気散乱微分散乱断面積を導出すると，

$$\left.\frac{d^2\sigma}{d\Omega d\omega}\right|_{magnetic} = \left(\frac{m}{2\pi\hbar^2}\right)^2(2\gamma\mu_N\mu_B)^2\sum_{\lambda\sigma}\frac{k_f}{k_i}p_\lambda p_\sigma\left|\left\langle\vec{k}_f\lambda'\sigma'\right|\sum_i\left\{-\vec{\sigma}\cdot\left(\vec{\nabla}\times(\vec{S}_i\times\vec{\nabla})\frac{1}{|R|}\right)\right.\right.$$
$$\left.\left.+\frac{1}{\hbar}\left(\frac{\vec{P}_i\times\vec{R}}{|R|^3}\right)\right\}\left|\vec{k}_i\lambda\sigma\right\rangle\right|^2\delta(\hbar\omega + E_\lambda - E_{\lambda'})$$

$\vec{R} = \vec{r}_i - \vec{r}$ および $\vec{\kappa} = \vec{k}_i - \vec{k}_f$ を用いて右辺の第 1 項を書き直すと，

$$-\left\langle\vec{k}_f\left|\sum_i\vec{\sigma}\cdot\{\vec{\nabla}_R\times(\vec{S}_i\times\vec{\nabla}_R)\}\frac{1}{|R|}\right|\vec{k}_i\right\rangle = -\sum_i\vec{\sigma}\int d\vec{r}\,e^{i\vec{\kappa}\vec{r}}\{\vec{\nabla}_R\times(\vec{S}_i\times\vec{\nabla}_R)\}\frac{1}{|R|}$$
$$= -\sum_i\vec{\sigma}\int d\vec{R}\,e^{i\vec{\kappa}\vec{r}_i}\cdot e^{i\vec{\kappa}\vec{R}}\vec{\nabla}_R\times(\vec{S}_i\times\vec{\nabla}_R)\frac{1}{|R|}$$

$\vec{\nabla}\cdot(\vec{S}\times\vec{\nabla})\frac{1}{|R|} = 0$ の関係から上の積分は

$$\int d\vec{R}\,e^{i\vec{\kappa}\vec{R}}\vec{\nabla}_R\times(\vec{S}_i\times\vec{\nabla}_R)\frac{1}{|R|} = \frac{4\pi}{\kappa^2}\vec{\kappa}\times(\vec{S}_i\times\vec{\kappa})$$

となる．

右辺の第 2 項も同様の変換を行って微分散乱断面積を整理することができる．

$$\left.\frac{d^2\sigma}{d\Omega d\omega}\right| = \left(\frac{m}{2\pi\hbar^2}\right)^2(2\gamma\mu_N\mu_B)^2(4\pi)^2\sum_{\alpha\alpha'\sigma}\frac{k_f}{k_i}p_\lambda p_\sigma\sum_{\sigma'}\langle\lambda\sigma|\vec{\sigma}\cdot\vec{Q}_\perp|\lambda'\sigma'\rangle^+\langle\lambda'\sigma'|\vec{\sigma}\cdot\vec{Q}_\perp|\lambda\sigma\rangle$$

3. 中性子散乱現象の基本 (I) —— 熱中性子と物質の相互作用

$$\delta(\hbar\omega + E_\lambda - E_{\lambda'})\frac{m}{2\pi\hbar^2}(2\gamma\mu_N\mu_B)4\pi = \frac{m}{2\pi\hbar^2} \times 2\gamma \times \frac{e\hbar}{2mc} \times \frac{e\hbar}{2m_e} \times 4\pi = \frac{\gamma e^2}{m_e C^2}$$

m_e：電子の質量，γ：原子核磁気モーメントを入れるとこの大きさは 0.537×10^{-12} cm となり，原子核散乱振幅と同等の大きさになることが導かれる．上式の相互作用素 (operator) は，

$$\vec{Q}_\perp - \frac{1}{\kappa^2}\sum_i e^{i\vec{Q}\vec{r}_i}\left\{\vec{\kappa}\times(\vec{S}_i\times\vec{\kappa}) - \frac{i}{\hbar}(\vec{\kappa}\times\vec{P}_i)\right\} \equiv \vec{\kappa}\times(\vec{Q}_S\times\vec{\kappa})$$

$$\vec{Q}_S = \sum_i e^{i\vec{Q}\vec{r}_i}\vec{S}_i$$

この表現では磁気散乱断面積は電子のスピン（ベクトル）の散乱ベクトルに対する垂直成分 $\vec{Q}_\perp$ によることがわかり，スカラー量である原子核散乱断面積とはきわめて対照的な性質をもつことがわかる（図 3.1）．

さてここで，$\vec{Q}_\perp, \vec{Q}_S, \vec{S}$ などの異なったベクトル作用素 (operator) が出てきたので整理しておく．その前に散乱体の磁化との関係を導いておくと，電子のスピン密度を $\rho_s(r) = \sum_i \delta(r-r_i)s_i$ と定義しておくと磁化 $M_S(r) = -2\mu_B\rho_S(r)$ である．ここではスピン密度を取り上げているが軌道も同じような表現で書けるので全磁化 $\vec{M} = \vec{M}_S + \vec{M}_L$ のようにスピン，軌道磁化の和で書くことにすると，運動量空間へのフーリエ変換した量，$\vec{M}(\kappa) = \int dr \vec{M}(r)e^{i\kappa r}$ を導入しておくと，上式の $\vec{Q}_S$ は $\vec{Q}_S = (1/2\mu_B)\vec{M}(\kappa)$ と書かれる．

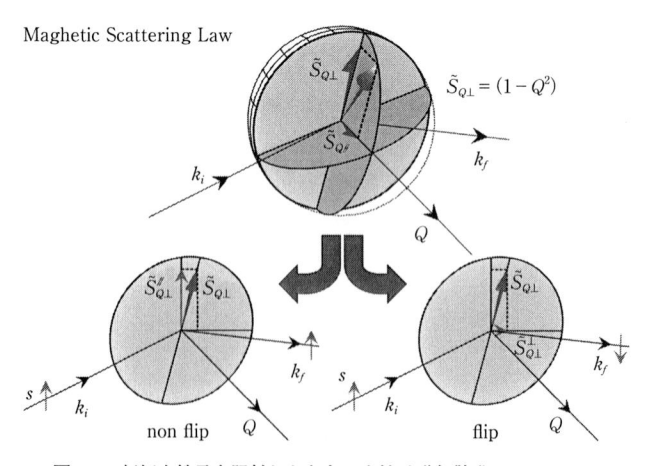

図 3.1 偏極中性子を照射したときの中性子磁気散乱ダイアグラム

$$\vec{M}(\kappa) = \vec{S}\int d\vec{r} e^{i\vec{\kappa}\vec{r}} \equiv \vec{S}f(\kappa)$$

と定義しておくと第2式の積分項は $f(\kappa)$ として定義される．$f(\kappa)$ は磁化の源となる不対電子や軌道のフーリエ成分であり実空間の広がりと熱中性子の波長とがほとんど同じ大きさであることから磁気散乱断面積から $f(\kappa)$ を直接求めることができる．これはX線散乱における原子形状因子と同じなので，磁気形状因子とよぶことにする．

磁気相互作用素 $\vec{Q}_\perp$ と全磁化作用素 $\vec{M}$ との関係も導かれる．$\vec{Q}_\perp = (1/2\mu_B)\vec{\kappa}\times(\vec{M}(\kappa)\times\vec{\kappa})$ となる．

磁気形状因子を作用素の外に出すこともできるから，適用すると

$$\vec{S}_\perp = \vec{S} - (\vec{S}\cdot\hat{\kappa})\hat{\kappa} = \hat{\kappa}\times(\vec{S}\times\hat{\kappa})$$

とも書ける．

$\vec{Q}_\perp = \vec{Q}_S - (\vec{Q}_S\cdot\hat{\kappa})\hat{\kappa}$ の関係が導かれるが，これをわかりやすいように図示する．すなわち，$\vec{Q}_\perp$ は磁化ベクトルの散乱ベクトルの垂直成分である（散乱ベクトルの垂直面に射影した成分）．したがって磁化 $\vec{M}$ の散乱ベクトルに平行な成分は検出されないことになる．また，$M(\kappa=0)$ は散乱体の全磁化と一致する．

微分散乱断面積の計算にはベクトルの内積 $\vec{Q}_\perp^+ \cdot \vec{Q}_\perp$ が入る．この計算を遂行すると，

$$\vec{Q}_\perp^+ \cdot \vec{Q} = \{\vec{Q}_S^+ - (\vec{Q}_S^+\cdot\hat{\kappa})\hat{\kappa}\}\{\vec{Q}_S - (\vec{Q}_S\cdot\hat{\kappa})\hat{\kappa}\} = \sum_{\mu,\nu}(\delta_{\mu\nu} - \hat{\kappa}_\mu\hat{\kappa}_\nu)Q_{S\mu}^+ Q_{S\nu}$$

$\mu, \nu \equiv x, y, z$

原子核散乱断面積の導出にはない複雑なことは中性子スピンと磁化との状態の相対変化をきちんと取り込んで状態和の平均をとらねばならないが，中性子スピンは中性子スピン座標のみに依存し，磁化は電子スピンの座標のみによるので別々に平均操作が可能である．

$$\langle\sigma'\lambda'|\vec{\sigma}\cdot\vec{S}|\sigma\lambda\rangle = \langle\sigma'|\vec{\sigma}|\sigma\rangle\langle\lambda'|\vec{S}|\lambda\rangle$$

非偏極中性子による散乱の場合はさらに $p_\uparrow = p_\downarrow = 1/2$ で簡単になる．

$$\frac{d^2\sigma}{d\Omega dE} = \left(\frac{e^2\gamma}{mc^2}\right)^2 f(\kappa)^2 \frac{k_f}{k_i}\sum_{\mu\nu}(\delta_{\mu\nu} - \hat{\kappa}_\mu\hat{\kappa}_\nu)\sum_{\lambda\lambda'}p_\lambda\langle\lambda|e^{-i\vec{\kappa}\vec{R}_l}S_\mu^+|\lambda'\rangle\langle\lambda'|e^{i\vec{\kappa}\vec{R}_l}S_\nu|\lambda\rangle\delta(\hbar\omega + E_\lambda - E_{\lambda'})$$

中性子磁気散乱断面積を導いたが，中性子散乱は磁性の本質を探る磁気スピン（磁気モーメント）相関関数や動的磁化率を直接測る実験手段であるので，散乱断面積との対応関係を章を改めて導くことにする．

3.3 中性子の干渉性散乱と非干渉性散乱

　干渉性（coherency）は厳密には光学で議論されるように入射中性子と散乱中性子の波動の干渉効果であるとすると，少なくとも散乱の際にエネルギー状態が不変であると定義される．厳密な干渉効果，すなわち入射の際，完全結晶を使って中性子経路の途中で分枝し，片一方の経路に散乱体を通過させた光学干渉計（interferometer）を組んでもう一方の経路の中性子との位相変化を観測する実験がある．これは光学で行われる干渉効果と同じ実験であり厳密な中性子干渉研究である．しかしながら，本書で取り上げる干渉性散乱はエネルギーの可変，すなわち非弾性散乱も含むことにする．したがってこのようなより緩い定義の干渉性に対して，上に述べた中性子と一体の原子核との散乱でみたように，原子が凝集した散乱体における非干渉性，あるいは非干渉性散乱（incoherent scattering）を定義して全散乱から非干渉性散乱を差し引いた残りを干渉性散乱と定義することにする．

　単原子核散乱では原子核スピンによる非干渉性散乱をみてきたが，このほかに束縛状態にある原子核の凝集体での非干渉性散乱も考慮しなければならない．特有の原子（たとえば ^{55}Mn, ^{59}Co 等）を除いて通常原子は複数の安定な同位元素が存在する．原子核の状態や，核スピン状態が原子核ごとに異なる散乱振幅の値をもつので当然の結果として同位元素が混じった（天然許容量の）物質を標的とすると不規則な同位元素の混合体としての非干渉性散乱が起こることになる．核スピンが0の同位元素の集合体であっても同位元素が混合することで非干渉性散乱振幅が有限となり得る．

　気体，液体あるいは固体の凝集体からの散乱では空間的，時間的に不規則な原子核からの非干渉性散乱が重要な研究テーマでもある．

$$\left(\frac{d^2\sigma_{nucleus}}{d\Omega dE}\right) \propto \overline{\langle b^2 \rangle - \langle b \rangle^2}$$

あるいは不規則な磁気モーメントからの散乱も寄与する．

$$\left(\frac{d^2\sigma_{magnetic}}{d\Omega dE}\right) \propto \overline{\langle S^2 \rangle - \langle S \rangle^2}$$

　このように表現できる非干渉性散乱は構造不整あるいは動的な構造揺ら

ぎを伴うので弾性散乱に限らず非弾性成分も含む．これを散漫散乱（diffuse scattering）として次節でこの問題をもう少し詳しく取り上げることにする．

3.4 弾性散乱と非弾性散乱

この節で中性子散乱断面積を導いてきたが衝突の際の標的物質（正確には原子核と原子磁気モーメント）との相互作用によって散乱の前後で中性子の状態が変わる．弾性散乱は衝突過程でエネルギーの授受が無く，散乱中性子の波動状態と運動量あるいは散乱方向のみ変化するのであり，そのうえで散乱の際にエネルギーをやり取りするのが非弾性散乱である．これら散乱強度のエネルギー依存性，運動量依存性を精確に検出するのが中性子散乱実験である（図3.2）．エネルギー，運動量依存性を示す散乱中性子のスペクトルを求めて，その結果をボルン近似で導出される中性子微分散乱断面積と直接比較することができる．ここまでの操作は厳密であり，仮定の入る余地が無い．

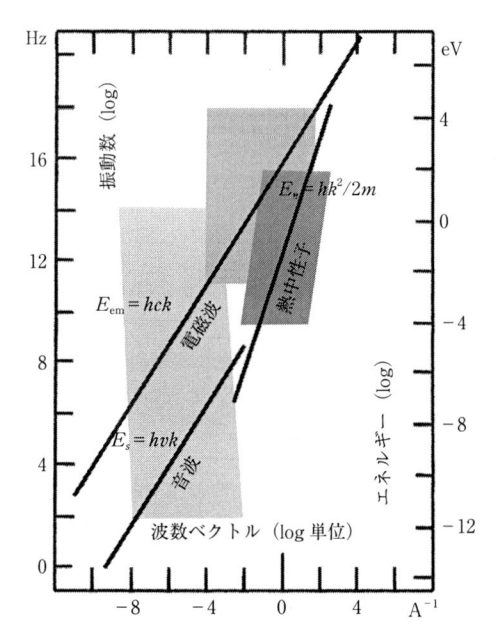

図3.2 中性子と電磁波とのエネルギー（周波数），波数との関係（対数スケール）

図中: $E_n = \hbar k^2/2m$, $E_{em} = hck$, $E_s = hvk$

中性子の特性でみたように物質波（mass wave）としての低速（熱）中性子の波長とエネルギーはイオンサイズと熱平衡状態での大部分の物質内熱エネルギーに相当することになる．したがって，散乱中性子分光や回折，さらに中性子偏極度の解析によって中性子波動の変化を解析すると散乱の際の相互作用の詳細が判明できる．これが中性子散乱の醍醐味である．比較するべき光（X線も含めて）散乱の場合は熱中性子と同じ0.1 nm級の波長の硬いX線のエネルギーはkeV以上となり，物質の熱エネルギーに対して比較にならないほど大きい．物質の熱励起と共鳴させて分光するためには，きわめて精緻なエネルギー分解能を有する分光器や，第3世代の放射光線源といわれる高輝度光源が必要となる．実際，Spring8で10 keVの高輝度の入射放射光X線に対して1 meVのエネルギー分解能をもつ特殊な分光装置（$\Delta E/E \leq 10^{-6}$）を建設して実験が行われるようになったのはきわめて最近のことである．一方，紫外線より長い波長の光分光の歴史は古いが，しょせん入射光の波長が物質を構成する原子の並びの空間距離よりも数桁長い（>100 nm）ので，分光スペクトルは運動量が非常に小さい領域の励起をみていることになる．

　直感的な理解を論理的に進めるためにこの節では入射中性子が熱平衡状態にある原子核散乱を例にとって弾性散乱と非弾性散乱とを正確に定義しておこう．

　単原子による原子核散乱ポテンシャルは（3.2）式に与えたが，それに倣って多体系のフェルミ擬ポテンシャルを与えると，

$$\tilde{V}_n = \sum_n \frac{2\pi \hbar^2}{m} b_n \delta(\vec{r} - \vec{R}_n(t)) \tag{3.15}$$

単色の中性子 $\varphi_0(\vec{r}, t)$ が入射して原子核散乱を起こした後の散乱中性子の波動状態 $\varphi(\vec{r}', t)$ を摂動理論によって求めておく．

$$\varphi(\vec{r}', t) = i\left(\frac{m}{2\pi \hbar^2}\right)^{\frac{1}{2}} \int_{-\infty}^{t} dt_0 (t-t_0)^{-\frac{3}{2}} \sum_n b_n \int d\vec{r} \delta(\vec{r} - R_n(t_0)) e^{\frac{im|\vec{r}-\vec{r}'|^2}{2\hbar(t-t_0)}} \varphi_0(\vec{r}, t_0) \tag{3.16}$$

散乱中性子は通常位相として測定するので，フーリエ変換を施す．

$$\varphi(t) = \sum_\omega f(\omega) e^{-i\omega t} \tag{3.17}$$

$$f(\omega) = \frac{1}{T} \int_0^T dt e^{i\omega t} \varphi(t) \tag{3.18}$$

ここで，r' は試料と検出器の距離で通常中性子が通り抜ける試料の厚さに比べると大きいし，T も長い時間スケールを考えているのでフーリエ変換の外に出す．

エネルギー ω_1 をもつ散乱中性子のフーリエ成分が計算できて次のようになる.

$$f(\vec{r}', \omega_1) = \frac{i}{\vec{r}'T}\int_0^T dt_0 e^{-i\omega t_0}\sum_n b_n \int d\vec{r}\, \delta(\vec{r}-R_n(t_0))e^{i\vec{Q}\cdot\vec{r}} \qquad (3.19)$$

ここでは,$\vec{Q}=\vec{\kappa}-\vec{\kappa}_0$ である.また $\omega=\omega_1-\omega_2$ と正確に定義しておこう.中性子散乱強度は通常あるエネルギー範囲と空間の範囲(検出器の位置と立体角)当たりで測定するので,従って物理的な微分散乱断面積が以下のように定義でき,上にみたボルン近似による微分散乱断面積と直接比較できる.

$$\frac{d^2\sigma}{d\Omega dE} = |f(\vec{k}, \omega_1)|^2 \frac{Tr'^2}{2\pi\hbar}\frac{v_1}{v_0} \qquad (3.20)$$

$$\frac{d^2\sigma}{d\Omega dE} = \frac{v_1}{v_0}(2\pi\hbar)^{-1}\iint d\tau e^{-i\omega t}\sum_{m,n} b_m^* b_n e^{i\vec{Q}\cdot(\vec{r}''-\vec{r}')}\delta\{\vec{r}''-\vec{R}_m(0)\}\delta\{\vec{r}'-\vec{R}_n(\tau)\}d\vec{r}''d\vec{r}'$$

$$= \frac{v_1}{v_0}(2\pi\hbar)^{-1}\int_{-\infty}^{\infty} d\tau e^{-i\omega t}\sum_{m,n} b_m^* b_n \overline{e^{i\vec{Q}\cdot(\vec{R}_n(\tau)-\vec{R}_m(0))}} \qquad (3.21)$$

上式の exponential の横バーは時間平均の操作を表す.上の式は,

$$\frac{d^2\sigma}{d\Omega dE} = \frac{k_f}{k_i}\sum_{m,n,i,f} P_i b_m b_n \langle i|e^{-i\vec{Q}\cdot\vec{R}_m}|f\rangle\langle f|e^{-i\vec{Q}\cdot\vec{R}_n}|i\rangle \delta(\Delta E+\hbar\omega) \qquad (3.22)$$

と同等で,固有関数形式で表した式と定義される.

ここで,熱平衡状態にある散乱体を固体に例にとると,原子あるいは原子核は調和振動数 f で平衡位置の周りを熱振動しているとみなす.上の式の exponential 項は

$$\overline{e^{i\vec{Q}\cdot(\vec{R}_n(\tau)-\vec{R}_m(0))}} = e^{i\vec{Q}\cdot\vec{R}_n(\tau)}e^{-i\vec{Q}\cdot\vec{R}_m(0)}$$

$$= 1 + i\vec{Q}\cdot\{\vec{u}_n(\tau)-\vec{u}_n(0)\} + \{\vec{Q}\cdot\vec{u}_n(\tau)\}\{\vec{Q}\cdot\vec{u}_n(0)\} + \cdots\cdots \qquad (3.23)$$

ここで,$\vec{R}_n = \bar{\vec{R}}_n + \vec{u}_n$ と定義し,平衡位置 $\bar{\vec{R}}_n$ の周りの微小変位 $\vec{u}_n$ の微小振動を導入する.$\vec{u}(\tau) = \vec{u}(0)\{(e^{i\phi\tau}+e^{-i\phi\tau})/2\}$ と近似すると散乱断面積は ω が 0 と $\pm f$ のエネルギーに有限の値をもつ.$\omega=0$ の散乱を狭義の弾性散乱,$\omega=\pm f$ の散乱を非弾性散乱と定義できる.さらにエネルギー積分を行うと,

$$\frac{d\sigma}{d\Omega} = (2\pi\hbar)^{-1}\sum_{m,n} b_m^*(Q) b_n(Q) \overline{e^{i\vec{Q}\cdot(\vec{R}_m(0)-\vec{R}_n(0))}} \qquad (3.24)$$

と書ける.この式の右辺は $\tau=0$ の「同時刻相関」(後述)を指す.したがって散乱断面積のエネルギー積分量($d\sigma/d\Omega$)は同時刻相関ないし原子核の構造の snap shot を測っていることになる.

さて,弾性散乱($\omega=0$)は平衡の位置,言い換えると微小振動のセンターに

ある原子核位置の空間配置のフーリエ変換値を測っていることになるが，式で示すと次のようになる．

$$\frac{d\sigma}{d\Omega} \equiv \frac{d^2\sigma}{d\Omega dE}\bigg|_{\omega=0} - (2\pi\hbar)^{-1} \sum_{m,n} b_m^* b_n e^{i\vec{Q}\cdot(\vec{R}_n-\vec{R}_m)} e^{-(W_n+W_m)} \quad (3.25)$$

$$W_{n,m} = \frac{3\hbar^2 Q^2}{2Mk_B\Theta}\left\{\frac{1}{4}+\varsigma^{-2}\int_0^\varsigma \frac{\xi d\xi}{e^\xi-1}\right\} : デバイ-ワラー因子$$

右辺の exponential 因子は平衡位置からのずれの寄与で，変位の微小振動がつくるエネルギーと運動量の広がりをガウス分布で近似的に表している．この因子は調和振動の特性温度（Θ：デバイ温度）が与えられると，$\varsigma=\Theta/T$を使って与えられたT, Qの関数として見積もることができる．

前節で述べたように原子核散乱には化学元素に含まれる複数の同位元素によって，あるいは磁気散乱による不規則なスピンによって空間的に相関の無い非干渉性散乱が必ずあるので，

$$\frac{d\sigma}{d\Omega} = N\sum_l (\overline{b_l^2}-\bar{b}_l^2)e^{-2W_l} + \sum_{u,v} e^{i\vec{Q}\cdot(\vec{R}_v-\vec{R}_u)} \sum_{k,l} \bar{b}_k \bar{b}_l e^{i\vec{Q}\cdot(\vec{\rho}_k-\vec{\rho}_l)} e^{-(W_k+W_l)} \quad (3.26)$$

右辺の第1項は非干渉散乱成分，第2項は干渉散乱項を表し，固体の格子和と格子内の原子位置に対する干渉項の和が計算されるが，結晶については第1章で与えられた構造因子と同じものである．

一般化して書くと，

$$\frac{d\sigma}{d\Omega}\bigg|^{incoherent} = N\sum_l (\overline{b_l^2}-\bar{b}_l^2)e^{-2W_l} \quad (3.27)$$

$$\frac{d\sigma}{d\Omega}\bigg|^{coherent} = \left[\sum_v e^{iQ'\cdot\vec{R}_v}\right]^2 \left[\sum_i \bar{b}_l e^{iQ'\cdot\vec{\rho}_l} e^{-W_l}\right]^2 \quad (3.28)$$

非干渉項は干渉項からの差をとるので，

$$\overline{(b-\bar{b})^2} = N^{-1}\sum_v (b_v^2 - 2b_v\bar{b}_v + \bar{b}_v^2) = \overline{b^2} - \bar{b}_v^2 \quad (3.29)$$

の関係を使っている．

現実の散乱測定では，とくに考慮しなければ比較的高いエネルギーの熱中性子を単色化して入射した場合，通常数 meV 程度のエネルギーの広がりをもつ場合が多い．したがって低エネルギーの熱励起微小振動が与える非弾性散乱成分はこのエネルギーの広がりに取り込まれてしまうこともある．そうすると（3.25）式と（3.26）式が異なった値を与えることに注意しなければならない．

$$\left.\frac{d\sigma}{d\Omega}\right|_{elastic} = \sum_{m,n} b_m b_n \overline{e^{i\vec{Q}\cdot(\vec{R}_n(0)-\vec{R}_m(\infty))}}$$

ここで取り上げた（非）干渉性散乱，（非）弾性散乱はもちろん X 線散乱でも観測可能であるが，中性子の特性を活かす重要な観測情報であり，むしろこの特徴を前面に出して中性子散乱を他の実験手段と比較することができる．

3.5 偏極中性子散乱

上に導いた散乱断面積は非偏極中性子に対するもので，応用編に述べるようにたとえば複雑なスピンの配列を決めるのに有効な偏極中性子散乱法を理解するために，この節で弾性散乱断面積を中心に偏極中性子散乱を説明する．

磁性体を標的にすると中性子は原子核散乱と磁気散乱と両方が起こるし，偏極中性子を用いると中性子偏極に依存する散乱項が重要な情報を与えてくれる．まず前節で求めてきた散乱ポテンシャルを復習しておく（$\tilde{V}(\kappa)$ を $U(\kappa)$ に書き換える）．

$$U(\vec{\kappa}) = U_n(\vec{\kappa}) + U_m(\vec{\kappa}) \tag{3.30}$$

原子核散乱ポテンシャル：$U_n(\vec{\kappa})$ を書き下すと，

$$U_n(\vec{\kappa}) = \frac{2\pi\hbar^2}{m}\left\{\sum_{n,j} e^{i(\vec{\kappa}\cdot(\vec{n}+\vec{j}))}\frac{b_{n,j}^+(I_{n,i}+1)+b_{n,j}^-}{2I_{n,j}+1}\right\} + 2\sum_{n,j} e^{i(\vec{\kappa}\cdot(\vec{n}+\vec{j}))}\frac{b_{n,j}^+ - b_{n,j}^-}{2I_{n,j}+1}\vec{I}_{n,j}\cdot\hat{s}$$

$$\equiv \frac{2\pi\hbar^2}{m}(T_0 + \hat{T}_1 \cdot \vec{s}) \tag{3.31}$$

$$U_{mag}(\vec{\kappa}) = \frac{\gamma e^2}{mc^2}\sum_i e^{i\vec{\kappa}\cdot\vec{r}_i}\left[\vec{\kappa}\times(\vec{S}_i\times\vec{\kappa}) - \frac{i}{\kappa}(\vec{\kappa}\times\vec{P}_i)\right] \equiv \frac{\gamma e^2}{mc^2}\vec{S}\cdot\vec{Q}_\perp \tag{3.32}$$

上式で $\vec{n}, \vec{d}_j, \vec{r}_i$ は各々単位格子位置，セル内の原子核位置，原子磁気モーメント（スピン）の位置ベクトルを表す．$\vec{I}_{n,j}$ は原子核スピン作用素である．

(3.6) 式で導いておいた中性子微分散乱断面積を偏極中性子散乱断面積として見直すと，

$$\frac{d^2\sigma}{d\Omega d\varepsilon} = \left(\frac{m}{2\pi\hbar^2}\right)^2 \frac{k_f}{k_i} \sum_{\lambda s} p_\lambda p_s \sum_{\lambda' s'} \langle \lambda s | \tilde{U}^+(\vec{\kappa}) | \lambda' s' \rangle \langle \lambda' s' | \tilde{U}(\vec{\kappa}) | \lambda s \rangle \delta(\Delta E_n + \Delta E_\lambda)$$

$$\tag{3.33}$$

偏極中性子に関わる項は状態和をとるので上式をさらに書き換えて，

$$\frac{d^2\sigma}{d\Omega d\varepsilon} = \left(\frac{m}{2\pi\hbar^2}\right)^2 \frac{k_f}{k_i}\sum_{\lambda\lambda'} p_\lambda tr[\tilde{U}^+_{\lambda\lambda'}(\vec{\kappa})\tilde{U}_{\lambda\lambda'}(\vec{\kappa})\rho]\delta(\Delta E_n + \Delta E_\lambda) \quad (3.34)$$

ここで，δ 関数の中の ΔE_n, ΔE_λ は各々中性子と標的の状態エネルギーについての和をとる．また，偏極中性子状態に対する確立密度 $\langle\hat{\rho}\rangle$ は偏極中性子の節で定義してある．

$$\hat{\rho} = \frac{1}{2}\hat{I} + \vec{P}\cdot\vec{s} \quad (3.35)$$

$\tilde{U}(\vec{\kappa})$ に (3.31)，(3.32) 式を入れて偏極微分散乱断面積を書き下す．

$$\begin{aligned}\frac{d^2\sigma}{d\Omega d\varepsilon'} = \frac{k_f}{k_i}\sum_{\lambda\lambda'} p_\lambda & \Big[\langle\lambda|T_0^+|\lambda'\rangle\langle\lambda'|T_0|\lambda\rangle + \frac{1}{4}\langle\lambda|T_1^+|\lambda'\rangle\cdot\langle\lambda'|T_1^+|\lambda\rangle \\ & + \left(\frac{\gamma e^2}{mc^2}\right)\{\langle\lambda|T_0^+|\lambda'\rangle\langle\lambda|\vec{P}\vec{Q}_\perp|\lambda'\rangle + \langle\lambda|\vec{P}\vec{Q}_\perp^+|\lambda'\rangle\langle\lambda'|T_0|\lambda\rangle\} \\ & + \left(\frac{\gamma e^2}{mc^2}\right)^2(\langle\lambda|\vec{Q}_\perp^+|\lambda'\rangle\cdot\langle\lambda'|\vec{Q}_\perp|\lambda\rangle) \\ & + i\left(\frac{\gamma e^2}{mc^2}\right)^2\vec{P}\cdot(\langle\lambda|\vec{Q}_\perp^+|\lambda'\rangle\times\langle\lambda'|\vec{Q}_\perp|\lambda\rangle)\delta(\Delta E_n + \Delta E_{\lambda\lambda'})\Big]\end{aligned}$$
$$(3.36)$$

核（スピン）整列をしていない十分温度の高い状態での散乱断面積であり，原子核スピンに依存する 1 次の項は無視されている．(3.36) 式の 3 列目の項は Blume によって導かれたが，この項は偏極中性子の利用に重要な役割をする．弾性散乱に限って（$\Delta E = 0$），上の式を進めておくと，このことがより明瞭になる．その際以下の関係を用いる．

$$\langle\lambda|\vec{Q}_\perp|\lambda\rangle = \sum_{nj} e^{i\vec{\kappa}\cdot(\vec{n}+d_j)} f_{nj}(\vec{\kappa})\langle\lambda|\vec{\kappa}\times(S_{nj}\times\vec{\kappa})|\lambda\rangle$$

$$\langle\lambda|\vec{S}_{nj}|\lambda\rangle = S_{nj}\vec{\eta}_{nj} : \vec{\eta}_{nj} \text{ は単位ベクトル}$$

$$\vec{q}_{nj} = \vec{\kappa}\times(\vec{\eta}_{nj}\times\vec{\kappa}), \quad \vec{R}_{nj} = \vec{n}+\vec{j}$$

$$\begin{aligned}\frac{d\sigma}{d\Omega} = & \sum_{\vec{R}_{nj}\vec{R}_{n'j'}} e^{i\vec{\kappa}\cdot(\vec{R}_{nj}-\vec{R}_{n'j'})}\{b_{nj}\}\{b_{n'j'}\} + \sum_{nj}\{(b_{nj}^2)-(b_{nj})^2\} + \\ & \left(\frac{\gamma e^2}{mc^2}\right)\sum_{njn'j'} e^{i\vec{\kappa}\cdot(\vec{R}_{nj}-\vec{R}_{n'j'})}(\{b_{nj}\}f_{nj}(\vec{\kappa})S_{nj}\vec{P}\cdot\vec{q}_{nj} + \{b_{n'j'}\}f_{n'j'}(\vec{\kappa})S_{n'j'}\vec{P}\cdot\vec{q}_{n'j'}) \\ & + \left(\frac{\gamma e^2}{mc^2}\right)^2\sum_{njn'j'} e^{i\vec{\kappa}\cdot(\vec{R}_{nj}-\vec{R}_{n'j'})}S_{nj}S_{n'j'}f_{nj}(\kappa)f_{n'j'}(\kappa)(\vec{q}_{nj}^+\vec{q}_{n'j'} + i\vec{P}\cdot(\vec{q}_{nj}\times\vec{q}_{n'j'}))\end{aligned} \quad (3.37)$$

$$\frac{d\sigma}{d\Omega} = \left|\sum_n e^{i\vec{\kappa}\cdot\vec{n}}\right|^2 |F_j(\vec{\kappa})|^2 + N(\langle\{b_j^2\}\rangle - \langle\{b_j\}\rangle^2)$$

$$+ \left(\frac{\gamma e^2}{mc^2}\right) \sum_{njn'j'} e^{i\vec{\kappa}\cdot(\vec{R}_{nj}-\vec{R}_{n'j'})} [\langle\{b_{j'}\}\rangle f_{nj}(\vec{\kappa}) S_{nj} P\cdot\vec{q}_{nj} + \langle\{b_j\}\rangle f_{n'j'}(\vec{\kappa}) S_{n'j'} P\cdot\vec{q}_{n'j'}] +$$

$$\left(\frac{\gamma e^2}{mc^2}\right)^2 \sum_{njn'j'} e^{i\vec{\kappa}\cdot(\vec{R}_{nj}-\vec{R}_{n'j'})} S_{n'j'} S_{nj} f_{n'j'}(\vec{\kappa}) f_{nj}(\kappa)(\vec{q}_{n'j'}\cdot\vec{q}_{nj} + i\vec{P}\cdot(\vec{q}_{n'j'}\times\vec{q}_{nj})) \quad (3.38)$$

この式の第1列目の項は原子核散乱による項で，左の項はラウエ因子と構造因子の積で表される干渉項（coherent diffraction）で，右の項はアイソトープや原子核スピンのランダムな配置からの非干渉項（incoherent scattering）である．2列目は核と磁気との相互作用項が偏極度と1次結合で表され，偏極度回折で古くから認識されてきた原子磁気モーメントの精確な決定や磁気形状因子の測定に威力を発揮する．3列目の項は複雑な磁気構造の検出が可能になる比較的新しく発見された量である．これらのことは応用編の偏極中性子応用の章で実例を挙げて繰り返し説明する．

偏極中性子の利用が進むにつれて散乱中性子の偏極度を解析することができるようになり，偏極中性子散乱以外では得られない重要なミクロ情報が得られる．ここでは偏極中性子を入射した場合の散乱中性子の偏極一般式を求めておく．

$$\frac{1}{2}P_f \frac{d^2\sigma}{d\Omega d\varepsilon} = \frac{k_f}{k_i}\left(\frac{m}{2\pi\hbar^2}\right)^2 \sum_{\lambda\lambda'} p_\lambda tr[U^+_{\lambda\lambda'}(\vec{\kappa})\vec{s}\, U_{\lambda\lambda'}(\vec{\kappa})\rho]\delta(\Delta_n + \Delta E_{\lambda\lambda'}) \quad (3.39)$$

上式に偏極微分散乱断面積を求めた手順に従って計算すると次の式が得られる．

$$\frac{1}{2}P_f\left(\frac{d\sigma}{d\Omega}\right) = \frac{1}{2}P\left|\sum_n e^{i\vec{\kappa}\vec{n}}\right|^2 |F_N(\vec{\kappa})|^2 - \frac{1}{2}PN\sum_j \left(\frac{1}{3}\langle\{b_j^2\}\rangle - \frac{4}{3}\langle\{b_j\}\rangle^2\right)$$

$$+ \frac{1}{2}\left(\frac{\gamma e^2}{mc^2}\right) \sum_{njn'j'} e^{i\vec{\kappa}\cdot(\vec{R}_{nj}-\vec{R}_{n'j'})} (\langle\{b_{j'}\}\rangle S_{nj}f_{nj}(\vec{\kappa})\vec{q}_{\perp,nj} + \langle\{b_j\}\rangle S_{n'j'}f_{n'j'}(\vec{\kappa})\vec{q}_{\perp,n'j'}$$

$$- i\langle\{b_{j'}\}\rangle S_{nj}f_{nj}(\vec{\kappa})\vec{P}\times\vec{q}_{\perp,nj} + i\langle\{b_j\}\rangle S_{n'j'}f_{n'j'}(\vec{\kappa})\vec{P}\times\vec{q}_{\perp,n'j'})$$

$$+ \frac{1}{2}\left(\frac{\gamma e^2}{mc^2}\right)^2 \sum_{njn'j'} e^{i\vec{\kappa}\cdot(\vec{R}_{nj}-\vec{R}_{n'j'})} S_{n'j'}S_{nj}f_{n'j'}(\vec{\kappa})f_{nj}(\vec{\kappa}) \times (-i(\vec{q}_{\perp,n'j'}\times\vec{q}_{\perp,nj})$$

$$+ \vec{q}_{\perp n'j'}(\vec{P}\cdot\vec{q}_{\perp,nj}) + (\vec{P}\cdot\vec{q}_{\perp,n'j'}) - \vec{P}(\vec{q}_{\perp,n'j'}\cdot\vec{q}_{\perp,nj})) \quad (3.40)$$

この式から得られる重要な項は第3列目に表れる形状因子の虚数部である．偏極度解析の実験方法などは応用編で多くの説明をすることにして，基礎編では一般式の導出に止めておく．

4

中性子散乱現象の基本（II）
── 相関関数と感受率

4.1 ボルン近似による散乱関数の導出

前節で導いた（3.21）式をもう一度思い出してみる.

$$\frac{d^2\sigma}{d\Omega dE} = \frac{v_1}{v_0}(2\pi\hbar)^{-1}\iint d\tau e^{-i\omega\tau}\sum_{m,n} b_m^* b_n e^{i\vec{Q}\cdot(\vec{r}-\vec{r}')}\delta\{\vec{r}''-\vec{R}_m(0)\}\delta\{\vec{r}'-\vec{R}_n(\tau)\}d\vec{r}''d\vec{r}'$$

(4.1)

ここで同一の原子核から構成される散乱体の散乱断面積として書き換えると

$$\frac{d^2\sigma}{d\Omega dE} = \frac{v_1}{v_0}b^2(2\pi\hbar)^{-1}\int_{-\infty}^{\infty}d\tau e^{-i\omega\tau}\sum_{m,n}\int d\vec{r}'d\vec{r}''e^{i\vec{Q}\cdot(\vec{r}-\vec{r}')}\overline{\delta\{\vec{r}''-\vec{R}_m(0)\}\delta\{\vec{r}'-\vec{R}_n(\tau)\}}$$

$$= \frac{v_1}{v_0}b^2(2\pi\hbar)^{-1}\int_{-\infty}^{\infty}d\tau e^{-i\omega\tau}\sum_{m,n}\int d\vec{r}'d\vec{r}\,e^{i\vec{Q}\cdot\vec{r}}\overline{\delta\{\vec{r}+\vec{R}_m(0)-\vec{r}'\}\delta\{\vec{r}'-\vec{R}_n(\tau)\}}$$

(4.2)

右辺の非積分関数は確率密度 $p\{\vec{R}_m(0), \vec{R}_n(\tau)\}$, すなわちある時刻 $(t=0)$ にいる原子核が, それから τ 時間経ったときに $(t=\tau)$, R_n にいる確率を使って書き換えると,

$$\frac{d^2\sigma}{d\Omega dE} = \frac{v_1}{v_0}b^2(2\pi\hbar)^{-1}\int_{-\infty}^{\infty}d\tau e^{-i\omega\tau}\sum_{m,n}\int d\vec{r}'d\vec{r}\,e^{i\vec{Q}\cdot\vec{r}}\overline{\delta\{\vec{r}+\vec{R}_m(0)-\vec{r}'\}\delta\{\vec{r}'-\vec{R}_n(\tau)\}}$$

(4.3)

上式の時間平均を別の形式で表現すると

$$\frac{d^2\sigma}{d\Omega dE} = \frac{v_1}{v_0}b^2(2\pi\hbar)^{-1}\int_{-\infty}^{\infty}d\tau e^{-i\omega\tau}\sum_{m,n}\int d\vec{r}'d\vec{r}\,e^{i\vec{Q}\cdot\vec{r}}p\{R_m(0)R_n(\tau)\}dR_m dR_n \cdot$$
$$\overline{\delta\{\vec{r}+\vec{R}_m(0)-\vec{r}'\}\delta\{\vec{r}'-\vec{R}_n(\tau)\}}$$

(4.4)

上の式で導入された $p\{\vec{R}_m(0)\vec{R}_n(\tau)\}$ は確率関数であり, 当然積分値は1に等し

い．また，$R_m(0)$ と $R_n(\tau)$ は互いに作用し合うこともあるので常に可換でないから積分は簡単ではない．したがって Van Hove は次に述べる相関関数を導入して積分を解いた．

4.2 相関関数

相関関数 $g(\vec{r}, t) = N^{-1} \sum_{m,n} \int d\vec{r}' \delta(\vec{r} + \vec{R}_m(0) - \vec{r}') \delta(\vec{r}' - \vec{R}_n(t))$ を導入する．この式の物理的な意味は，ある時刻（$t=0$）に空間の $\vec{R}(0)$ 点を通過した t 秒後のある粒子の平均分布を規定する．

$\hat{\rho}(\vec{r}, t) \equiv \sum_m \delta(\vec{r} - \vec{R}_m(t))$ という密度演算子を導入して書き換えることもある．

$$g(\vec{r}, t) = N^{-1} \int d\vec{r}' \langle \hat{\rho}(\vec{r}' - \vec{r}, 0) \hat{\rho}(\vec{r}', t) \rangle \tag{4.5}$$

この相関関数は複素関数でかつ，エルミート関数である．$g(-\vec{r}, -t) = g^*(\vec{r}, t)$ の関係をみたす．

さらにフーリエ変換すると，

$$g(\vec{r}, t) = \frac{1}{8\pi^3} \int d\vec{k} e^{-\vec{k}\cdot\vec{r}} N^{-1} \sum_{m,n} \langle e^{-i\vec{k}\cdot\vec{R}_m(0)} \cdot e^{-i\vec{k}\cdot\vec{R}_n(t)} \rangle \tag{4.6}$$

上の式は，$e^{i\vec{k}\cdot\vec{r}} = \int d\vec{r} e^{i\vec{k}\cdot\vec{r}} \delta(\vec{r} - \vec{R})$，$\int d\vec{k} e^{i\vec{k}\cdot\vec{R}} = 8\pi^3 \delta(\vec{R})$ を使っている．

Van Hove は相関関数を使って散乱断面積を計算した．

$$\frac{d^2\sigma}{d\Omega dE} = N \frac{v_1}{v} \left(\frac{m}{2\pi\hbar^2}\right)^2 V^2 \overline{\vec{V}(\vec{k})^2} \cdot S(\vec{k}\omega) \tag{4.7}$$

$$S(\vec{k}\omega) = \frac{1}{2\pi\hbar} \int_{-\infty}^{\infty} dt e^{-\omega t} \sum_{m,n} \langle e^{-\vec{k}\cdot\vec{R}_m(0)} \cdot e^{\vec{k}\cdot\vec{R}_n(t)} \rangle \tag{4.8}$$

さらに，相関関数は自己相関関数（違った時刻での同じ（identical）粒子の相関）と個別相関関数（違う（distinct）粒子の相関）に分離することができる．

$$g_s(\vec{r}, t) = N^{-1} \left\langle \sum_m \int d\vec{r}' \overline{\delta(\vec{r}' - \vec{r} + \vec{R}_m(0))\delta(\vec{r}' - \vec{R}_m(t))} \right\rangle \tag{4.9}$$

$$g_d(\vec{r}, t) = N^{-1} \left\langle \sum_{m>n} \int d\vec{r}' \overline{\delta(\vec{r}' - \vec{r} + \vec{R}_m(0))\delta(\vec{r}' - \vec{R}_n(t))} \right\rangle \tag{4.10}$$

$t=0$ では粒子の可換性を使って

$$g_s(\vec{r}, 0) = \delta(\vec{r}) \tag{4.11}$$

$$g_d(\vec{r}, 0) = N^{-1} \sum_{m>n} \langle \delta(\vec{r} + \vec{R}_m - \vec{R}_n) \rangle \equiv g(\vec{r}) \tag{4.12}$$

$g(\vec{r})$ は同時刻相関関数（instantaneous correlation function），あるいは対分布関数（pair correlation function）とよぶこともある．したがって $g(\vec{r}, 0) = \delta(\vec{r}) + g(\vec{r})$ と書ける．

一方，$t = \infty$，すなわちエネルギー変化の伴わない静的な相関関数も定義される．

$$g_s(\vec{r}, \infty) = 0 \tag{4.13}$$

$$g(\vec{r}, \infty) = N^{-1} \int d\vec{r}' \langle \rho(\vec{r}' - \vec{r}) \rangle \langle \rho(\vec{r}') \rangle = \rho(\vec{r}) \tag{4.14}$$

前節で定義した干渉性散乱，非干渉性散乱断面積は相関関数を使って定義される．

$$\frac{d^2\sigma^{coh}}{d\Omega dE} = \frac{b^2 N}{2\pi\hbar} \frac{v_1}{v} \int d\vec{r} dt e^{i(\vec{Q}\cdot\vec{r} - \omega t)} g(\vec{r}, t) \tag{4.15}$$

$$\frac{d^2\sigma^{incoh}}{d\Omega dE} = \frac{(\overline{b^2} - \overline{b}^2)^2 N}{2\pi\hbar} \frac{v_1}{v} \int d\vec{r} dt e^{i(\vec{Q}\cdot\vec{r} - \omega t)} g_s(\vec{r}, t) \tag{4.16}$$

中性子散乱実験でエネルギー解析をしないで散乱パターンをとる場合を「全散乱」とよぶが，正しくは入射中性子のエネルギーを超えない範囲で微分散乱断面積を積分する．標的の試料の原子や磁気モーメントの揺らぎが入射中性子のエネルギーに比べて十分に小さいときには，この積分がなされているとみなすことができる．また高エネルギー（eV 級）の中性子の利用によって原子や磁気モーメントの熱揺らぎを十分取り込むことができる．この積分を実行すると，

$$\begin{aligned}\frac{d\sigma}{d\Omega} &= Nb^2 (2\pi)^{-1} \int d\omega \int dt e^{-i\omega t} \int d\vec{r} e^{i\vec{Q}\cdot\vec{r}} g(\vec{r}, t) \\ &= Nb^2 \int d\vec{r} e^{i\vec{Q}\cdot\vec{r}} g(\vec{r}, 0) = Nb^2 \left\{ 1 + \int d\vec{r} e^{i\vec{Q}\cdot\vec{r}} g(\vec{r}) \right\}\end{aligned} \tag{4.17}$$

ここで，$g_s(\vec{r}, 0) = \delta(\vec{r})$，$g_d(\vec{r}, 0) = g(\vec{r})$ を使っている．

相関関数の基礎を使って，中性子散乱実験にどう応用するかは後の応用編に具体例を挙げることにする．

4.3 動的感受率

前節の中性子散乱により求められる相関関数はこの節で導入する「動的感受率」と結びつけることができる．「動的感受率」は一般化された感受率とも定義される．物質内の原子（粒子）が外場（電場，熱）などの摂動を受けて揺らぐ際の応答で

4.3 動的感受率

ある.磁気モーメントであれば磁場(外場や内部磁場)の摂動による磁化率で馴染み深い.この結合を一般的なスペクトル定理である揺動散逸定理(fluctuation dissipation theorem)によって導出する.一般的に適用できるが磁気系の問題に適用を制限して議論を進める.

磁化 $\vec{M}(\vec{r})$ は演算子 $\mu(\vec{r})$ の平均値として次のように定義される.

$$\vec{M}(\vec{r}) = tr\rho \cdot \mu(\vec{r}) \tag{4.18}$$

密度行列 ρ は熱平衡状態では次のように定義される.

$$\rho = \frac{e^{-\beta H}}{tre^{-\beta H}}$$

体系のハミルトニアン H を摂動展開して,線形応答の範囲内では次のように書ける.

$$\frac{d\rho^*}{dt} = \frac{i}{\hbar}[\rho^* \cdot H], \qquad \rho^* = e^{iH_o t}\rho e^{-iH_o t}$$

$$H = H_o + H' \tag{4.19}$$

ここで $H' = -\vec{M} \cdot \vec{H} e^{i\omega t}$ という中性子照射によって交流磁場がかかった場合を考える.上の線形の運動方程式を解くことにする.

$$\frac{d\rho(t)}{dt} = \frac{i}{\hbar}[\rho(t) \cdot e^{iH_o t} H' e^{-iH_o t}] \tag{4.20}$$

解を積分表示で求めておくと,

$$\rho \cong \rho_o - \frac{H'}{2\hbar}\int_0^\infty \{\rho_o, e^{iH_o t'}[M_\mu(\vec{q}) + M_\mu(-\vec{q})]e^{-iH_o t'}\}$$

となる.簡単のために外磁場の無いときに磁化が0であると仮定して(一般性は失わない),

$$M_\nu(\vec{r}, t) = -\frac{H'}{2\hbar}tr\left(\int_0^\infty \{\rho_o, e^{-iH_o t'}[M_\mu(\vec{q}) + M_\mu(-\vec{q})]e^{iH_o t'}\}M_\nu(\vec{r})\right)\cos\omega(t-t')dt'$$

$$\tag{4.21}$$

上式のフーリエ変換は,

$$M_\nu(\vec{k}, \Omega) = -i\frac{\pi H'}{2\hbar}tr\left\{\int_0^\infty [\rho_o, M_\mu(\vec{q}, -t')]M_\nu(\vec{k})\right\}e^{-i\omega t'}dt'\delta(\Omega+\omega) \tag{4.22}$$

上式はさらに trace の周期的普遍性を用いると簡単化される.

$$tr\left\{\int_0^\infty [\rho_o, M_\mu(\vec{q}, -t')]M_\nu(\vec{k})\right\}e^{-i\omega t'}dt' = \int\langle[M_\mu(\vec{q}, -t')]M_\nu(\vec{k})\rangle e^{-i\omega t'}dt'$$

磁化の線形応答から磁化率を求めると，

$$\chi_{\nu\mu}(\vec{k},\vec{q};\Omega\omega) = \frac{i}{\hbar}\int_0^\infty \langle M_\nu(\vec{k},t), M_\mu(\vec{q})\rangle e^{i\omega t}dt\delta(\Omega-\omega) \tag{4.23}$$

ここまでの導出で上式のように磁化率と体系内の磁化の応答関数とが結びつけられた．これから目的とする相関関数 $\langle\{M_\nu(\vec{k},t), M_\mu(\vec{q})\}\rangle$ を求めよう．左の $\{\ \}$ は対称積 $\{A,B\}\equiv\frac{1}{2}(AB+BA)$ を表す．その卜体系が並進対称性を保つとき，

$$[M_\nu(\vec{k},t)M_\mu(-\vec{q})] = [M_\nu(\vec{q},t)M_\mu(-\vec{q})]\Delta(\vec{k}+\vec{q}) \tag{4.24}$$

磁化に適用すると，

$$\{M_\nu(\vec{q},t), M_\mu(-\vec{q})\} \equiv \frac{1}{2}[M_\nu(\vec{q},t)M_\mu(-\vec{q}) + M_\mu(\vec{q},t)M_\nu(-\vec{q})] \tag{4.25}$$

まず応答関数，相関関数のフーリエ変換を行うと，

$$f_{\nu\mu}(\vec{q},\omega) = \frac{i}{\hbar}\int_{-\infty}^\infty \langle[M_\nu(\vec{q},t), M_\mu(-\vec{q})]\rangle e^{i\omega t}dt \tag{4.26}$$

$$g_{\nu\mu}(\vec{q},\omega) = \int_{-\infty}^\infty \langle M_\nu(\vec{q},t), M_\mu(-\vec{q})\rangle e^{i\omega t}dt \tag{4.27}$$

次のような関係を使うと，さらに上の2つの式が書き換えられる．

$$\int_{-\infty}^\infty dt\langle M_\mu(-\vec{q})M_\mu(\vec{q},t)\rangle e^{i\omega t} = \int_{-\infty}^\infty dt\, tr[e^{-\beta H_o}M_\mu(-\vec{q})e^{\frac{iH_o t}{\hbar}}M_\nu(\vec{q})e^{-\frac{iH_o t}{\hbar}}]e^{i\omega t}$$

$$= \int_{-\infty}^\infty dt\, tr[e^{-\beta H_o}e^{\frac{iH_o(t-i\hbar\beta)}{\hbar}}M_\nu(\vec{q})e^{-\frac{iH_o(t-i\hbar\beta)}{\hbar}}M_\mu(-\vec{q})]e^{i\omega t}$$

$$= e^{-\beta\hbar\omega}\int_{-\infty}^\infty dt\langle M_\nu(\vec{q},t)M_\mu(-\vec{q})\rangle e^{i\omega t} \tag{4.28}$$

$$f_{\nu\mu}(\vec{q},\omega) = \frac{i}{\hbar}(1-e^{-\beta\hbar\omega})\int_{-\infty}^\infty dt\langle M_\nu(\vec{q},t)M_\mu(-\vec{q})\rangle e^{i\omega t} \tag{4.29}$$

$$g_{\nu\mu}(\vec{q},\omega) = -i\frac{\hbar}{2(1-e^{-\beta\hbar\omega})}[f_{\nu\mu}(\vec{q},\omega) + f^*_{\mu\nu}(\vec{q},\omega)] \tag{4.30}$$

応答関数を次のように時間積分を取り直して書き換える．

$$f_{\nu\mu}(\vec{q},\omega) = \frac{i}{\hbar}\int_0^\infty dt\langle[M_\nu(\vec{q},t), M_\mu(-\vec{q})]\rangle e^{i\omega t} + \frac{i}{\hbar}\int_{-\infty}^0 dt\langle[M_\nu(\vec{q},t), M_\mu(-\vec{q})]\rangle e^{i\omega t}$$

ここで2番目の積分の中で t を $-t$ に置き換えて磁化率の対称性 $\chi_{\mu\nu}(-\vec{q},-\omega) = \chi^*(\vec{q},\omega)$ を使って応答関数と磁化率を結びつけることができる．

$$f_{\nu\mu}(\vec{q},\omega) = [\chi_{\nu\mu}(\vec{q},\omega) + \chi^*_{\mu\nu}(\vec{q},\omega)] \tag{4.31}$$

相関関数は磁化率と次のような関係になる．

$$g_{\nu\mu}(\vec{q},\omega) = \frac{\hbar}{1-e^{-\beta\hbar\omega}} \mathrm{Im}[\chi_{\nu\mu}(\vec{q},\omega) + \chi^{*}_{\mu\nu}(\vec{q},\omega)] \tag{4.32}$$

この定理は非常に有効であるので丁寧に式を導いたが,中性子散乱実験では磁性体に限らず,誘電体や格子振動や一般の緩和系のダイナミックスの研究にこの式は一般的に使われる.

久保亮五 (くぼ りょうご,1920-1995)

今日物質科学研究の世界のトップに肩を並べて研究できる日本の中性子散乱施設の誕生には久保亮五に代表される日本の理論家達の果たした計り知れない役割がある.1960年代,わずか3〜4台の回折装置が設置された原研 JRR-2 原子炉(10 MW 出力 CP5 型)で日本の中性子散乱研究がスタートした.同じ頃,米国では Brockhouse が創めた3軸分光法を駆使した中性子分光研究を目的とした中性子散乱専用の高束中性子炉(high flux beam reactor)の建設が始まっていた.当時,危機感を抱いた小幡行雄らの理論グループを中心にして世界の中性子散乱研究の動向を知る久保,永宮らを先頭に立てて,中性子こそが金属強磁性をはじめとする電子の基本構造や電子スピンの動的構造を明らかにする不可欠な道具であることを日本の物性物理研究者に熱心に説いた.それに触発されて,中性子散乱研究者に留まらず物性物理実験家グループが高束中性子原子炉建設を政府や学術会議などに要望した.以後約30年近くかかって JRR-3 改造3号炉が建設され,1990年初頭に日本で中性子分光ができる時代を迎えたのである.

久保亮五が中性子散乱研究に強く影響を与えた話をする.久保は反強磁性スピン波理論,金属強磁性スピン波理論,さらには揺動散逸定理など,磁性体に対して弱い摂動しか与えない熱中性子散乱スペクトル観測こそが最も優れた交流磁化率の実験手段であることを理論的に導いた.この久保理論は欧米では中性子散乱スペクトル研究のための法典のような存在であり,今でも「久保定理」と言われている.永宮研究室の吉森昭夫が中性子回折で発見した spiral 構造がスピン間の長距離相互作用から導かれる一般的機構を明らかにしたり,金属中の長距離磁気相互作用として Ruderman-Kittel-Kasuya-Yoshida(RKKY)相互作用の存在が金属磁性とりわけ希土類磁性の解明に必須の理論を輩出したのもこの時代のことである.

日本の中性子散乱黎明期に,久保は定常状態の熱力学を通り越して,非定常状態

や非線形の熱統計物理研究に，パルス強磁場やショック高圧，パルス電圧をかけた状態での中性子散乱によって，3体以上の高次散乱関数や非定常状態の散乱スペクトルなどが測れるという当時では画期的なパルス中性子源建設の可能性を提案している．

「中性子散乱は体系における雑音を測っているわけですが，雑音にしても driven force と称するようなもの——たとえば電流を流している時の雑音——電流にしても静的なものもありましょうが時間的に変動している電流もある，ともかくそういう動的な状態での雑音も重要です．原理的に申せばそのような雑音は上のような2体相関でなく，3つ，4つの相関に相当するわけですが，そういうものが調べられると，まあやさしくは無いでしょうが，知識は格段に増えるに違いない．場合によっては非常に臨界的なものを与えるかも知れない．そういう実験，とくに何か極端な条件でやるとします——たとえば非常に強い電流を流してやる——と，そちらの方も pulse であることが必要となる．したがって中性子のほうも pulse source である方が都合が良かろうという風に素人考えでは考えられます．長時間高磁場を持続させるのも困難だし，大電流を長時間流すこともできません．要するに，今やっていることは，中性子というスパイを送り込んで何か見てこいというのですが，その次の段階ではその舞台の中に別なものを一緒に入れてやろう．たとえば電流を流すのもそれに当たるし，そこに強い音波を送ってもよいかもしれないし，電波を送ってやるのもよいだろう．なにか中性子を送り込んでみて来いというばかりではなくて，そこに別の兵隊も送り込んで一寸喧嘩をさせるというようなこともあり得るのではなかろうか．磁気共鳴では double resonance とか ESR と NMR との組み合わせなど色んな事がやられているわけです．中性子の場合ではそう簡単に行きませんでしょうけれども，必ずしも不可能ではないのではないか．そういうことは，少なくとも将来の方向として心に留めておく必要があるのではないでしょうか」

当時の研究会での久保の発言を引用した上文が，その後の日本のパルス中性子研究の誕生を促したと筆者は信じている．

5

中性子散乱現象の基本（III）

　材料研究の最近の進歩は目覚ましい．ナノテクノロジーの長足の発展に伴って原子が並ぶ1次構造のみならず，原子，分子の集団や結晶粒の塊であるテクスチャー，磁気ドメインなどの高次構造が物質全体の特性を決定的に支配することが段々理解できるようになってきた．そのうえに，生命現象の解明にもゲルや溶液中のDNAなどの絡み合った超分子など形状が重要な役割を担っていることも明らかにされている．従来このような高次構造の顕微には光学顕微鏡やX線小角散乱装置が用いられてきたが，近年，中性子線による非均質な構造の顕微も重要視されてきている．小角散乱現象は，主に述べてきた規則的に原子が並ぶ結晶構造の顕微としての「回折」とは異なる不均質媒質中に伝わる中性子波の干渉，厳密な意味では分散（diffusion）を測っている．

　ここでの解説は，中性子波の動的現象を厳密に解かないで，中性子干渉や回折現象をボルン近似などの近似理論もしくは古典物理範囲で取り扱うことで，非均質構造評価が可能であることをみる．中性子小角実験の中身は応用編（5.2節）にまとめて解説することにし，この章では中性子小角散乱実験で得られるプロファイルの基礎概念を紹介する．

5.1　中性子小角散乱断面積（ボルン近似による導出）

　低エネルギー中性子線は粒子の集合体の構造をどのように観測するか，おおよその基礎概念を与えるのがこの節の目的である．中性子は原子核や磁気モーメントによって散乱されるが，これらの散乱体の塊としての粒子の形状や空間配置を顕微するのが小角散乱の目的である．通常中性子小角散乱で観測される干渉性の弾性散乱の微分断面積（$d\sigma/d\Omega$）はボルン近似（4.1節）の範囲で評価される．

すなわち，

$$\frac{d\sigma}{d\Omega} = \left\langle \frac{1}{V} \sum_{m,n} b_m b_n e^{-i\vec{Q}\cdot(\vec{r}_m - \vec{r}_n)} \right\rangle \tag{5.1}$$

この式は，(4.1) 式において弾性散乱の寄与を取り出した項である．対象とする物質は N_p 個の粒子が均質な溶媒に分散された系から構成されている．また各粒子は N_n 個の原子からなるとする．i 番目の粒子の重心位置を $\vec{R}_i$ とし，重心から k 番目の原子の位置を $\vec{X}_k$ とし，(5.1) 式における $\vec{r}_m$ と $\vec{r}_n$ をそれぞれ $\vec{r}_m = \vec{R}_i + \vec{X}_k$, $\vec{r}_n = \vec{R}_j + \vec{X}_l$ とすると，(5.1) 式は次のように書き直される．

$$\frac{d\sigma}{d\Omega} = \left\langle \frac{1}{V} \sum_{i,j}^{N_p} e^{-i\vec{Q}\cdot(\vec{R}_i - \vec{R}_j)} \sum_{k,l}^{N_n} e^{-i\vec{Q}\cdot(\vec{X}_k - \vec{X}_l)} \right\rangle \tag{5.2}$$

この式からわかるように，粒子間，粒子内の構造を分けてその集合体の散乱断面積を求める．したがって，$\sum_{i,j} e^{-i\vec{Q}\cdot(\vec{R}_i - \vec{R}_j)}$ は粒子間干渉を，$\sum_{k,l} e^{-i\vec{Q}\cdot(\vec{X}_k - \vec{X}_l)}$ は粒子内干渉をそれぞれ表し，便宜上，前者を構造因子，後者を形状因子とよぶことが多いので，ここでもこれを採用する．構造因子に関して，

$$S(\vec{Q}) = \left\langle \frac{1}{N_p} \sum_{i,j}^{N_p} e^{-i\vec{Q}\cdot(\vec{R}_i - \vec{R}_j)} \right\rangle \tag{5.3}$$

形状因子に関して，

$$F(Q) = \langle |A_F(Q)|^2 \rangle \tag{5.4}$$

ここで，

$$A_F(\vec{Q}) = \sum_{k}^{N_n} b_k e^{-i\vec{Q}\cdot\vec{X}_k} \tag{5.5}$$

と定義する．その結果，(5.2) 式は次のように置ける．

$$\frac{d\sigma}{d\Omega} = \frac{N_p}{V} \cdot F(Q) \cdot \left[1 + \frac{|\langle A_F(Q) \rangle|^2}{F(Q)} \{S(Q) - 1\} \right] \tag{5.6}$$

粒子が球形で，その粒径が単分散であると，$\langle |A_F(Q)|^2 \rangle = |\langle A_F(Q) \rangle|^2$ となるので，(5.6) 式は，

$$\frac{d\sigma}{d\Omega} = \frac{N_p}{V} \cdot F(Q) \cdot S(Q) \tag{5.7}$$

と簡単な形式で書けるが，一般には形状異方性と多分散性のため，(5.6) 式を用いる必要があることを注意しておこう．

小角散乱ではより大きな領域の散乱はより小さな Q に現れ，散乱は粒子の形状にはよらない粒子の回転半径（R_g）にのみ依存する．散乱関数を導いたギニエ

(Guinier) にちなんでギニエ領域ともよばれる．やや大きな Q 領域に移ると今度は粒子の形状による散乱が大きく現れる．粒子の形状によって典型的な Q 依存性 (Q のべき乗) や散乱の異方性が観測される．たとえば球状の粒子に対して Q^{-4} が導かれている．Q の領域がさらに大きくなり，粒子とたとえば媒体との界面で散乱される現象が見えるが，理想系ではポロド (Porod) が散乱関数を導いた．これらの散乱について次節にもう少し詳しく説明する．

5.2 ギニエ則とポロド則

小角散乱プロファイルの半定量的な解析に用いられる理論として，小角領域 ($Q \times R_g \ll 1$, R_g: 回転半径) におけるギニエ則と広角領域 ($Q \times R_g \gg 1$) におけるポロド則について概説する．両法則ともに連続体近似が適用される Q 領域において形状因子にのみ適用される理論であることを十分留意されたい．

ギニエ則は，形状因子をマクローリン展開することによって得られる近似で，散乱体の回転半径を見積もることができる．(5.5) 式から次式が得られる．

$$\begin{aligned}
F(Q) = \langle |A_F(Q)|^2 \rangle &\propto \left\langle \left| \frac{1}{N_n} \sum_k^{N_n} b_k e^{-i\vec{Q}\cdot\vec{X}_k} \right|^2 \right\rangle \\
&= \frac{1}{N_n} \sum_k^{N_n} b_k^2 \left| \int_0^\pi \sin\theta\, d\theta \int_0^{2\pi} d\varphi\, e^{-i\vec{Q}\cdot\vec{X}_k} \right|^2 \\
&= \frac{4\pi}{N_n} \sum_k^{N_n} b_k^2 \left| \frac{\sin(QX_k)}{QX_k} \right|^2 \underset{Q\to 0}{\approx} \frac{4\pi \langle b^2 \rangle}{N_n} \sum_k^{N_n} \left(1 - \frac{Q^2 X_k^2}{3} + \cdots \right) \\
&\approx 4\pi \langle b^2 \rangle e^{-\frac{Q^2}{3N_n} \sum_k^{N_n} X_k^2} \propto e^{-\frac{Q^2 R_g^2}{3}}
\end{aligned} \tag{5.8}$$

ここで，$R_g^2 = (1/N_n) \sum_k^{N_n} X_k^2$ が回転半径の定義である．したがって，$Q \times R_g \ll 1$ 領域における散乱強度の傾きのみから，十分希薄な系における溶質の回転半径を見積もることが容易にできる．絶対強度を用いれば，

$$\frac{d\sigma}{d\Omega} = nV^2 \Delta\rho^2 e^{-\frac{Q^2 R_g^2}{3}} \tag{5.9}$$

となる．ここで n は数密度，V は溶質 1 粒子の体積，$\Delta\rho$ は溶質と溶媒の散乱長密度の差である．

一方，$Q \times R_g \gg 1$ では，$S(Q) \approx 1$ であることからポロド則は連続体近似の基で一般的に成り立ち，

$$\frac{d\sigma}{d\Omega} = 2\pi \Delta\rho^2 \frac{S}{V} Q^{-4} \qquad (5.10)$$

で与えられる．ここで，$\Delta\rho$ は2成分間の散乱長密度の差，S/V は比界面積（単位体積当たりの界面の面積）である．以下，ポロド則を導出する．2成分系を考え，その界面からの散乱を考える．直行座標形を考え，xy 半面を界面とし，z 軸を界面から垂直方向に与える．z 軸正の範囲を成分1，z 軸負の範囲を成分2とし，散乱ベクトル $\vec{Q} = (Q_x, Q_y, Q_z)$ を面内方向 $\vec{Q}_\parallel$ と界面垂直方向 $\vec{Q}_\perp$ とに分ける．すなわち，

$$\vec{Q} = \vec{Q}_\parallel + \vec{Q}_\perp$$
$$\begin{cases} \vec{Q}_\parallel = (Q_x, Q_y, 0) \\ \vec{Q}_\perp = (0, 0, Q_z) \end{cases} \qquad (5.11)$$

また，空間座標 $\vec{r} = (r_x, r_y, r_z)$ も同様に面内方向 $\vec{r}_\parallel$ と界面垂直方向 $\vec{r}_\perp$ とに分ける．

$$\vec{r} = \vec{r}_\parallel + \vec{r}_\perp$$
$$\begin{cases} \vec{r}_\parallel = (r_x, r_y, 0) \\ \vec{r}_\perp = (0, 0, r_z) \end{cases} \qquad (5.12)$$

この場合の散乱振幅 $A(Q)$ を考えると，

$$A(Q) = \int_v d^3 r \rho(\vec{r}) e^{i\vec{Q}\cdot\vec{r}}$$
$$A(Q) = = \int dx \int dy \rho(\vec{r}_\parallel) e^{i\vec{Q}_\parallel \cdot \vec{r}_\parallel} \times \int dz \rho(\vec{r}_\perp) e^{i\vec{Q}_\perp \cdot \vec{r}_\perp} \qquad (5.13)$$

と書ける．ただし，$\rho(\vec{r})$ は $\vec{r}$ における散乱長密度を表し，$\rho(\vec{r}) = \rho(\vec{r}_\parallel) \times \rho(\vec{r}_\perp)$ である．(5.12) 式と (5.13) 式から

$$A_\parallel(Q) = \int dx \int dy \rho(\vec{r}_\parallel) e^{i\vec{Q}_\parallel \cdot \vec{r}_\parallel}$$
$$A_\perp(Q) = \int dz \rho(\vec{r}_\perp) e^{i\vec{Q}_\perp \cdot \vec{r}_\perp} \qquad (5.14)$$

として，それぞれ計算を進める．$A_\parallel(Q)$ は面内方向の散乱寄与を反映するが，厚み0極限の半径 R の円盤の形状因子と同等であるので，

$$A_\parallel(Q) = 2\pi R^2 \frac{J_1(Q_\parallel R)}{Q_\parallel R} \qquad (5.15)$$

次に z 軸正の範囲の散乱長密度を ρ_1，z 軸負の範囲の散乱長密度を ρ_2 として界面垂直方向の散乱振幅 $A_\perp(Q)$ の計算を行うと，

5.2 ギニエ則とポロド則

$$A_\perp(Q) = \rho_1 \int_{-\infty}^{0} e^{iQ_z z} dz + \rho_2 \int_{0}^{\infty} e^{iQ_z z} dz$$

$$= \frac{\rho_1}{iQ_z}[e^{iQ_z z}]_{-\infty}^{0} + \frac{\rho_2}{iQ_z}[e^{iQ_z z}]_{0}^{\infty}$$

$$\approx \frac{\rho_1 - \rho_2}{iQ_z} \tag{5.16}$$

このとき，Q_z を大として，$z = \pm\infty$ の項は激しく振動するので 0 とした．したがって，$Q \times R_g \gg 1$ における散乱強度は，系の 3 次元ランダム配向を考慮し $Q_{/\!/} = Q\sin\theta$，$\vec{Q}_\perp = Q\cos\theta$ として，

$$\frac{d\sigma}{d\Omega} = \frac{1}{V}\int_{0}^{\pi/2} |A_{/\!/}(Q\sin\theta) \cdot A_\perp(Q\cos\theta)|^2 \sin\theta d\theta$$

$$= 2\pi \frac{\pi R^2}{V}(\rho_1 - \rho_2)^2 Q^{-4} \tag{5.17}$$

(5.17) 式は (5.10) 式と一致する．中性子小角散乱においては，ポリスチレンやアモルファスカーボン等の標準試料を用いることで絶対強度を得ることは比較的容易である．また，以下で与えられるポロド不変量

$$2\pi\phi_1\phi_2\Delta\rho^2 = \int_{0}^{\infty} Q^2 \cdot I(Q) dQ \tag{5.18}$$

を用いれば，成分 1, 2 の体積分率 ϕ_1, ϕ_2 が既知の場合，実験的に $\Delta\rho$ を得ることができ，従ってポロド則を用いることで比界面積 S/V を定量的に評価することが可能となる．

応 用 編

6

中性子カメラを用いた構造解析
―― 構造をみるための回折計と構造解析方法

　最初に述べたように物質の顕微はミクロ構造を観察することであり，この教科書で定義する中性子を用いた顕微鏡（カメラ）は中性子回折計である．中性子を透視して物質の内部構造をみる中性子ラジオグラフィー法（透視イメージ）は，非破壊で物体の内部を透視できることから，とくに鉄鋼材料の中身や水素を多く含む植物などにこの方法が実用化されている．現時点ではいまだミクロン領域の構造をみるために十分な空間分解能を得るための中性子線の直線性や中性子強度が不足している．しかし，現在の中性子光学の急速な進歩から想像すると将来高分解能の中性子画像がみられる日が来る可能性がある．いずれにしても，この本書では，イメージングを含めてラジオグラフィーなどについては詳しく触れないことにする．

　繰り返しになるが，中性子カメラは中性子散乱による位相空間（運動量（**Q**）空間）での回折像（逆格子空間）をみる装置を指す．この章で説明するようにみたい散乱体の構造のスケールによって異なる装置が用意される．すなわち物質の構造単位が1ミクロンより大きな構造の解析には波長の長い冷中性子を使って超小角散乱装置，あるいは，全反射に近いところでの干渉像をみる中性子反射計などが用意されている．どの中性子散乱施設にも超分子や大きな分子の高次構造をみるためにミクロンからナノメーターもしくはサブナノメーター単位の構造解析を目的とする中性子小角散乱装置が配備され，今では中性子散乱実験のための主要装置としての地位を得ている．

　中性子回折実験の初期からサブナノメーター（オングストローム）単位の結晶構造解析に使われてきた粉末構造回折計や4軸単結晶回折計は最も馴染み深い中性子カメラである．ナノメーター単位の合金，金属をはじめとする物質の構造不整や，短距離秩序状態や外からかけられるストレスに応答する歪み構造などを対

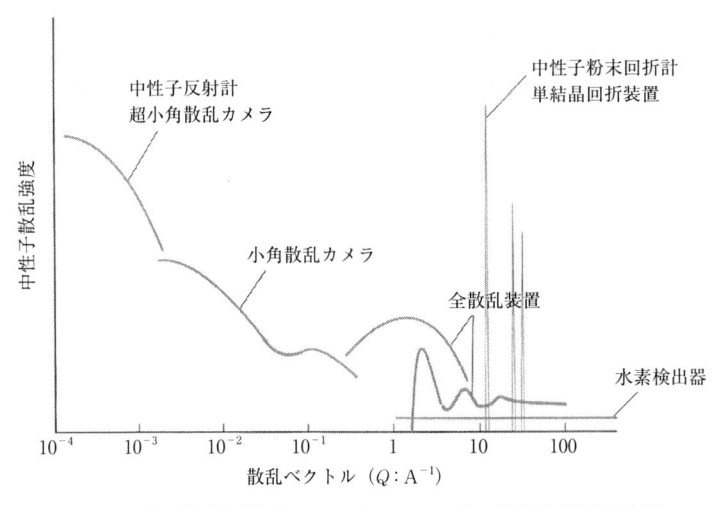

図 6.1 中性子散乱実験装置（カメラ）のカバーする運動量（逆格子空間）

象にする全散乱装置も中性子カメラとして早くから認知されているが，最近応用研究に重要な役割を果たしている．本書では，研究室にあるX線結晶回折計とはかなり趣の異なる代表的な装置である中性子反射計，中性子小角散乱，中性子全散乱カメラに重点を置いて説明し，中性子を使うことによってはじめて構造上重要な情報が得られる実例を紹介する．一般的な回折計については最近飛躍的向上をしている性能について紹介し，物質科学における中性子回折法の重要度が非常に高くなっている例を説明する．本章では図 6.1 に示したように，Q の値の小さい順番に反射率計に始まって高分解能粉末回折計までの多種類のカメラを説明するとともに，これらの装置を使いこなす基礎知識や最近行われている具体的な研究例を取り上げる．これから中性子を使おうという研究者にどのような役に立つ情報が得られるか読み取ってもらいたいと切望している．

6.1 中性子反射率測定と反射計

　光を物質に当てると反射や屈折が起こる．光の全反射角は大きいので水面に浮く石鹸膜や油膜面の虹色に光る干渉反射現象を伴う事象を日常的に経験する．中性子線での光学現象が起こることは基礎編でみてきたが，屈折率の小さい中性子

線は物質の界面すれすれに入射し，界面すれすれに反射する中性子波との間に透過力の強い入射線との干渉効果が効いて干渉縞が観測される．この干渉効果をみることによって物質界面近辺の構造を解析する装置が中性子反射計である．

中性子反射計の理解を助けるために基礎編の中性子光学（2.2節）を復習しよう．平坦でかつ有限の反射能をもつ物質に小さな角度 ϕ（界面すれすれ）で中性子を入射させた場合は基礎編図 2.1 で示されたように，界面（$z=0$）での屈折率 $n(\lambda)$ は $n^2(\lambda) = 1 - \xi(\lambda)$ で与えられる．ここで ξ は（2.7）式で定義された式を改めて定義する．

$$\xi = \frac{\lambda^2}{\pi}\rho b = \left(\frac{\lambda}{\lambda_c}\right)^2 \tag{6.1}$$

$$\lambda_c = \sqrt{\frac{\pi}{\rho b}} \tag{6.2}$$

光と違って中性子の屈折率（refractive index）n は 1 よりも小さいので，屈折角 ϕ は入射角 Φ より小さい．

$$\cos\Phi = n\cos\phi \tag{6.3}$$

中性子が物質 1 の真空（薄い空気）から反射能の大きな物質 2 に向かって浅い角度 Φ で入射したときに全反射が起こることをみよう．λ_c よりも長い波長の中性子に対する屈折率 n は虚数となり $\lambda > \lambda_c$ の中性子は鏡面で全反射する．さて中性子の行路は表面で反射した反射波（R）と透過波（T）（$R + T = 1$）とに分かれ，中性子は T がかなりの部分を占めることになる．屈折しながら物質を進む透過中性子波 T が，物質層（膜）の散乱能の異なる層と接する境界面（膜の下面）で反射し物質 1, 2 の界面での反射中性子波 R と干渉を起こす．この反射を測るのが中性子反射率計である．

干渉条件を考えてみよう．表面で鏡面反射した波 R と物質を透過し下面で反射しふたたび表面に出射する波 T との干渉で強度が強め合う条件は

$$2D\sin\theta = \frac{\lambda}{n}N \tag{6.4a}$$

または

$$2\left(\frac{2\pi}{\lambda}\right)\sin\theta = \frac{2\pi n}{D} \tag{6.4b}$$

ここで，D は物質の厚さである．多層膜（屈折率の異なる物質の積層）に対し

て i 番目の層に対する屈折率 n_i は

$$n_{i,\pm}(\rho_i, b_i, p_i, Q) = \sqrt{1 - \frac{16\pi\rho_i(b_i \pm p_i)}{Q^2}}$$

$$Q = \frac{2\pi n}{D} = 2k\sin\theta \tag{6.5}$$

k は波数 ($2\pi/\lambda$),反射率 $\mathfrak{R} = 1 - n_i^2/1 + n_i^2$ で表される.反射率の Q 依存性 $\mathfrak{R}(Q)$ を測るきわめて簡単な装置ではあるが,小さい反射角度で 10^{-7} 以上の精度で測定するためには精密測定技術が要求される.

　滑らかではない乱れた物質表面に中性子を当てると平滑な表面反射である鋭い鏡面反射 (specular reflection) の成分のほかに,鏡面反射の周りに白色の乱反射がみられ,結果として鏡面反射の干渉波の模様がぼやけたものになることはよく知られている.このぼやけ具合を解析することによって物質表面・界面の乱れ具合を定量的に評価できる.要約すると中性子線反射現象は光学現象の延長線上にあり,光(電磁波)を中性子波に置き換えて物質との反射・屈折現象を解析することになるが,透過性のよい中性子線は物質に屈折しながら入射してふたたび反射する波と表面反射波との干渉効果から界面付近の物質内部構造を知る鏡面反射とともに,ぼやけた乱反射を解析することによって表面・界面の乱れを定量的に評価できる.たとえば表面に吸着し凝集する層の検出や,固体と液体の界面や溶液の自由表面の乱れなどが研究対象となる.

　中性子反射計は中性子を斜め上(ほとんど水平ではある)から水平に置かれた試料に入射し,斜め上後方に反射する中性子を検出する水平型反射計や,水平ビームを垂直に立てた試料表面に入射して後方に角度をつけて反射する中性子を検出する垂直型反射計などが実際使われている.鏡面反射の Q 依存性を測るために単色入射中性子を使って反射角度 (Φ, Φ') を連続的に変えながら測る.白色パルス中性子を入射すると,反射角度を一定に保ったまま波長依存性を測ることができるので固定した反射角度の設定で連続的に $\mathfrak{R}(Q)$ を測ることができる.固相に接する液界面や自由液体界面などの揺らぎを反映した干渉測定,超冷中性子を使って重力で反射する反射率の測定など,界面の構造揺らぎの測定に水平型の反射計の重要度は大きい.界面の粗さや界面内での原子の分散などが影響して屈折パターン(フリンジとよばれる)が乱れる.逆にいうとフリンジパターンを解析することによって界面のミクロな構造などの細かい情報が得られることにな

る.

　近年,偏極中性子を使って磁気反射を精度よく測ることのできる偏極中性子反射計がメモリーデバイスなどの基本材料である磁性膜の構造研究に活用される.磁気メモリーデバイスには複数の磁性膜を重ね合わせた複雑な構造をした膜からできていて,それぞれの膜界面の磁化の状態が性能に大きな影響を与える.中性子反射は膜界面や磁性層のナノスケールでの磁気構造を仔細に観察するのに最適の実験道具であることが改めて認識されている.表面に水平方向に外磁場をかけると,膜面に平行な磁気モーメントの成分は磁気反射に寄与するが,磁性膜に垂直方向成分の磁気モーメントは鏡面反射にまったく寄与しないことになる.この原理を用いれば非偏極中性子でも磁気反射成分を取り出せる.しかし偏極中性子を用いて偏極成分を解析すると,膜面内の磁化の方向成分を分離して取り出すことができる.

　偏極中性子反射から得られる膜の構造因子を書いておく.実験の配置は膜に平行に外磁場をかけ,磁場に平行か反平行に偏極中性子を入射し,反射中性子強度を測る.いま,磁場方向(+),反平行(−)とし,反射中性子の偏極度(+,−)を入射中性子偏極ごとに測るものとする.(+,+),(−,−),(+,−),(−,+)の4成分の測定値が得られる.

$$f^{\pm\pm} = \sum_l N_l (b_l \pm p_l \cos\varphi_l) e^{i\vec{Q}\cdot\vec{u}_l}$$
$$f^{\pm\mp} = \sum_l N_l p_l \sin\varphi_l e^{i\vec{Q}\cdot\vec{u}_l} \qquad (6.6)$$

式中の N_l, b_l, p_l は各々 l 番目の膜の平均の原子密度,構成原子の核散乱振幅,磁気散乱振幅を表す.$\vec{u}_l$ は $\vec{Q}$ 方向に平行な膜の位置を示す.φ_l は偏極方向(この

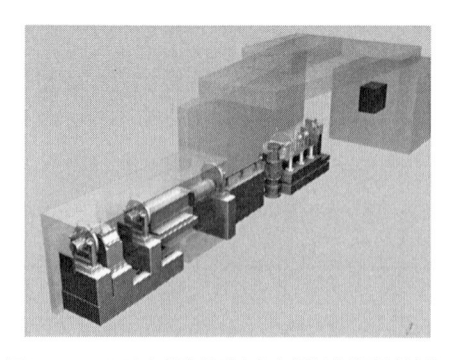

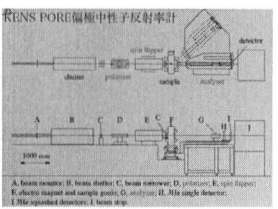

図 6.2 J-PARCに据え付けられた偏極中性子反射計.右図は装置の設計を示す.(J-PARC, JAEA:武田全康氏提供)

6.1 中性子反射率測定と反射計　　　69

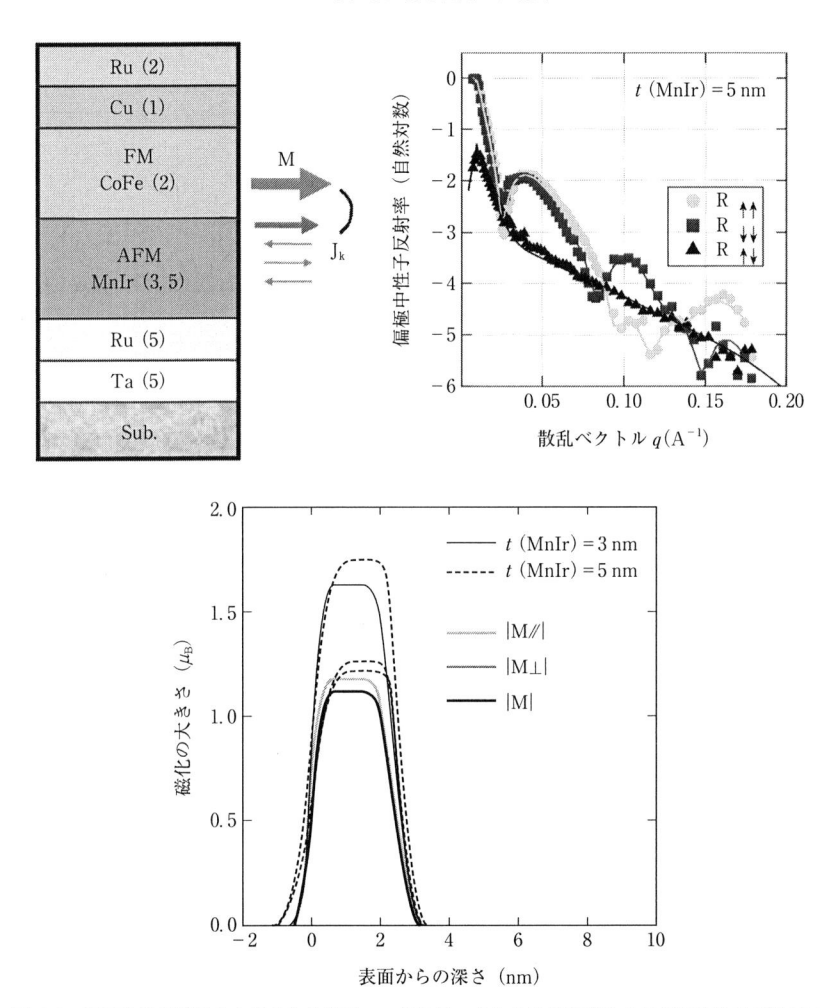

図 6.3 偏極中性子反射から得られる磁気ヘッドに用いられる多層薄膜からの偏極中性子反射プロフィルと解析された磁化の大きさの分布図（JAEA；武田全康氏提供）（武田全康（2010））

場合は外磁場の方向）から測った面内の磁化の傾き角である．図 6.2 に装置の原理図とともに J-PARC に建設された縦型中性子反射率計の鳥瞰図を描いておく．

実際に磁気ヘッド用に使われている磁性多層膜の強磁性 FeCo 層と反強磁性 MnIr 層の間の磁気構造をみるために行われた偏極中性子反射率測定の結果を例に示す（図 6.3）．1 T の磁場中で面内方向に着磁させた試料を膜面に垂直な 0.18 T

の磁場をかけて磁気構造を調べた．入射中性子偏極方向（上向き，下向き）に対して反射中性子の偏極反転の有無に対応した3種の反射率プロファイル（R^{++}, R^{--}, R_{cp}）を測定した結果を解析すると FeCo 層から FeCo 層/MnIr 層界面に磁化（M）がどのように変化するか，磁化の大きさの膜厚による変化や磁化の傾き（φ）が定量的に評価できる．

6.2 中性子小角散乱とカメラ

中性子小角散乱は中性子線を物質に照射し，透過方向（極小散乱角）に前方散乱する中性子線の強度分布を測る中性子顕微実験法で，$10^{-4} \to 10^{-1}\,\mathrm{Å}^{-1}$ の Q 範囲の構造を観測することができる．中性子小角散乱はブラッグの法則などが導かれる規則的に原子が並ぶ結晶格子面から得られる純干渉弾性散乱である「回折」とは異なり，おもに不均質媒質中に伝わる中性子波の干渉，厳密な意味では分散（diffusion）現象を測る．ここで述べる中性子小角散乱法は，前節で述べた中性子干渉と同様に中性子波の動的現象を厳密に解かないで，基礎編5章で説明したように屈折，回折による非均質構造をボルン近似などの近似理論もしくは古典物理範囲で取り扱い適用範囲を広げている．X 線とは異なり，中性子の非干渉性散乱成分が無視できないことは留意しなければならない．

6.2.1 中性子小角散乱カメラの原理

$0.1\,\mathrm{Å}^{-1}$ 以下の Q 領域の散乱を測るためには，(i) 入射ビームの径を絞り，その平行度を上げる，(ii) 長波長ビームを用い，その波長分散を下げる，(iii) カメラ長を伸ばし，検出器の位置分解能を上げる，の3つの要件をみたす必要がある．標準的なピンホール型の小角散乱装置を図 6.4 (a), (b) に示す．入射ビームの平行度は，第1および第2ピンホールの大きさとコリメーション長（第1-第2ピンホール間の距離）によって決定される．第1ピンホールの大きさ ≧ 第2ピンホールの大きさ，コリメーション長 ≧ カメラ長（試料-検出器間の距離）が条件である．原子炉中性子源に対しては，速度選別器や多層膜ミラーを用いて 10～20% 程度の波長分散の中性子束を入射ビームとして用いる場合が多い．小さい Q まで精度を上げて測るためには，上述の平行入射ビームを用い，さらに検出器の位置を試料からかなり離す必要がある（図 6.4(b)）．この場合，中性子

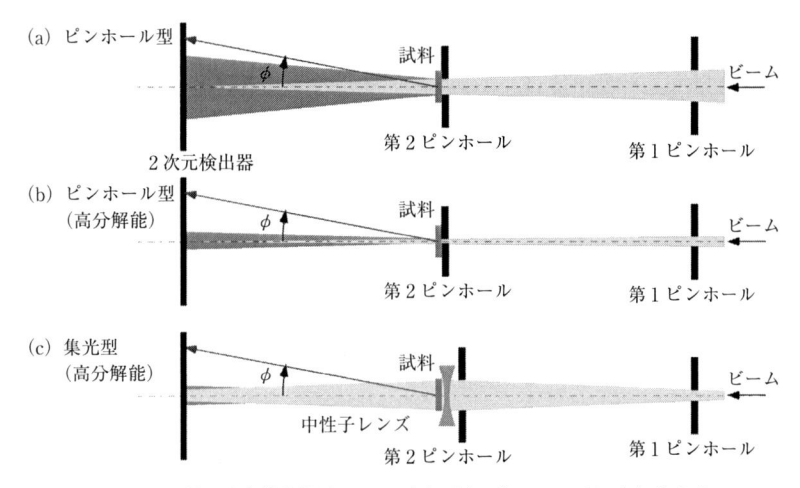

図 6.4 中性子小角散乱装置原理図．(a), (b) ピンホール型，(c) 集光型

強度はカメラ長の 2 乗に比例して減衰するので，小角測定限界は散乱中性子強度に強く依存する．この致命的な困難を解決する方法として考えられたのが集光型小角散乱カメラで（図 6.4(c)），第 2 ピンホールの代わりに物質レンズや磁気レンズを用い，第 1 ピンホールで絞ったビームを検出器面で像を結ぶように移送させる．物質レンズの材質として，中性子に対して屈折率が大きく，透過率が良い（吸収と散乱が弱い）MgF_2 を用いた物質レンズが実用化されている．中性子磁気レンズは，ハルバッハ型 6 極磁石とよばれる磁石を用い，磁場勾配を利用した中性子の軌道を曲げる原理を用いて中性子を収束させる．中性子磁気レンズでは，磁場と中性子のスピンの向きによって相互作用が逆になるので，スピンの向きの揃った中性子だけ収束し，スピンの向きが逆の中性子は発散するので，スピン偏極の機能を有することは基礎編で述べた．レンズを第 2 ピンホール位置に設置した場合，「第 1 ピンホールの大きさ ≤ 第 2 ピンホールの大きさ」という条件が適用され，物質レンズの場合の透過率による減衰を考慮しても，ピンホールコリメーションで同等のビームサイズに絞った場合と比較して 2 倍以上強度を増すことが可能となる（図 6.5）．

6.2.2 中性子小角散乱プロファイル

基礎編でみたように，ボルン近似によって導かれた中性子小角散乱強度は干渉

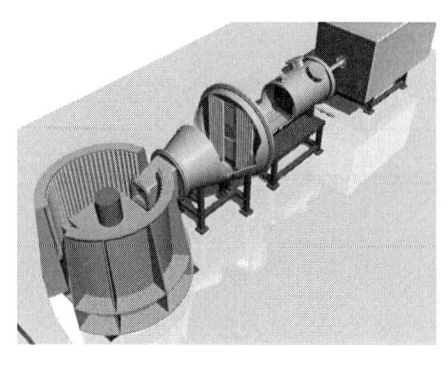

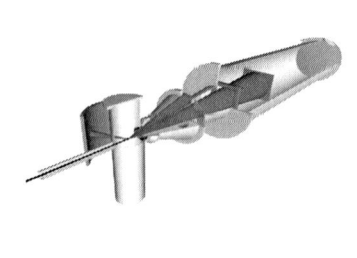

図 6.5 J-PARC に据え付けられた中性子小角散乱装置．右図は装置の原理を示す．（J-PARC, JAEA；鈴木淳市氏提供）（Shinohara et al.（2009））

性弾性散乱の微分断面積に対応する．復習すると，

$$\frac{d\sigma}{d\Omega} = \left\langle \frac{1}{V} \sum_{m,n} b_m b_n \exp\left\{-i\vec{Q}\cdot(\vec{r}_m - \vec{r}_n)\right\} \right\rangle \tag{6.7}$$

上の式で書かれる断面積の一般式は形式的に粒子の中と外との相関関数の積で表されることもみた（(5.2) 式参照）．

$$\frac{d\sigma}{d\Omega} = \frac{N_p}{V} \cdot F(Q) \cdot \left[1 + \frac{|\langle A_F(Q)\rangle|^2}{F(Q)}\{S(Q) - 1\}\right] \tag{6.8}$$

粒子の形状が球で，その粒径が単分散であれば $<|A_F(Q)|^2> = |<A_F(Q)>|^2$ となり，単純な形式に書かれる．

$$\frac{d\sigma}{d\Omega} = \frac{N_p}{V} \cdot F(Q) \cdot S(Q) \tag{6.9}$$

この形式で与えられた形状因子 $F(Q)$ から導かれたギニエ則とポロド則は中性子小角散乱プロファイルを解析するときの重要な法則であり，たとえば溶液中の溶質粒子のおおよその形状や回転半径，あるいは分散した粒子の非界面積などが定量的に求められる．

ここで，中性子の特性である同位元素効果を応用したコントラスト変調中性子小角散乱法を紹介しておく．よく利用される同位体置換は散乱長が大きく異なる水素やリチウム等である．中でも水素（−3.74 fm）と重水素（6.67 fm）は，散乱長の符号まで異なるため，水素を多量に含む高分子や生体物質等のソフトマターを研究においては重水素置換に基づくコントラスト変調法は非常に重要な手法である．多成分系における中性子散乱実験で定量的な構造解析を行うために必要な

6.2 中性子小角散乱とカメラ

手順を概説するが,多様な相互作用に基づく特異な物性が発現し得る多成分系が注目されていることを強調しておく.

多成分系に対する散乱強度を各成分ごとの部分散乱関数 $S_{ij}(Q)$ を用いて書く.

$$I(Q) = \sum_{i=1}^{p} \rho_i^2 S_{ii}(Q) + 2\sum_{i<j}^{p} \rho_i \rho_j S_{ij}(Q) \tag{6.10}$$

ここで ρ_i は i 成分の散乱長密度である.非圧縮性の仮定を用い p 成分をバックグランドとしておくと上式は次のように表される.

$$I(Q) = \sum_{i=1}^{p-1} (\rho_i - \rho_p)^2 S_{ii}(Q) + 2\sum_{i<j}^{p-1} (\rho_i - \rho_p)(\rho_j - \rho_p) S_{ij}(Q) \tag{6.11}$$

(通常,p 成分は溶媒が選ばれる場合が多い)

以下 3 成分系 (A, B, C) に対しての導出を試みると,

$$I(Q) = (\rho_A - \rho_C)^2 S_{AA}(Q) + 2(\rho_A - \rho_C)(\rho_B - \rho_C) S_{AB}(Q) + (\rho_B - \rho_C)^2 S_{BB}(Q) \tag{6.12}$$

と表される.ここでコントラストマッチング法を行うとする.C 成分のコントラストを軽水素化物と重水素化物の混合や部分重水素化を利用して B 成分のものと一致させた場合 ($\rho_B = \rho_C$),(6.12) 式は $I(Q) = (\rho_A - \rho_C)^2 S_{AA}(Q)$ となり,A 成分の部分散乱関数のみが得られることになる.その一方で,コントラスト変調法を使うと各成分の部分散乱関数すべてを抽出することを目的とする.そのため,ある成分のコントラストを連続的に変調させる.たとえば,m 個の異なるコントラストからなる試料を測定した場合,測定強度 $I_m(Q)$ は,行列を用いて

$$\begin{pmatrix} I_1(Q) \\ I_2(Q) \\ \vdots \\ I_m(Q) \end{pmatrix} = \underline{M} \cdot \begin{pmatrix} S_{AA}(Q) \\ 2S_{AB}(Q) \\ S_{BB}(Q) \end{pmatrix} \tag{6.13}$$

と表される.ここで,$\underline{M}$ はコントラストからなる行列で,

$$\underline{M} = \begin{pmatrix} {}^1\Delta\rho_A^2 & {}^1\Delta\rho_A^2 \cdot {}^1\Delta\rho_B^2 & {}^1\Delta\rho_B^2 \\ {}^2\Delta\rho_A^2 & {}^2\Delta\rho_A^2 \cdot {}^2\Delta\rho_B^2 & {}^2\Delta\rho_B^2 \\ \vdots & \vdots & \vdots \\ {}^m\Delta\rho_A^2 & {}^m\Delta\rho_A^2 \cdot {}^m\Delta\rho_B^2 & {}^m\Delta\rho_B^2 \end{pmatrix} \tag{6.14}$$

と表される.${}^k\Delta\rho_{A/B}$ は k 番目の A/B 成分のコントラストで,${}^k\Delta\rho_{A/B} = {}^k\rho_A - {}^k\rho_C$ である.したがって,3 成分系においては,$m = 3$ という条件で,一意的に部分散乱関数を得る.しかしながら,実験誤差や散乱コントラストの見積誤差の影

響を丸め込むため，$m>3$という条件で行う方がより実践的である．$m>3$という条件下では，singular value decomposition という数値計算手法を用いてM^{-1}を求め，M^{-1}を(6.13)式の両辺の左側からかけることで，部分散乱関数を得ることができる．

コントラストマッチング法とコントラスト変調法とを比較すると，前者は部分散乱関数の self-term のみ得られるに対し，後者は cross term を含むすべての部分散乱関数を得ることができるので，前者の精度よくマッチングをとらなければならないという実験的困難を回避することが可能である．

重水置換を行ってコントラストを変える際には当然各成分の散乱コントラストの正確な見積りやコントラスト変調した各試料が同じ構造をもっていることを確認する必要があるが，各成分の化学構造の変化や重量密度を評価する実験を組み合わせる必要がある(図6.6)．重水素化による影響を評価することも重要である．たとえば重水素化が系全体の転移点を大きく変えてしまうこともあるので，コントラスト変調によって臨界温度が変わってしまう場合には温度の違いを繰り込み補正する必要がある．

部分散乱関数を厳密に理解するために，散乱式を展開する．i成分の散乱振幅$\vec{A}_i(\vec{Q})$は次のように定義される．

$$\vec{A}_i(\vec{Q}) = \langle \exp(i\vec{Q}\cdot\vec{r}_i) \rangle \tag{6.15}$$

$\langle \cdots \rangle$はアンサンブル平均，$\vec{r}_i$はi成分の座標を表す．部分散乱関数を散乱振幅を用いて表すと，self-term と cross-term は次のように書くことができる．

$$S_{ii}(Q) = \vec{A}_i(\vec{Q})\cdot\vec{A}_i^*(\vec{Q}) \tag{6.16a}$$

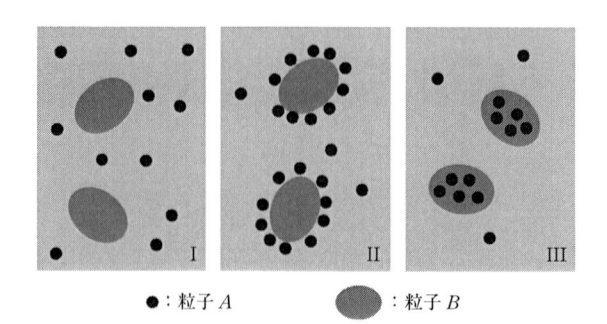

図6.6 コントラスト変調法の原理を説明する模式図 (粒子A，粒子Bと溶媒の3元系溶液) (遠藤仁氏提供) (Endo et al. (2009))

6.2 中性子小角散乱とカメラ

$$S_{ij}(Q) = \{\vec{A}_i(\vec{Q}) \cdot \vec{A}_j^*(\vec{Q}) + \vec{A}_i^*(\vec{Q}) \cdot \vec{A}_j(\vec{Q})\}/2 \tag{6.16b}$$

ただし, $\vec{A}_i^*(\vec{Q})$ は $\vec{A}_i(\vec{Q})$ の共役複素数である. self-term は常に正である一方, cross-term は正にも負にもなり得る. また, 多成分系で非圧縮性を仮定しておくと, 散乱振幅は次の条件をみたすことになる.

$$\sum_{i=1}^{p} \vec{A}_i(\vec{Q}) = 0 \tag{6.17}$$

すると, 3成分系における cross-term は self-term の和と差で与えられる.

$$2S_{AB}(Q) = -S_{AA}(Q) - S_{BB}(Q) + S_{CC}(Q)$$
$$2S_{BC}(Q) = S_{AA}(Q) - S_{BB}(Q) - S_{CC}(Q)$$
$$2S_{CA}(Q) = -S_{AA}(Q) + S_{BB}(Q) - S_{CC}(Q) \tag{6.18}$$

図 6.6 に示すような系, すなわち, I. A 粒子と B 粒子の相関が無い場合, II. A 粒子が B 粒子の外側に吸着した場合, および III. A 粒子が B 粒子の内側に含まれた場合を想定すると, I の場合, A 粒子と B 粒子とが無相関であるため, $S_{AB}(Q)$ はただちに 0 に減衰する. II と III の場合は, $S_{AB}(Q)$ が有限の値をもつようになる. とくに II の場合, high-Q 領域におけるポロド則を考慮すると, (6.18) 式から

$$S_{AB}(Q) > 0, \quad S_{BC}(Q) < 0, \quad S_{CA}(Q) < 0 \tag{6.19}$$

III の場合,

$$S_{AB}(Q) < 0, \quad S_{BC}(Q) < 0, \quad S_{CA}(Q) > 0 \tag{6.20}$$

の関係が得られる. この関係を利用すると, cross-term の符号を確認することで, A 粒子が B 粒子の中に含まれている場合とそうではない場合とを識別することが可能となる.

たとえば水／油／界面活性剤からなるマイクロエマルジョンを考えると, 水と油の分率が等しいとき, 共連続構造をとることが知られ, このとき, 水／油／界面活性剤の各成分をそれぞれ w, o, f と表すと, $A_w(Q) = A_o(Q)$ の条件がみたされるので,

$$S_{oo}(Q) = S_{ww}(Q) = S_{ow}(Q) \tag{6.21}$$
$$S_{of}(Q) = S_{wf}(Q) = -S_{ff}(Q)/2 \tag{6.22}$$

の関係式が導かれる. この場合, corss-term の符号は, $S_{ow}(Q)$ は常に正であるのに対し, $S_{of}(Q)$ と $S_{wf}(Q)$ は全 Q 領域で負となることが理解される.

6.3 中性子全散乱と全散乱カメラ

実際の結晶や原子,分子の集まった固体は,完全に規則正しい原子(分子)配列をとるのではなく,不規則ないし無秩序な部分を含む.また熱を加えると規則正しい構造は熱振動の結果,平衡位置からわずかにずれを生じる.また乱れが大きくなると欠陥が生じることになりうる.近年積極的に系に乱れを取り込んで複雑な構造をもつ新奇な物質を創成し,乱れに伴う機能性を追求する研究が盛んになってきている.それに伴って,ミクロ構造研究がより重要性を増し,これから説明する「全散乱」測定が威力を発揮することになる.この節では全散乱に必要な数式を基礎編から抜き取ることから始めよう.

全散乱という定義は注意を要する.基礎編で説明したように微分散乱断面積値

$$\int_0^{E_i} \frac{d^2\sigma}{d\Omega d\omega} d\omega \cong \frac{d\sigma}{d\Omega} \tag{6.23}$$

のエネルギー積分をもって全散乱としている.中性子微分散乱断面積は Van Hove によって導かれたように2体の相関関数 $g(r, 0)$ のフーリエ変換を与える.実際規則状態の存在しない凝集体の原子(磁気モーメント)や液体の原子分子などの局所構造はこの相関関数から導かれる.厳密にいうと,次の議論から原子対分布関数(pair distribution function;PDF)が局所構造を指す.

相関関数 $g(r, 0)$ は自己相関関数と個別相関関数に分離可能で,各々次のように定義される.

$$g_s(\vec{r}, t) = N^{-1} \left\langle \sum_m \int d\vec{r}' \overline{\delta(\vec{r}' - \vec{r} + \vec{R}_m(0)) \delta(\vec{r}' - \vec{R}_m(t))} \right\rangle \tag{6.24a}$$

$$g_d(\vec{r}, t) = N^{-1} \left\langle \sum_{m>n} \int d\vec{r}' \overline{\delta(\vec{r}' - \vec{r} + \vec{R}_m(0)) \delta(\vec{r}' - \vec{R}_n(t))} \right\rangle \tag{6.24b}$$

$t=0$ では粒子の可換性を使うと,

$$g_s(\vec{r}, 0) = \delta(\vec{r}) \tag{6.25a}$$

$$g_d(\vec{r}, 0) = N^{-1} \sum_{m>n} \langle \delta(\vec{r} + \vec{R}_m - \vec{R}_n) \rangle \equiv g(\vec{r}) \tag{6.25b}$$

$g(\vec{r})$ は同時刻相関関数(instantaneous correlation function),あるいは対分布関数(PDF)とよぶこともある.

$$g(\vec{r}, 0) = \delta(\vec{r}) + g(\vec{r}) \tag{6.26}$$

規則的な原子の配列の無い系では,$t \to \infty$ では $g_s(\vec{r}, \infty) = 0$, $g(\vec{r}, \infty) = \rho_0$ と書

くことができる．つまり，$t=0$ では完全に瞬間的な原子の配列（局所構造）を定義する．以上のことから全散乱は

$$\frac{d\sigma}{d\Omega} = Nb^2(2\pi)^{-1}\int d\omega \int dt e^{-i\omega t}\int d\vec{r}e^{i\vec{Q}\cdot\vec{r}}g(\vec{r},t) = Nb^2\left\{1 + \int d\vec{r}e^{i\vec{Q}\cdot\vec{r}}g(\vec{r})\right\}$$

$$= Nb^2\left\{1 + \int_0^\infty 4\pi r^2 \rho_0(g(r)-1)\frac{\sin(Qr)}{Qr}dr\right\} = Nb^2 S(Q) \tag{6.27}$$

ここで，$G(r) \equiv 4\pi\rho_0(g(r)-1)$ と非積分関数を書き換えると，

$$Q(S(Q)-1) = \int_0^\infty G(r)\sin(Qr)dr \tag{6.28}$$

このことから $G(r)$ は $Q(S(Q)-1)$ のフーリエ逆変換ということになる．

$$G(r) = \frac{2}{\pi}\int_0^\infty Q(S(Q)-1)\sin(Qr)dQ \tag{6.29}$$

PDF は $\rho(r) = \rho_0 g(r)$ とおけるから，

$$\rho(r) = \rho_0 + \frac{1}{2\pi^2}\int_0^\infty Q(S(Q)-1)\sin(Qr)dQ \tag{6.30}$$

と定式化される．これが PDF を実験で決める理論的裏付けである．

「全散乱」を測るカメラは標的の測定試料の周りに中性子検出器を張り巡らせて，散乱中性子をすべて検出するきわめて単純な瞬間写真（もちろん，回折像ではあるが）撮影装置である．結晶などの長距離秩序はその回折像を測るカメラが古くから存在しているのに対して，鋭い回折線を与えない液体，ガラスなどの非結晶体（あるいは非晶体とかアモルファス等とよばれる）の局所構造を解析するカメラとして「全散乱装置」は不動の地位を築いてきた．現在では，イオンや原子・分子，磁気モーメントの短距離秩序ならびに長距離秩序構造，より複雑化する複合材料構造，相変態に伴う歪みなどのミクロ構造を測るのに非常に有効な検出を目的として使われる場合が増えてきている．加速器から出るパルス中性子は原子炉から取り出される熱中性子よりも高いエネルギーの中性子が利用できる．高エネルギー中性子は大きな散乱ベクトル Q の散乱がとれるので全散乱実験に大きな貢献をする．原子核との散乱である中性子散乱は大きな Q（大きな散乱角）まで散乱断面積は減衰がない特徴を活かすことができる．また液体中や軽原子のかなり高い振動数で熱的に揺らいでいる効果や多成分から成り立つ物質の部分構造を測るときに，上の定式化された散乱断面積から導かれる精確な構造因子を定量的に決定できる．パルス中性子の利用はこれに止まらず，観測の幾何学的配置

を固定したままで，必要に応じて異なる入射エネルギーから異なるモーメンタム (Q) の構造因子 $S(Q)$ を抽出することができ，揺らぎの効果を取り込む．このようにみると，パルス中性子源に取り付けた全散乱カメラはエネルギーの高い中性子をしかも分解能高く広い Q 範囲をカバーできるので，全散乱の理論が適用しやすくなる．

研究対象となる物質系ではマクロにみると方向性に関する構造は平均化され，Q の関数として構造因子をフーリエ変換する作業を経て3次元実空間の原子配列を構築しなければならないが，この手法はすぐ説明する粉末回折（powder diffraction）で培われた解析方法をそのまま延長して使うことになる．

材料構造開発研究に使われる「全散乱カメラ」はいわば汎用性が高く，かつ測定で得られるデータ解析法が簡便であることが望ましい．つまり，この装置を使う多種多様の研究者の要望を満足させるソフトウェアの技術を結集している．現在最も先端的なカメラの例として J-PARC に設置された VEGA の装置の図6.7を紹介しておく．NOVA と名づけられたこの装置は左側の図のように広い波長のパルス中性子を入射し，Q が $0.01\,\mathrm{A}^{-1}$ から $100\,\mathrm{A}^{-1}$ まで3桁にも及ぶ広い領域の散乱を試料の周りにほぼ360°検出器を張り巡らせた検出器で測定できるように工夫されている（図6.7の右図）．この検出器ではもちろん高分解能（$\Delta Q/Q=0.0035$）で粉末回折も測定できるのが特徴である．

NOVA 装置の性能を示すアモルファス SiO_2 の例を図示する．左側には約1秒間の計測で得られる TOF パターンを $d(\mathrm{A}^{-1})$ に変換して表されたプロファイルでそれを（6.28）式で表される対分布関数 $G(\vec{r})$ を求めるための構造因子に変

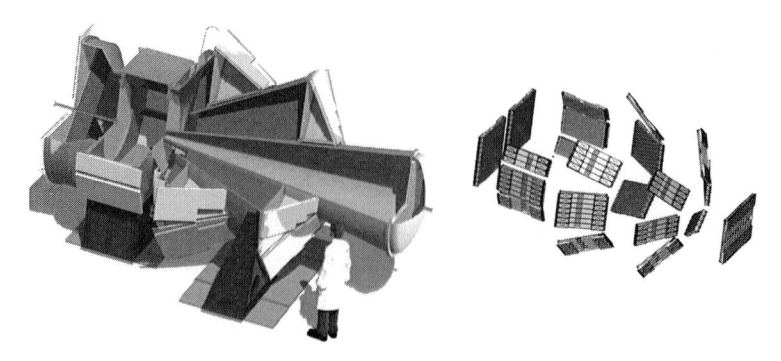

図6.7 J-PARC に据え付けられた全散乱装置（NOVA）．右図は検出器の配置を示す．
（J-PARC；大友季也氏提供）（大友季哉 (2010)）

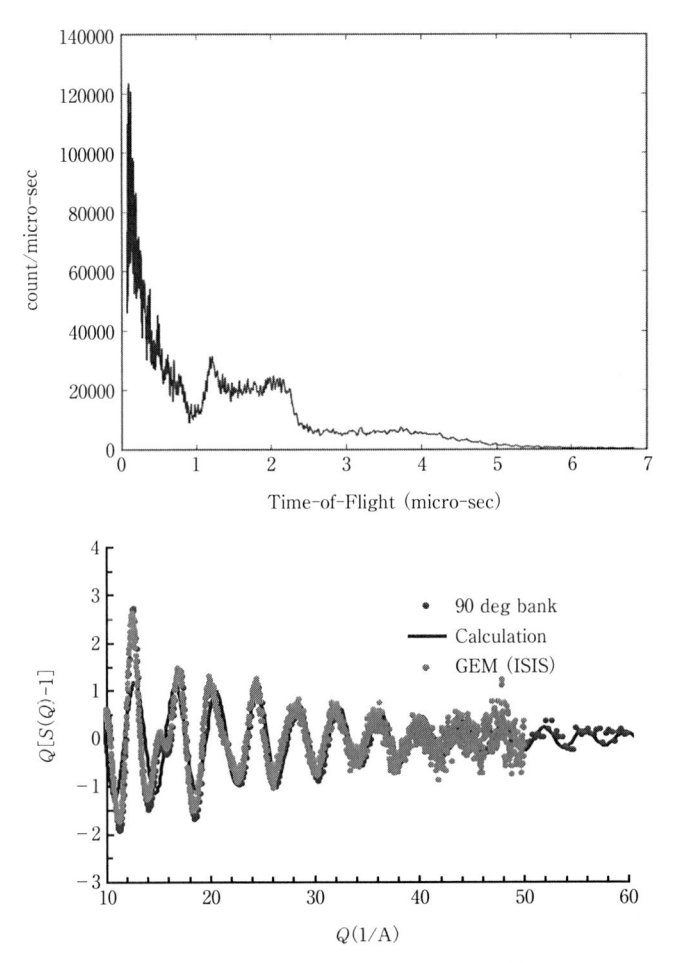

図 6.8 アモルファス SiO_2 の TOF スペクトルと対分布関数 $G(r)$ のフーリエ変換図

換した図 6.8（下図）を示す．NOVA の最高性能はさらに Q を 100 A^{-1} まで延ばすことができる．

以下に全散乱を利用したナノグラファイトミクロ構造研究の例を示す．グラファイトは炭素（C）原子が単位格子の honeycomb（蜂巣格子）が積層した物質で，異型としてバッキーボールやナノチューブなど多岐な機能をもつ注目の物質である．ナノグラファイトは長距離秩序構造をもたない C 原子が乱れた構造をもつ集合体を指し，現在では水素吸蔵など産業応用に必要とされる工業材料になって

いる．この重要な機能を支配するミクロ構造の研究をここで例示する．グラファイトをミリングして得られるナノグラファイトの密度は結晶の値（$2.22\,\mathrm{g\,cm^{-3}}$）から理想的な無定形カーボンの値（$1.85\,\mathrm{g\,cm^{-3}}$）に近づく様子がミリング時間を増やしていくと全散乱 $S(Q)$ が多結晶の回折パターンから散乱ピークが固定しながら幅の広いパターンに変化することで裏づけられる．つまり，$G(r)$ に $4\pi r^2$ をかけた radial distribution function（RDF）でみると，多結晶の回折ピーク位置が大きく変わらずに幅だけが変わり典型的なガラス構造に変わっていくことで特徴的づけられる．RDFの第1近接に表れるピークの強度（積分値）から配位数を見積もることができ，共有結合からなるグラファイト結晶の炭素原子間の共有結合が切れて dangling bond が形成されることによって配位数が減ることが定量的にわかるが，この結合端に水素がつき非常によい水素吸蔵性が示される．水素吸蔵のナノカーボンを全散乱で測り，$S(Q)$ から RDF を求めると C-C のみならず C-D(H) の partial RDF が求まり，この事実を説明する局所構造が明らかになってきた（図 6.9）．

中性子散乱の特徴を活かす同位元素効果を応用した構造解析は，複雑な構造をもった物質研究には強力な実験手段であることを前節で紹介したが，全散乱実験でも，原子核ごとに中性子散乱能（中性子散乱長）が異なることを利用し，同

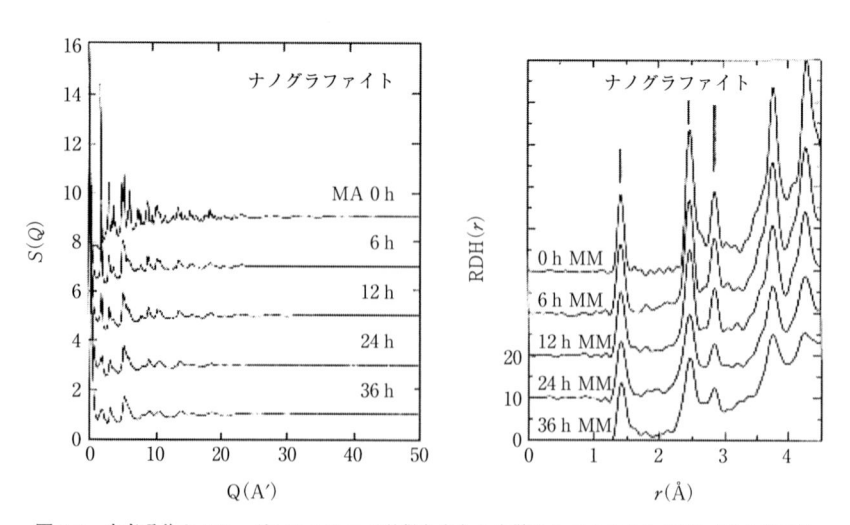

図 6.9 水素吸着ナノカーボンのミリング過程を変えた全散乱スペクトルと RDF（福永俊晴氏提供）

6.4 中性子回折（粉末回折，単結晶回折，磁気構造解析）

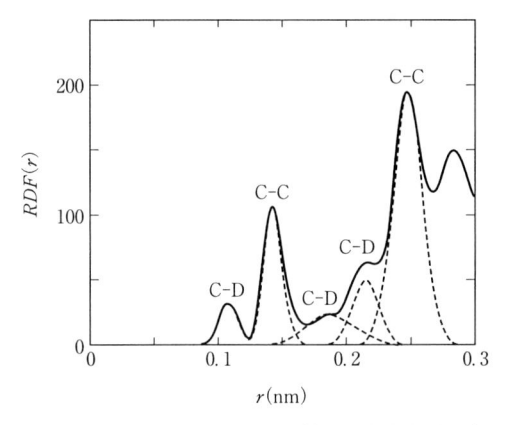

[図: RDF(r) vs r(nm) のグラフ。C-D, C-C のピークが示されている]

図 6.10　部分構造因子（RDF 分布）（福永俊晴氏提供）

位元素を置換した物質の中性子回折パターンの直接比較から置換原子を中心とする原子対（イオン対あるいは分子対）の部分構造因子（partial structure factor）や各々の原子対のRDFが構築される（図6.10）．それらの逆空間上での散乱パターンをもとにして実空間での局所構造を組み立てることができる．この例では水素を吸蔵したナノグラファイトのC原子のつくるdangling bondで繋がるD（水素）原子が大部分ハニカム格子の間に位置する局所構造がこの方法で導かれ，全散乱プロファイルで導かれるPDFが構造の乱れ（揺らぎ）を取り込んだ局所構造を明らかにされた．つまり全散乱装置は複雑に乱れた物質のミクロ構造解析に欠かせない顕微装置としての地位を得ている．

6.4　中性子回折（粉末回折，単結晶回折，磁気構造解析）

中性子散乱の黎明期は総じて「中性子回折」とよばれていたように，回折計は最も古典的な装置である．

多くの読者が使ったことのあるX線回折計と同じく，回折計は単色の中性子線を試料（多結晶，粉末や単結晶）に照射し，試料を中心にして連続回転する腕の先に中性子検出器を取り付けて試料からの反射（散乱）線をみる装置である（図6.11）．

単結晶試料の回折計は検出器（腕）の回転角（θ）に対して常に試料が（$\theta/2$）

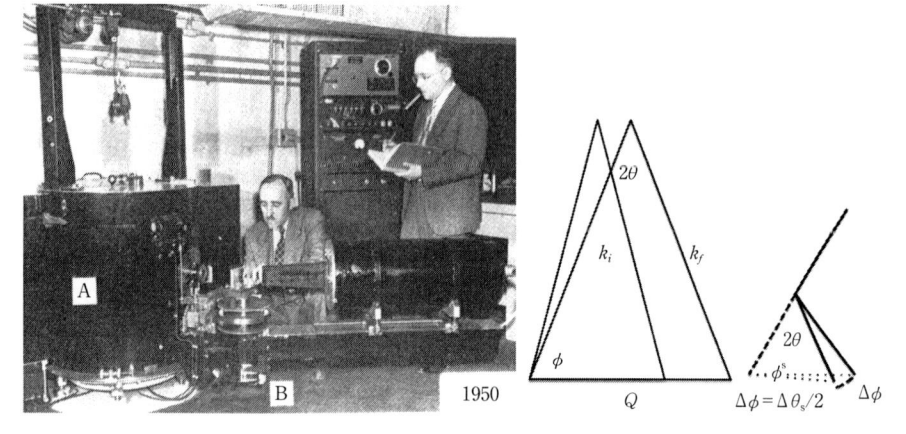

図 6.11 Shull と Wollan が Oak Ridge 研究所の graphite 原子炉で実験した回折計と回折計の原理を示す逆格子散乱図

回転すると逆格子点を原点からモーメンタム (Q) に沿ってスキャンすることになる．

3次元の逆格子上の特定の1点に単結晶の回折像が結ばれるが，多結晶の回折像はエヴァルト球殻 (Ewald sphere) 上に連続的に表れる．散乱中心の動径方向に垂直面でこのエヴァルト球殻を切ると輪ができる．これをデバイ・リング (Debye ring) と定義する．2次元の散乱面の周りを取り巻く円弧上に中性子検出器または位置敏感検出器 (PSD) を並べて置くと，一拠に多くの回折線をとることができる．最近の回折計は大体このような装置になっている．したがって検出器はイメージングプレートやPSD等，2次元的にデータが集積できるように工夫されている．

パルス中性子源に取り付けられた回折計は現在最も先端的なカメラの一つである．この回折装置は白色（連続波長）パルス中性子を試料に照射し時間依存する反射線をPSDで受け，その時刻，場所依存の散乱事象を集束回路で集める．これらの膨大なデータはまず中性子の飛行時間，散乱角が k_i, Q に変換されて，その結果 Q 空間における回折パターンが一網打尽に集積されることになる．原子核散乱振幅は大きい Q でも減衰が無く（実際には格子振動等の揺らぎや乱れによって大きい Q では減衰する）一定であるために，前節でも強調したように短波長から広範囲の波長の中性子が使えるパルススパレーション中性子源を使う優

6.4 中性子回折（粉末回折，単結晶回折，磁気構造解析）

位性が最大限に生かされることになる．ここではパルス中性子源から出射される白色中性子ビームによる TOF 飛行時間解析を説明しておく．ド・ブロイ式から速度（エネルギー）と波長の関係が決まる．

$$\lambda = \frac{1}{mv}, \quad m：中性子質量, \quad v：中性子速度$$

パルス幅の非常に短い白色ビームが同時（時間幅 Δt）に中性子モデレーターから発射される．短波長の中性子は飛行経路の伝搬時間が短い．

$$t = h^{-1} m \lambda L, \quad L：飛行経路長$$

ここでブラッグの法則を思い出し，これを使って上式を書き換える．

$$t = h^{-1} m L \sin\theta \cdot d, \quad d：格子面間隔, \quad Q = \frac{2\pi}{d}$$

物理定数 m, L から上式はさらに次のように変換される．

$$d = \frac{t}{252.777 \cdot L \cdot 2\sin\theta}, \quad t：[\mu s], \quad L：[m]$$

いま，散乱角 2θ に検出器の腕を固定したとすると，

$$\lambda_{hkl} = 2d \sin\theta$$

をみたす複数の波長（時間）位置に反射ピークが観測できることになる．日本で最初のパルス中性子源（東北大学原子核理学研究施設）に取り付けられた俗称「木村 SPUTONIK」は散乱角 2θ のリングに検出器を並べる．同時刻に観測される散乱強度を円周積分して粉末回折像をとる．デバイ・リングの積分値がブラッグ則をみたすときに回折線が測定できるので，1960 年代当時としては弱強度の線源でも精度よく測ることができる画期的装置であったが，それから半世紀後の J-PARC 施設に建設された粉末回折計（superHRPD）はパルス中性子源から 100 m 先に粉末試料を置き，中性子検出器を試料位置から等距離になるように 2 次元的（厳密には 3 次元）に広い散乱角を覆うように配置して高効率，高分解能を実現している（図 6.12）．

検出器からのデータ集積装置がこのカメラの頭脳部に相当し，ソフトウェアを駆使して高分解能を実現しながら中性子回折強度を 1 次元モーメンタム（Q）上に変換して，最終的に回折像を提供し，さらに構造解析をも可能である（図 6.13）．装置の性能は分解能と強度で評価するが，高分解能を実現するための条件としてパルス幅の短い中性子を入射させるために，基礎編 2 章で紹介した中性子減速剤

図 6.12　木村一治の使った東北大学核理研施設で使った粉末回折計

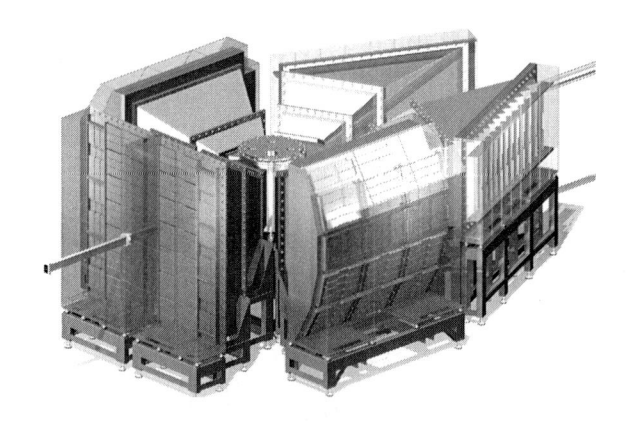

図 6.13　J-PARC に据え付けられた superHRPD 粉末回折計（中性子源から約 100 m 離れた場所に回折計がある）．（J-PARC：神山 崇氏提供）（神山 崇・鳥居周輝（2009））

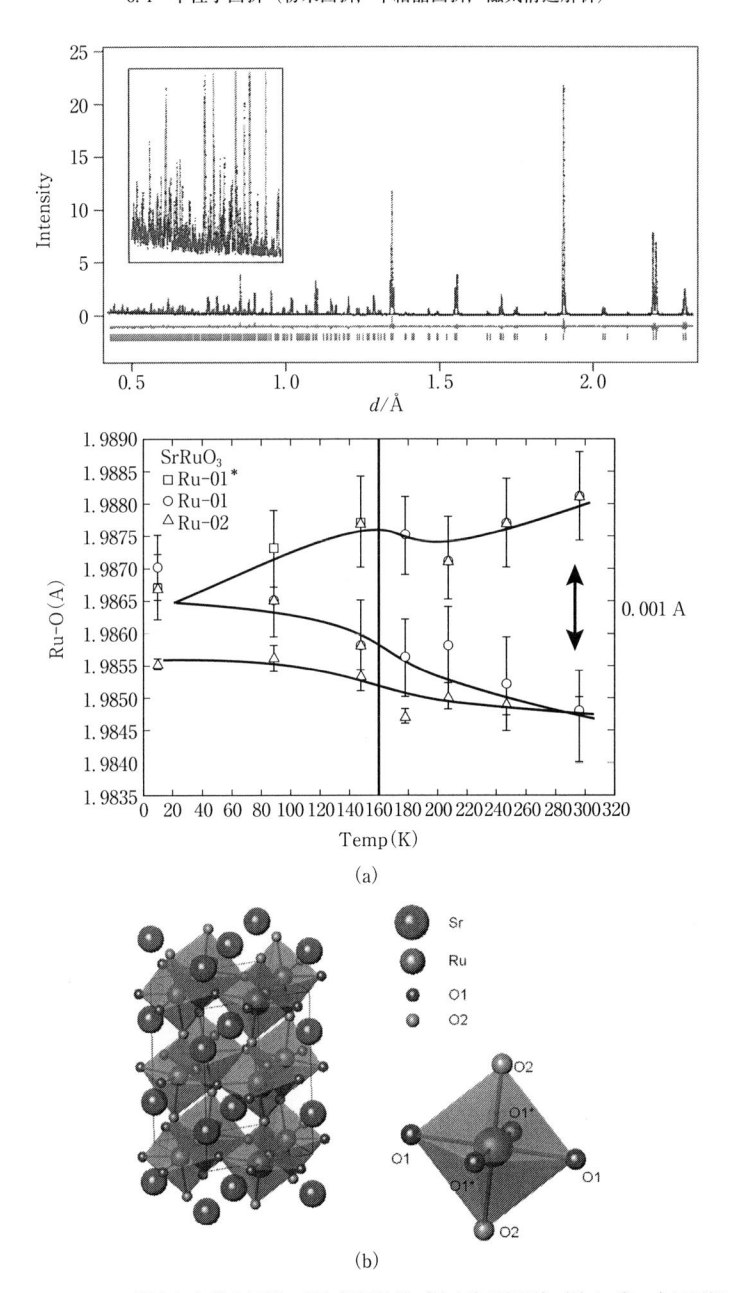

図 6.14 superHRPD で測られた粉末回折の例と解析結果（神山崇氏提供）（神山 崇・鳥居周輝 (2009)）

の液体水素層の間にdecouplerと称するCd等の中性子吸収体の板を差し込んだポイズン減速器を使いパルス幅を極端に短くする工夫が成されている．分解能を$(\Delta d/d)$を用いて評価すると次のようになる．Δdは面間距離dの実験誤差の相対値を定義する．

$$\frac{\Delta d}{d} = \sqrt{\left(\frac{\Delta t}{t}\right)^2 + \left(\frac{\Delta L}{L}\right)^2 + \cot^2\vartheta\left(\frac{\Delta\vartheta}{\vartheta}\right)^2} \tag{6.31}$$

ここでΔtは入射ビーム幅で，superHRPDはポイズン減速器を使って$\Delta d/d$の値が設計値の0.003以下を実現している．実験データの信頼度を高めるために試料の形（粉末試料が標準なので試料を詰める容器）を標準化し，ローレンツ因子や中性子の吸収補正など中性子散乱強度に対する標準的測定補正が容易にできる工夫もなされ標準化された回折パターンの解析法が日常的に使われている．掲載した測定例は$SrRuO_3$の粉末試料の回折線から，Ru-Oのボンドの長さを決めた実験である．現在J-PARCやJRR-3などの施設では，superHRPDをはじめ粉末回折装置で試料を測る利用者は試料を持ち込んで散乱実験を行うと，その結果を解析した後の実空間に描かれた結晶構造の回答を短時間の間に得られる仕組みができている．

近年，高分解能中性子回折法を応用して金属やその構造体の歪み測定が行われるようになっている．J-PARCでも応力測定専用のカメラも設置されている．

応力歪みの原理は図6.15に示したように，試料棒に応力をかけながら入射ビームに対してほぼ直角方向に置かれた検出器の前に置かれたスリット（$k2, k3$）を通過した回折線を測る．この方法では試料棒の径方向と長さ方向の面間隔を精度

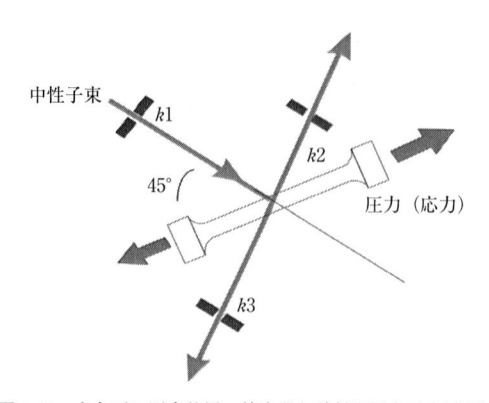

図6.15 応力歪み測定装置の検出器と試料配置を示す原理図

高く測ることによって，応力軸に対して応力に平行成分と直交成分の歪みを同時に導出することができる．また試料棒に照射する中性子位置をスキャンすると歪み分布が測定できる．

単結晶回折計は2次元（3次元）空間に張られた逆格子空間に散乱ベクトルがつくるエヴァルト円（球殻）と逆格子点が交わる位置で反射がみられる原理を応用した装置である．最も新しい単結晶回折装置は，前述のように検出器が散乱中性子を2次元 PSD やイメージングプレートで受けて多数の回折線を広い散乱面で一度にカバーできるようになっている．

リートベルト法とか最大エントロピー法 MEM（maximum entropy）が結晶解析手段として定着してきた．詳しい内容については専門書に委ねるとして，ここではその概念と手法を紹介する．現在，前者は粉末回折で得られる回折パターンから実空間の結晶構造の構築，後者は単結晶回折パターンから得られる原子位置の確率密度の空間の広がりなど，結晶構造の「実像」の理解を助ける手法として使われている．粉末試料の回折パターンは，方位が平均化されて1次元 Q に回折ピークが現れるので回折ピークの重なりが大きい．とくに中性子は X 線に比べると Q 分解能が悪く幅の広い1つのピークに数本のブラッグピークが重なっている場合が日常的にみられる．リートベルト解析では実空間に構築された構造（モデル）から逆格子空間に変換される構造因子をもとにして，実験条件を包含した回折パターンを計算する．この計算で得られる回折プロファイルが実験で得られたそれに一致するように，最小自乗法を駆使して適合させる（fitting）方法である．すなわち，測定された測定点（channel）のデータと同じ点での計算値の重みをつけた残差2乗和が最小になるような構造パラメーター（格子定数，原子座標，占有確率，温度因子など）を決定する．解析の信頼度は各点の重み付き(任意性が含まれる)のフィッティング因子（通常 R_W 因子とよぶ）と回折線の積分強度（すなわち回折プロファイルの積分強度）を尺度にする．

$$R_W(\%) = \frac{\left\{\sum_i w_i [y_i^{obs} - y_i^{calc}]^2\right\}}{\sum_i w_i y_i^{obs^2}} \times 100 \tag{6.32}$$

$$R_I(\%) = \frac{\sum_l |I_l^{obs} - I_l^{calc}|^2}{\sum_l I_l^{obs}} \times 100 \tag{6.33}$$

R_W, R_I が各々 5%, 1% 以下位を目安にして解析が行われる．

回折装置（とくに分解能）の性能の飛躍的な向上とともに，計算機の性能向上によって相当複雑な結晶の構造解析も可能でになっている．

6.5 偏極中性子による磁気構造解析

基礎編でみたように磁気散乱は中性子スピンと標的の原子スピンとの双極子相互作用によって起こるために，散乱断面積はベクトル量であることと通常原子スピンを担う電子の広がりが少なくとも低速中性子の波長の程度（0.1 nm 位）であることから，核散乱と質的に異なる．つまり，物質中の磁気モーメントの空間的な状態（磁気モーメントの配列，広がり）を解析する手段としては中性子がほぼ理想的な道具（プローブ）である．唯一の欠点は中性子源から出てきた非偏極中性子の一方のスピン成分を選別するか，あるいは一方成分のみを反射させる偏極方法に頼っていることである．この段階で生成された中性子の強度は一方の偏極中性子のみ使い他の成分を捨てるので，半減することになってしまう．さらに中性子磁気モーメントの値が小さいので，偏極度を制御するのにも細心の注意が必要になる．

しかしながら，磁気散乱原理を理解すると偏極中性子散乱の重要性をさらに認識することができる．基礎編で説明した偏極中性子散乱（3.5節）から得られる弾性散乱を見直すことにする．単純な結晶構造の強磁性体の例（たとえばFe）をとると，低温（T_c 以下）では強磁性の位相が格子の位相と重複するので回折は磁気散乱と核散乱とが混じる．非偏極中性子による回折線の強度は次のように書ける．

$$I(Q) \propto \frac{d\sigma}{d\Omega}\bigg|_Q \approx (b^2 + p^2)$$

b, p は各々核散乱振幅，磁気散乱振幅である．

これに対して偏極中性子を用いると，

$$I^{\pm}(Q) \propto \left(\frac{d\sigma}{d\Omega}\right)^{\pm}\bigg|_Q \approx (b \pm p)^2 \tag{6.34}$$

ここで±は偏極の方向が磁化に対して平行（＋）（反平行（－））に対する強度を表す．磁気散乱強度は磁化に比例するので核散乱に比して小さい場合，上式は近似的に次のように書ける．

$$I(Q) \propto \left.\frac{d\sigma}{d\Omega}\right|_Q \approx b^2\left(1+\left(\frac{p}{b}\right)^2\right), \quad I^{\pm}(Q) \propto \left.\frac{d\sigma}{d\Omega}\right|_Q^{\pm} \approx b^2\left(1\pm 2\left(\frac{p}{b}\right)\right) \quad (6.35)$$

このことから，偏極中性子を用いると磁気成分の感度が格段に上がることは明らかである．通常偏極中性子で感度を上げるために中性子の偏極方向を反転させて散乱を測る．その強度比を反転比（flipping ratio）R と定義する．

$$R \equiv \frac{d\sigma/d\Omega|^+}{d\sigma/d\Omega|^-} \approx \frac{1+2(p/b)}{1-2(p/b)} \approx 1+4\frac{p}{b} \quad (6.36)$$

R を 1% の精度で測れるとすると，$0.01\,\mu_B$ のレベルまで検出できることになる．しかも重要なことは b に対して p の符号もわかるということである．

基礎編中の磁気散乱の 3.2 節で求めた磁気散乱振幅 p を書くと，磁気相互作用素（ベクトル）$\vec{Q}_\perp$ を使って，

$$\vec{Q}_\perp = \frac{1}{2\mu_B}\vec{\kappa}\times(\vec{M}(\kappa)\times\vec{\kappa}) \quad (6.37)$$

$$p = \frac{e^2\gamma}{mc^2}f(\vec{\kappa})\vec{Q}_\perp = 0.537 f(\vec{\kappa})\vec{Q}_\perp \times 10^{-12}\,\mathrm{cm} \quad (6.38)$$

$f(\vec{\kappa})$ は磁気形状因子で磁気モーメントの空間の広がりのフーリエ変換量である．

$$f(\kappa=0) \equiv 1$$

磁気散乱振幅 p はスピン，軌道モーメントとの磁気相互作用成分の和で書ける．

$$\vec{M}(\vec{\kappa}) \propto \left\{j_0 S + \frac{1}{2}(j_0+j_2)L\right\}$$

$$j_k(\vec{\kappa}) = \int d\vec{r}\, j_k(\vec{r})|f(r)| \quad (6.39)$$

j_k は k 次のベッセル関数である．g 因子を使うと，

$$f(\vec{\kappa}) = \int_V d\vec{r}\, e^{i\vec{\kappa}\cdot\vec{r}}S(\vec{r}) = j_0 + \frac{g-2}{g}j_2 \quad (6.40)$$

偏極中性子による回折実験を行い，各格子点からの反転比 R を高精度で測定する実験を通して磁気形状因子が求められる．1960 年代に研究された Fe, Co, Ni 等の典型的な $3d$ 強磁性金属の実験結果から $3d$ 電子のバンド理論による解析が行われたのは古典的な研究例にもなっている．近年 $5f$ 希土類金属や $6f$ アクチナイド金属の磁気形状因子が求められるようになって，ここでは軌道磁気モーメントが大きくなることや，LS 結合による軌道の分裂による励起状態の効果や磁気モーメントを担う重い外殻電子が内殻電子と相対的に異なる動きをする効果など

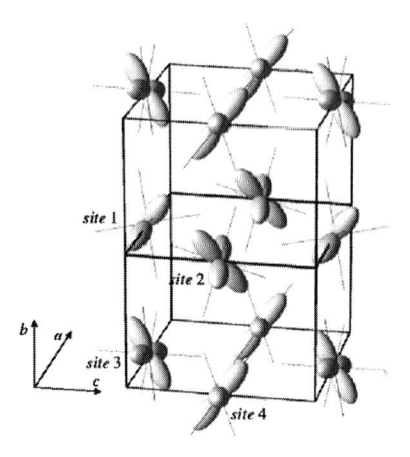

図 6.16　YTiO$_3$ の Ti^{+3} イオンの 3d 軌道整列の模式図
(Akimitsu and Ichikawa et al. (2001)).

細かな，しかし重要な諸々の電子論効果が磁気形状因子に鮮明に表れることがわかってきた．現在までに 5f 希土類金属まではかなり実験データが集積されているが，6f アクチナイド金属や磁化の小さな強磁性体や新しい磁性体に対する研究にこの方法が適用されることが期待されている．微弱な磁気散乱強度の検出も偏極中性子回折の重要な応用である．最近行われた研究例を挙げておくが，これは将来の応用研究の良い参考になると思う．

YTiO$_3$ はペロブスカイト構造をもつ強磁性酸化物絶縁体（T_c～30 K）で，Jahn Teller 相互作用によって結晶が歪み，同時に Ti の 3d 軌道整列が起こっている．3 つの結晶主軸（図の a, b, c 軸）に磁場をかけて多くのブラッグ点の R を集積して得られた結果をもとにして，図 6.16 のような軌道整列の規則構造が提案されている．

次に，応用磁性材料として重要な SmCo$_5$ 中の Sm の磁気形状因子を求めた実験例を取り上げる（図 6.17）．この例ではスピン-軌道相互作用による L+S 多重項分裂が起こっている．その基底状態の多重項間に熱励起が起こると違う軌道状態の混合が起こったり，相対論効果の効き方が重なって磁気形状因子が顕著な温度変化を示すのが特徴である．次節で紹介する希土類金属の原子内軌道励起の測定とともに将来の磁気形状因子の研究によって軌道磁性の研究が進むことを期待したい．

6.5 偏極中性子による磁気構造解析

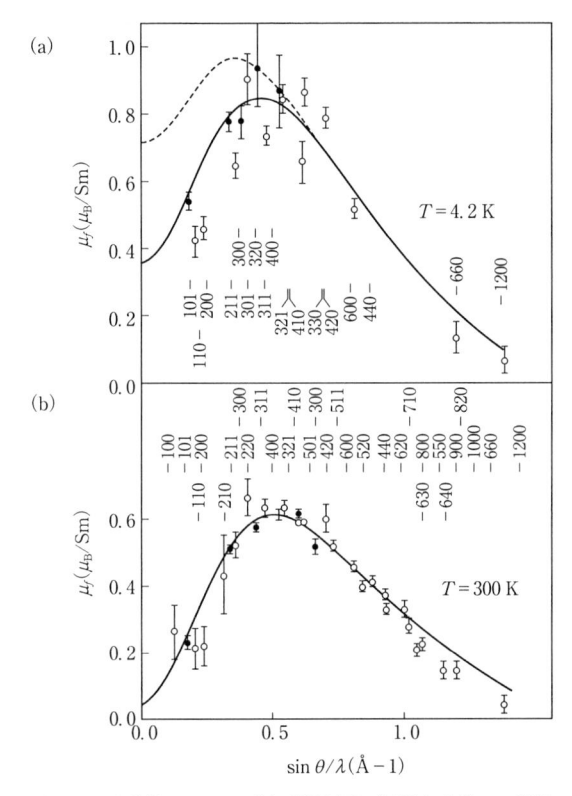

図6.17 強磁性 $SmCo_5$ の磁気形状因子（低温と室温での形状因子の違いに注目）

木村 一治 （きむら もとはる, 1909-1995）

木村一治は電子リニアックを建設するために東北大学原子核理学研究施設を創設した．

この施設は高エネルギー電子による原子核物理実験のみならず，電子の軌道制動放射光実験，電子線を金属標的に照射し発生する中性子散乱実験など，いわゆる大型施設の多目的利用を世界に先駆けて実行する共同利用センターである．以来高エネルギー研究所や J-PARC など大型研究施設での加速器を多目的に利用する日本の伝統は木村の類い稀なる壮大

な構想にその根源を見いだせる．

　核理学研究施設の木村が始めた中性子実験は本文にも紹介した，「木村SPUTONIK」と渾名がつけられた粉末回折装置に代表される独創的なものが数多く遺されているが，本書では1930-1940年代の太平洋戦争中の困窮の時代に理化学研究所で行われた中性子散乱研究の話をする．

　東大で原子核物理を修めた木村は理化学研究所（以下理研）の結晶解析で著名な西川正治研究室で中性子散乱実験を始めた．中性子を発見したChadwick卿と同様に $n\alpha$ 反応によって中性子を生成し，パラフィンで中性子を減速して得た低エネルギー中性子による全散乱を計測した．今，理研の情報室に保管されている木村の実験ノートからは，太平洋戦争の戦局がどんどん厳しくなってきた当時の厳しい研究環境が読み取れる．

　早朝に都電に乗って半減期の短いラジウムを東京大学医科学研究所からもらい受け理研まで運び中性子を発生させ，ゼロからのスタートで中性子検出器を組み立て，全散乱断面積を定量的に測れる計測箱といったすべての実験装置を理研の付属工場の技術者と艱難辛苦の末につくり上げた．晩年の木村の磊落さを知る筆者は若き木村の粘り強い，緻密な研究態度には敬服を超えた感動を覚える．

　木村はX線回折と同様の中性子線回折を目指したであろうと想像されるが，いかんせん当時の弱い線源では全散乱で我慢せざるを得なかったと思われる．後に東北大で「木村SPUTONIK」による粉末構造解析の実現は遠くこの頃の夢が実現したのであろう．

　木村は金属銅結晶の全散乱強度が結晶のモザイク度に強く依存することを見つけた．透過力の強い中性子線では2次消衰効果がX線よりも強く効くことを示した先駆的な仕事であり，さすが結晶解析の中枢であった西川研究室の成果であると感心させられる．このとき木村は金属工学の橋口と協力してこの成果を得ている．

　木村は自作の中性子検出器で原爆が投下された翌日，広島の廃墟で放射線測定をしたことでも有名である．そのこともあって，木村は終生反核運動に積極的に関わり，核兵器のオゾマシさを世界に伝えた人でもある．木村が存命なら，今日我々を苦しめている福島原発の事故をどのように感じているのであろうかと想像している．

7

中性子分光装置を用いた散乱研究
——動きをみるための分光装置と実験方法

　基礎編で説明したように低速（熱）中性子は波長とエネルギーの関係から固体中の原子（イオン）配置と運動や熱揺らぎを同時にみることができる最適の道具である．この事実から中性子分光は，早くから散乱中性子のエネルギーを分光し，固定した散乱角（もしくは散乱ベクトル）での微分散乱断面積（$d^2\sigma/d\Omega d\varepsilon$）を測定する方法として測定技術の開発が行われた．分光は中性子の速度や波長を分析する方法がとられている．さらに中性子源からの白色中性子ビームを一定のエネルギー（波長）のみを取り出し，それ以外の中性子をフィルターする方法も使

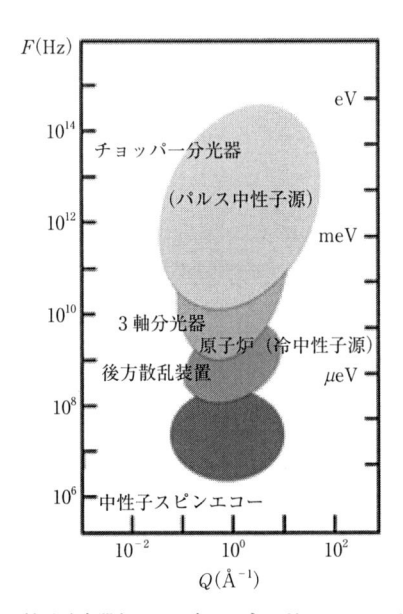

図 7.1　中性子分光器とカバーするエネルギーモーメンタム空間

94   7. 中性子分光装置を用いた散乱研究

われる．最近ではエネルギー分光に磁場中の偏極中性子のラーモア回転を利用する新しい方法も使われる．おおよそどのような方法が使われるかを読者が分光実験を行うときの参考のために図7.1のモーメンタム，エネルギーダイアグラム上に示しておく．

中性子分光法を用いてどのような研究ができるかの具体例は8章に示すことになるが，本章ではおもに装置や測定法を中心に紹介する．

7.1 飛行時間分析装置（チョッパー分光器）

熱中性子は約 $1\,\mathrm{km\cdot sec^{-1}}$ 以下の速度で飛行するので，数メートルの距離を飛ぶ飛行時間を精密に測定することで速度（エネルギー）分析を簡便に行うことが

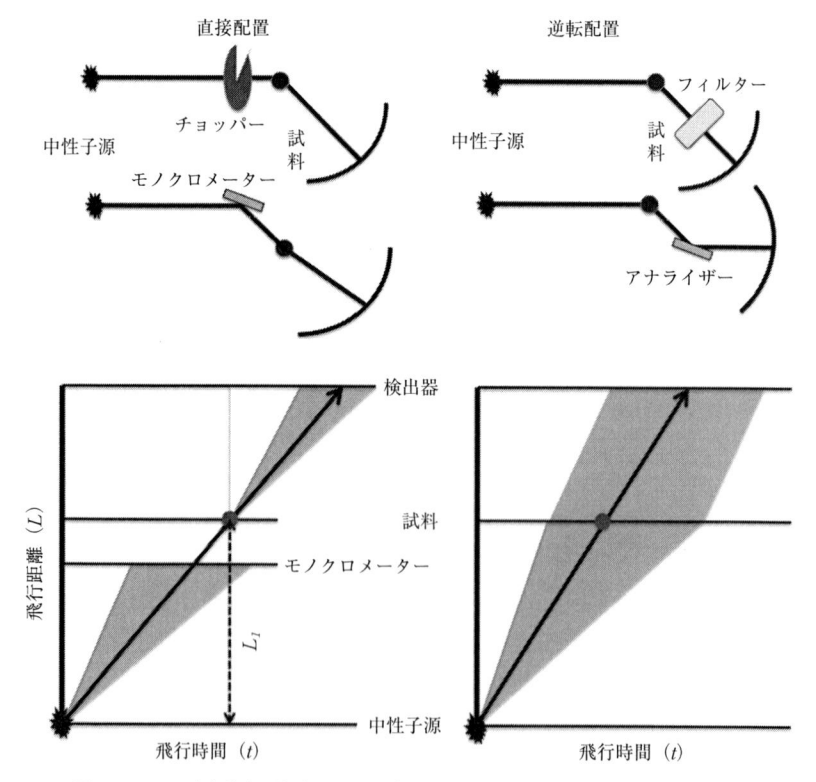

図7.2 TOF分光法を理解する原理．左：直接法（入射中性子が単色化される），右：逆転配置（入射中性子がパンクロで散乱中性子のエネルギーを固定）

7.1 飛行時間分析装置（チョッパー分光器）

できる．この原理を使った非弾性中性子散乱装置を飛行時間分析（TOF；Time-Of-Flight）型分光装置とよぶ．この分光器は2つのタイプに分けることができる．装置の原理的な模式図を図7.2に示す．

試料に入射するパルス状の中性子のエネルギー E_i を単結晶やチョッパーを使って単色化し，試料に入射する．散乱後の中性子エネルギー E_f は試料から検出器までの飛行時間で測定される速度をエネルギー変換する．これを direct geometry spectrometer（直接分光法）ともよぶ（図7.2の左側）．

これに対して inverted geometry spectrometer（逆転配置分光法）とよばれる装置は，試料がパルス状の白色入射中性子により照射され，散乱後の中性子エネルギーが結晶やフィルターを使用して固定された結果，入射エネルギー E_i がパルス中性子源から試料までの飛行時間で測定される．$(E_i - E_f)$ の散乱イベントに対して微分散乱断面積を決定する（図7.2の右側）．J-PARCなどのパルス中性子源に設置される非弾性散乱装置はこのTOF型分光器であり，パルス状に生成される低速中性子をパルスに同期させて単色化する方法が一般的である．原子炉に代表される定常中性子源にこのようなTOF型分光器を作動させると定常中性子ビームをパルス状にチョップする機能が必要となる．最近では広いパルス幅のビームを使って複数（ハーモニックス）の波長のビームを取り出して効率を上げるTOFチョッパーが開発され威力を発揮している．このようにパルス中性子利用が進むにつれて新しいTOF法の開発も進化している現状で，将来新しいTOF分光装置が設置される可能性も期待される．

図7.3にTOF装置がカバーする運動量，エネルギー空間（(Q, ω) space）を理解するために，上記2種類の装置の散乱三角形ダイアグラムが示してある．

左図の direct geometry 型では単色化された入射中性子（k_i）に対して，時間

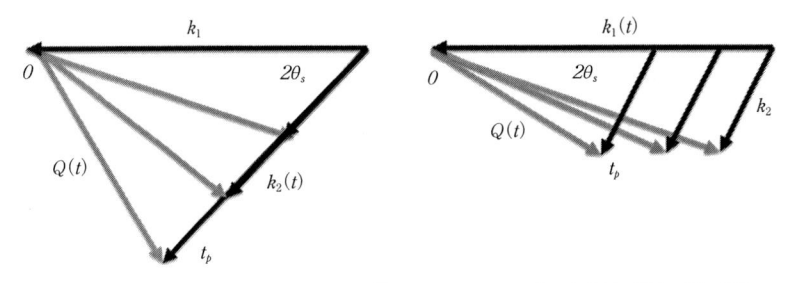

図7.3 逆格子空間に展開されるTOF散乱ダイアグラム (左) 直接法（右）逆転配置

の関数として変化する散乱中性子 (k_f) が形成する運動量空間でのダイアグラムからわかるように，入射中性子に対して同じ散乱角でも散乱中性子が時間の関数であることから，異なる時刻では異なった散乱モーメンタム (Q) でのイベントである．一方，inverted geometry 型では k_f が固定される場合，k_i が時間の関数として変化するので，散乱ダイアグラムの固定した散乱角の検出器は入射中性子ベクトルに平行に移動している Q の位置での散乱イベントをみることになる．このことを図 7.3 から三角関数の定理を用いて，ド・ブロイ関係式から次の関係式を導いてどのように観測しているのかをみることにする．

$$Q^2 = k_i^2 + k_f^2 - 2k_i k_f \cos\phi \tag{7.1}$$

$$\frac{\hbar^2 Q^2}{2m} = E_i + E_f - 2\sqrt{E_i E_f}\cos\phi = 2E_i - \hbar\omega - 2\cos\phi\sqrt{E_i(E_i - \hbar\omega)} \tag{7.2}$$

direct geometry 型の (Q, ω) の関係は E_f を $E_i - \hbar\omega$ で置き換えることで求められる．1 つの検出器がカバーする範囲が (Q, ω) スペースで放物線を描くので異なる散乱角に多数の検出器を並べるとそれぞれの散乱角で決まる軌跡が示される．図 7.2 から明らかなように，広い散乱角をカバーする検出器を並べた装置を用いると広範囲の (Q, ω) 領域を同時に測定できるのがこの方法の最大の特徴である（図 7.4）．

同じように inverted geometry 型では E_i を消去することにより

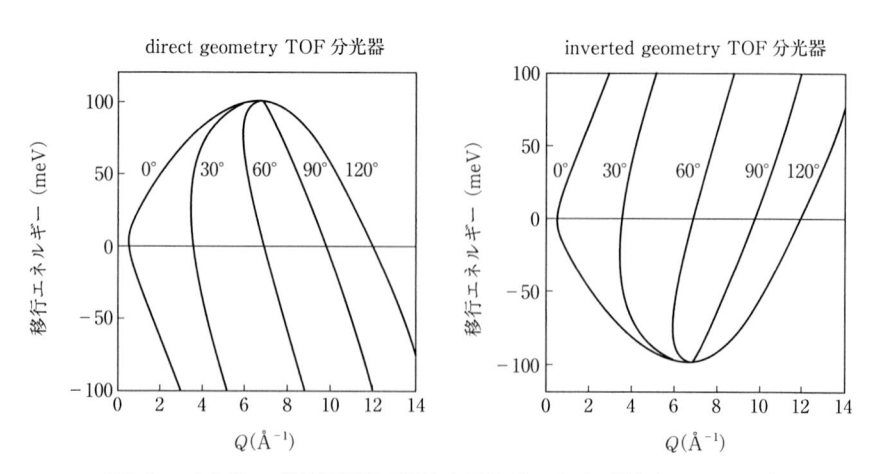

図 7.4 エネルギー，運動量空間に示された TOF 法のカバー領域（$E_i = 100$ meV）

$$\frac{\hbar^2 Q^2}{2m} = 2E_f + \hbar\omega - 2\cos\phi\sqrt{E_f(E_f + \hbar\omega)} \tag{7.3}$$

の関係が成り立ち，図7.4の右図で示すように上下反転した放物線を描いている．これから明らかなように inverted geometry 型の特徴は中性子エネルギーゲインの広領域をカバーできることである．ただし，広い散乱角をカバーする単結晶やフィルターを取り付ける必要があり万能の TOF 分光装置とはなり難い．J-PARC では強度の強いモデレーターから出るパルス幅の広い中性子を効率よく利用できる低エネルギーのエネルギー分析をする装置として設置されている．

分解能は単色化された入射中性子のパルス幅（$\Delta\tau_m$）（減速器から発射される中性子の幅，モノクロメーターチョッパーの回転スピードや開口角等で決まる時間幅）とビームコリメーションや検出器の幾何学的配置（ディテクターの幅や厚み），（S_D, w_D），中性子源から検出器に至る全長（$L = L_1 + L_2$）の間にどのように試料位置と検出器との距離（L_2）を決めるか等の装置固有のパラメーターでほぼ決まってしまう．強度と分解能は相反するので，分解能を決める要素と散乱強度を最適化する条件をみたす装置の設計が要求される．研究課題が求める測定条件と分解能と散乱強度を考慮したうえで，J-PARC では現在 4 台の TOF 分光器が設置されている．

代表的なチョッパー装置として HRC と AMATERAS の 2 台の装置を例示しておく．HRC は J-PARC のポイズン減速器を臨む短パルス幅の中性子を取り出すビームホールに取り付けてあり，比較的高いエネルギーの中性子を利用した分光をすることに主眼が置かれている．そのために高分解能とエネルギーとの最適条件をみたすように装置のコンポーネントを配置する設計がなされ，そのうえに高いエネルギーの中性子の運搬につきものの測定には邪魔なバックグランド中性子の除去にも考慮された装置である．このために T0 チョッパー，フェルミチョッパーなどの開発が進められた．次にその装置の概念図と完成した図面を示しておく（図 7.5）．

分解能は次の式で決まる．

$$\left(\frac{\Delta E}{E_i}\right)^2 = \left(\frac{2\Delta\tau_{ch}}{\tau_{ch}}\right)^2\left(\left(1 + \frac{L_1}{L_2}\right)^2 + \left(1 + \frac{L_3}{L_2}\right)^2\right) + \frac{w_D^2}{L_2^2} \tag{7.4}$$

そのときの散乱強度は

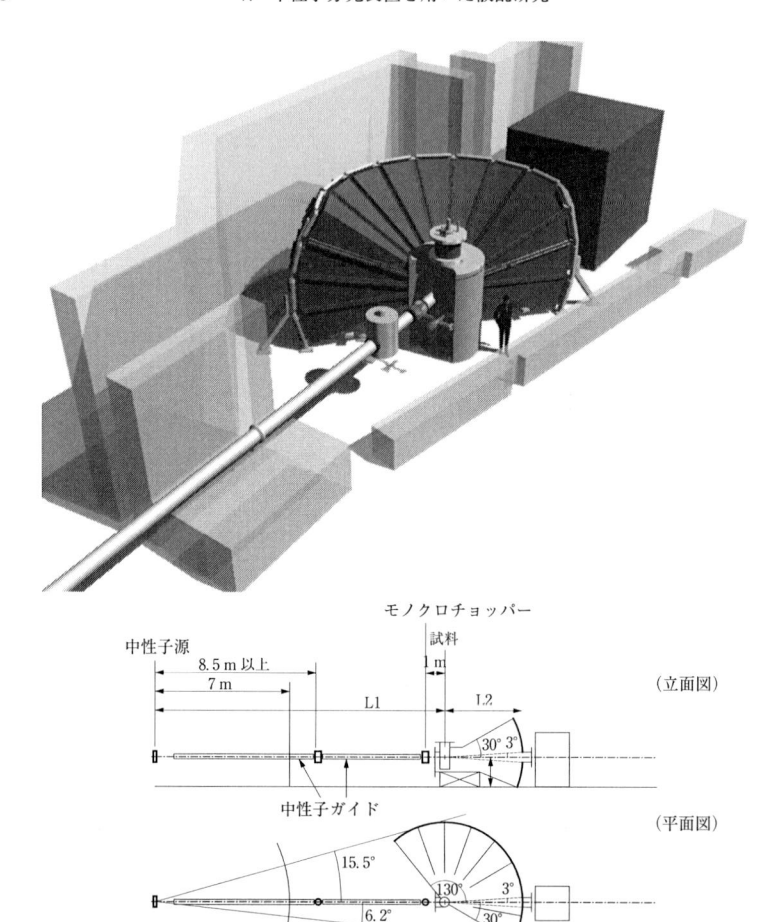

図 7.5 J-PARC に据え付けられたチョッパー分光器（J-PARC：伊藤晋一氏提供）(Itoh et al. (2011))

$$I \propto \frac{\varphi(E) S_M S_S S_D}{L_1^2 L_2^2} \tag{7.5}$$

となる．もう1台は低エネルギーの分光を目的とした AMATERAS を挙げておく．この装置は HRC と対照的に長いパルスを発射するカップル減速器を臨むビームホールに設置されて，強い散乱強度が得られるように設計された TOF 分光装置である．この装置は入射エネルギーを任意に決める2機のディスクチョッパーと広範囲の散乱立体角をカバーする位置敏感検出器からなる（図7.6）．

7.1 飛行時間分析装置（チョッパー分光器）

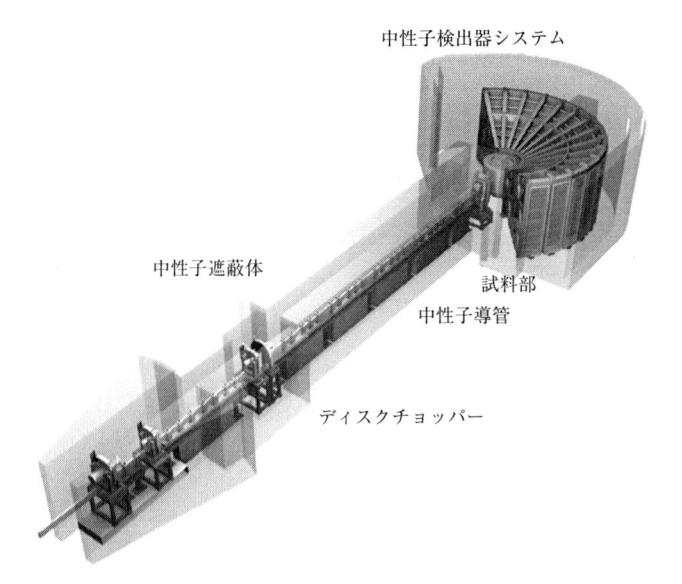

図 7.6 J-PARC に据え付けられた double disk chopper 分光装置 (J-PARC, JAEA；中島健次氏提供)

　もう1台の特徴のある分光器は，長いパルス幅の1発の入射ビームを複数個の時刻で取り出せるようなチョッパーを配置して，それぞれの異なった単色パルス中性子がもたらす散乱イベントを精確に解析して，結果的に散乱強度を増強する新しいアイデアに基づくチョッパー分光器 4SEASON が備えられて威力を発揮している．J-PARC では特性の異なる TOF 分光装置を大強度パルス中性子源に設置されていて，非常に広い (Q, w) 空間範囲を瞬時にカバーしながら測定できるような工夫がなされている．今後固体物性の現象に重要な素励起を効率よく探索されて新しい物理の進展に貢献することが期待される．その一例として，原子内磁性の基底状態を知る非弾性中性子散乱について紹介する．

　不完全殻軌道（おもに d, f）電子は，孤立原子，イオンの状況では原子内のクーロン相互作用によって縮退が解けて電子のエネルギー準位が決まる．原子全体のスピン (S)・軌道 (L) 相互作用 $(\lambda \boldsymbol{LS})$ が働くが，全角運動量 (J) は保存される．フント規則のもとに基底エネルギーの LS 多重項が決まる．λ の符号は電子の数が軌道を半分以下のとき $(n<2l+1)$ は正，それより多いときは負になる．一方，結晶中の磁性イオンは周りの結晶場が大きな影響を及ぼすが，結晶場とス

ピン軌道相互作用の大小で電子状態が変わるために磁気モーメントの大きさも変わる．鉄族（3d）イオンやパラジウム族（4d）の磁性を担う電子は各々の軌道が相対的に原子の外側に位置するため，周りの結晶場や電子間のクーロン相互作用の大きさがしのぎ合うことになる．鉄族では結晶場はクーロン力より小さいが，パラジウム族ではその逆となるが，いずれにしても軌道の縮退状態が孤立した原子とは大きく異なる．これに対して希土類やアクチナイドイオンのf軌道電子は各々の軌道の外側の$s, p, d,$軌道に囲まれるので局在性が強く，その結果，全角運動量（J）が決まった後で，結晶場によってさらに縮退が解かれることになる．結晶中（あるいは局所電場中）に置かれた磁性イオンは，原子内の相互作用と原子の周りの結晶場やさらに原子間の相互作用を考慮する必要があるので，基底状態は複雑になる．

結晶場のもとで基底状態のエネルギー固有値を求める解法として一般にスピンハミルトニアンの方法が適用される．すなわち，鉄族の場合，基底状態を決める無摂動ハミルトニアンH_0と摂動ハミルトニアンH'は次のように決まる．

$$H = H_0 + H', \quad H_0 = H_{Coulomb} + H_{Crystal}, \quad H' = \lambda LS$$

希土類金属の場合は，$H_0 = H_{Coulomb} + \lambda \boldsymbol{LS}, \quad H' = H_{Crystal}$となる．

このハミルトニアンを解くときに，波動関数を量子状態である$\hbar J$で定義する等価演算子法を用いるのが常套手段である．この方法を使うと結晶場が角運動量Lを使って4次から始まるモーメントで表される．たとえば立方対称の結晶場では5重縮退したd軌道（$l = 2$）は2重（t_{2g}軌道）と3重（e_g軌道）に分裂する．さらに低対称の結晶場では2つの軌道の縮退が解かれる．f軌道（$l = 3$）ではもっと複雑になるが，最近では4重極，8重極，……などの軌道モーメントの観測がされるようになった．基底状態のエネルギー分裂を知るために基底状態のエネルギー準位間の遷移を観測する中性子磁気非弾性散乱が近年注目されるようになってきた．入射中性子の強度が上がることでエネルギー分解能も上がり，かつパルススパレーション中性子の利用でエネルギー範囲が広がったこともあり，研究が飛躍的に進展することが期待される．

7.2 3軸型分光装置

任意の逆格子点$\vec{Q}$を固定して励起スペクトルのエネルギー解析を測定する場

7.2 3軸型分光装置

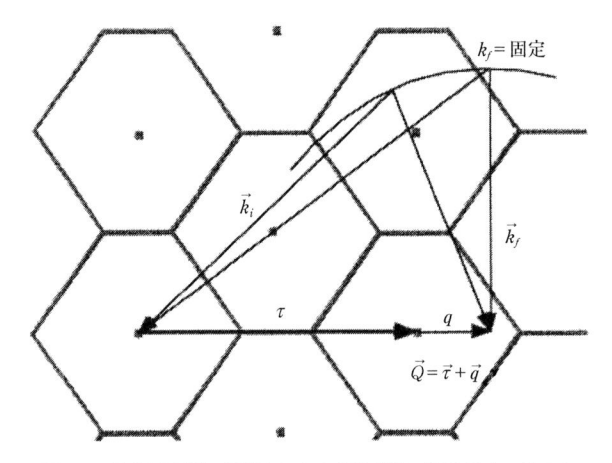

図7.7 逆格子空間に展開された3軸分光器の散乱ダイアグラム

合，TOF法の原理図である図7.3または図7.4で明らかなようにエネルギーと運動量の保存則をみたしたエネルギー解析は複雑なプロセスが必要になる．つまり，$\vec{k}_i$または$\vec{k}_f$のどちらかを固定してエネルギー遷移の変化分をTOF時間で解析しようとすると，散乱ダイアグラムの三角形（$\vec{k}_i - \vec{k}_f = \vec{Q}$）も変化してしまうので異なる逆格子点上をスキャンすることになる．もし逆格子点$\vec{Q}$を固定させたまま，散乱のエネルギー遷移を変えた測定条件みたした$\vec{k}_i$か$\vec{k}_f$をエネルギー差（$\hbar\omega$）に合わせて変化させると（図7.7の場合には$\vec{k}_i$を変化させる），固定した散乱ベクトル$\vec{Q}$を含む散乱三角形は散乱角度と結晶の角度を同時に変化させる条件でのみ満足される．$\vec{Q}$固定のスキャン（constant Q scan）は実験値の散乱強度を直接微分散乱断面積（$d^2\sigma/d\Omega d\omega)|_{\vec{Q}}$）に変換できることや，フォノン励起などの集団運動による励起の分散関係の決定に最適のスキャンが可能な大きな利点をもつ．

定常炉に設置された代表的な非弾性散乱装置である3軸型（結晶）分光装置がこのような測定を可能にする（図7.8）．この原理を考案し，最初に格子振動（フォノン）の非弾性中性子散乱を行ったのはBrockhouse博士で，彼はこの功績によって1994年に中性子磁気散乱のパイオニアであるshull博士とともにノーベル物理学賞を受賞した．

3軸は可動する3つの軸（モノクロメーターから試料までの軸，試料からアナライザーまでの軸，アナライザーから検出器までの軸）が各々モノクロメーター

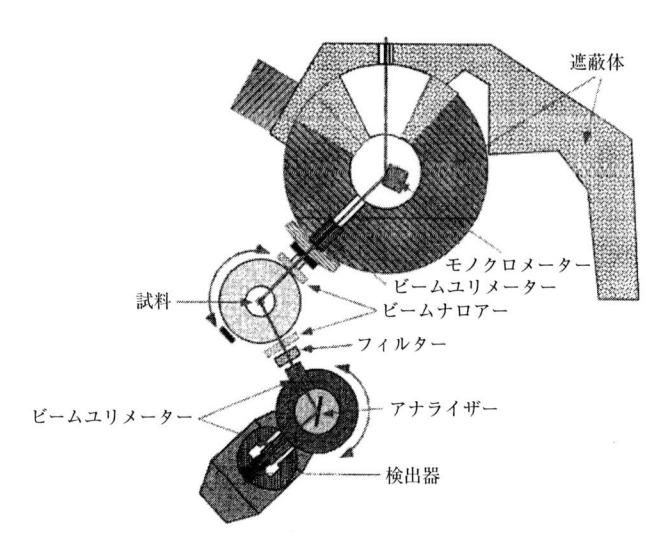

図7.8 3軸型（結晶）分光装置の模式図

中心，試料中心，アナライザー中心の周りに独立に回転する．モノクロメーターやアナライザー，検出器は各々重い中性子遮蔽体で囲まれている．これらが高い精度で，しかも軸の長さを変える機構を備えて動かさなければならない．

このような条件をみたすために，可動時にジェット空気を床に吹き付けてホーバークラフトのように浮上させるのが現代の3軸装置で，それぞれの回転角は計算した散乱ダイアグラムをみたすように精確に移動するように設計されている．

入射および散乱後の$\vec{k}_i$と$\vec{k}_f$はモノクロメーターおよびアナライザー単結晶のブラッグ反射を用いて弁別されるのが普通である．反射強度の強い大型 Cu やパイロリチックグラファイト（PG）結晶（結晶のc軸方向の揃った面の積層）が使用できるようになり，実質的に入射中性子強度が向上し分解能制御ができるようになって3軸分光法が画期的に進歩した．原子炉などから運ばれる定常白色中性子を有限のバンド幅を許して単色化するために，一般には 0.4～0.6° の単結晶モザイク分布幅をもつ結晶が使用される．バンド幅は

$$\frac{\Delta\lambda}{\lambda} = \Delta\theta \cot\theta_0 + \frac{\Delta d}{d} \tag{7.6}$$

で記述できる．$\Delta\theta, \theta_0, \Delta d, d$ は各々単結晶のモザイク幅，ブラッグ反射角度，格子定数の分布，格子状数を表す．一般に格子定数の分布（Δd）は 10^{-4} の程度で

あるので，バンド幅はモザイク幅を含む第1項によりほぼ決まる．しかし $\cot\theta_0$ は θ_0 が $90°$ になるとゼロになるので，この後方散乱の条件下ではバンド幅は第2項のみにより決まり，桁違いによいエネルギー分解能が得られることが明らかである（この条件を利用した後方散乱装置については後で述べる）．

入射ビームや散乱ビームの広がりを制御するソーラコリメーター（スリット）を使って後で述べる分解能を制御することによって測定条件を最適化する方法が開発された．これが完成された3軸分光法である．通常散乱面を水平にとる配置で，単結晶のブラッグ散乱を利用するモノクロメーターとアナライザーは垂直方向にビームを集束するように反射面を曲げ，水平方向の分解能に大きな影響を与えること無くビーム強度を増強させる工夫が凝らされている．これらの結晶モノクロメーターなどは一般には希望の λ と同時に高次反射からの $\lambda/2$, $\lambda/3$ の波長を混入し，偽のピーク等の測定の妨げとなる効果を生む．このような高次の波長の混入は適当なフィルターにより駆除することができる．熱中性子波長領域では前記の PG の c 軸に平行に中性子ビームを通すと $\lambda = 2.44$ Å のところで中性子を通し（透過率~75%），$\lambda/2$ 成分の透過は1%以下となり結果的にフィルターとして働く．冷中性子波長領域では液体窒素温度以下に冷却された Be 多結晶が4Å以下の波長の中性子を除去して，この波長に対応するエネルギー以下のエネルギーをもつ中性子の高次波長を完全に抑制する．またはシリコンやゲルマニウムの結晶構造に由来する奇数 hkl のみに存在するブラッグ反射を利用することにより $\lambda/2$ の混入を防ぐこともできる．最近では速度弁別装置をモノクロメーター直後やアナライザー直前に取り付けて $\lambda/2$ や $\lambda/3$ を取り除いている．

また，中性子源からのビームは中性子導管を通して線源を直視しないようにすると高エネルギー側のビームがモノクロメーターに入らないので高次波長の混入が避けられる．続いて3軸中性子分光法測定に必要不可欠な分解能関数を取り上げる．

7.3 3軸分光器分解能関数

次節以降で説明する集団励起（格子振動，スピン波モードなど）の分散曲線の決定には $(\vec{Q}\omega)$ 空間での高度な分解能が要求されるが，試料から散乱される中性子ビームの強度は決して強くないので，強度と分解能の最適化が不可欠である．

とくに3軸分光器を用いた非弾性中性子散乱実験の最適化には3軸分光装置分解能関数（以下分解能関数）の概念を理解しなければならない．観測された散乱強度は真の微分散乱断面積が装置の分解能関数で畳み込んだ（convoluted）値であるし，実験対象の励起モードであれば狙った $(\vec{Q}, E)$ に分解能が取り込む周りのシグナルもみてしまうことになる．したがってシャープなシグナルを取り出すためには，分光装置の分解能関数が目的とする散乱関数をみるための測定条件を探すことが重要である．

目標に定めた散乱波数ベクトル $\vec{Q}_0$ とエネルギー遷移 ω_0 の測定設定点の散乱中性子強度は $(\vec{Q}_0, \omega_0)$ 点があたかも周りの散乱を取り込んだ有限の広がりをもった値になる．これを分解能体積と定義し，入射中性子ビームや装置の各成分（モノクロメーター，アナライザーモザイク，ビームコリメーター）の広がりが与える分布がガウス関数で近似される．Cooper と Nathans はこれを解析的に表現し，ガウス関数のノルムが $(\Delta \vec{Q}, \Delta \varepsilon)$ の4次元行列で書けることを示した．

観測点での非弾性散乱強度 $I(\vec{Q}, \omega_0)$ は

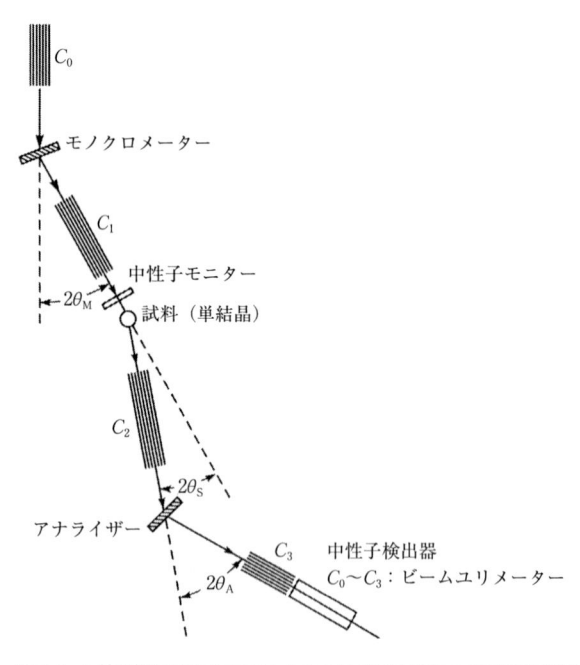

図 7.9 3軸分解能関数を理解するために必要な装置の幾何学的配置

7.3 3軸分光器分解能関数

$$I_d(\vec{Q}_0, \omega_0) = \phi(\vec{k}_i) \int d\omega d\vec{Q} R(\vec{Q} - \vec{Q}_0, \omega - \omega_0) S(\vec{Q}, \omega) \tag{7.7}$$

上式の $\phi(\vec{k}_i)$, $S(\vec{Q}, \varepsilon)$ は各々試料に入射する中性子束 $k_i \phi(k_i)$ および散乱関数を定義する。微分散乱断面積 $(d^2\sigma/d\Omega dE_f)$ と散乱関数とは次式で結ばれる。

$$\frac{d^2\sigma}{d\Omega dE_f} = \frac{k_f}{k_i} S(\vec{Q}, \omega) \tag{7.8}$$

上式の $R(\vec{Q} - \vec{Q}_0, \omega - \omega_0)$ が分解能関数で，次のような過程から解析的に定義される。図7.7の逆格子空間での中性子ビーム経路に従って次のような変換を行う。検出器の立体角 $d\Omega$ は $\vec{k}_f$ を $k_z // \vec{k}_f$, $k_{x,y} \perp \vec{k}_f$ ととると，

$$d\Omega = \frac{dk_x dk_y}{k_f^2}, \qquad dE_f = \frac{\hbar^2}{m} k_f dk_f \tag{7.9a}$$

$$\frac{d^3\sigma}{dk_f^3} = \frac{\hbar^2}{m} \cdot \frac{1}{k_f} \cdot \frac{d^2\sigma}{d\Omega dE_f} = \frac{\hbar^2}{m} \cdot \frac{1}{k_f} S(\vec{Q}, \omega) \tag{7.9b}$$

$$I_d(\vec{k}_i, \vec{k}_f) = \int d\vec{k}_i d\vec{k}_f I_i(\vec{k}_i) p_i(\vec{k}_i - \vec{\bar{k}}_i) \frac{d^3\sigma}{dk_f^3} p_f(\vec{k}_f - \vec{\bar{k}}_f) \tag{7.9c}$$

ここで $I_i(\vec{k}_i)$, $p_i(\vec{k}_i - \vec{\bar{k}}_i)$, $p_f(\vec{k}_f - \vec{\bar{k}}_f)$ は各々モノクロメーターに当たる前の中性子束，モノクロメーターアナライザーの散乱確率を示す。

この関係を用いて上式を書き換えると，

$$R(\vec{Q}, \omega) = \frac{\hbar^2}{m} \int d\vec{k}_i d\vec{k}_f p_i(k_i) p_f(k_f) \delta(\vec{Q} - \vec{k}_f + \vec{k}_i) \delta\left(\omega - \frac{\hbar^2}{2m}(k_i^2 - k_f^2)\right)$$

ここでモノクロメーターとアナライザーの透過分布関数 $p_{i(f)}(\vec{k}_{i(f)})$ を導入した。

通常試料に入る中性子ビーム強度がモニターカウンターで計測されるがそのビーム束を $I_m(\vec{\bar{k}}_i)$ とすると，モニター効率が $1/k_i$ と近似できるので，入射中性子束とは $I_m(\vec{\bar{k}}_i) = \phi(\vec{k}_i V_i)$ の関係をみたすことになる。ただし $V_i = \int d\vec{k}_i p_i(\vec{k}_i - \vec{\bar{k}}_i)$ 実験ではモニターの計測量で規格化することになるので，求める非弾性強度は結局以下のように書ける。

$$I(\vec{Q}_0, \omega_0) = \frac{I_d}{I_m} = \int d\omega d\vec{Q} R(\vec{Q} - \vec{Q}_0, \omega - \omega_0) V_i^{-1} S(\vec{Q}, \omega) \tag{7.10}$$

繰り返しになるが，$\vec{Q}_0, \omega_0 = E_I - E_f(\varepsilon_i - \varepsilon_f)$ 点などの観測値は散乱関数 $S(\vec{Q}, \omega)$ を4次元的に分解能関数で畳み込んだ値である。

Cooper と Nathans によって得られた分解能関数は4次元のガウス分布関数である。

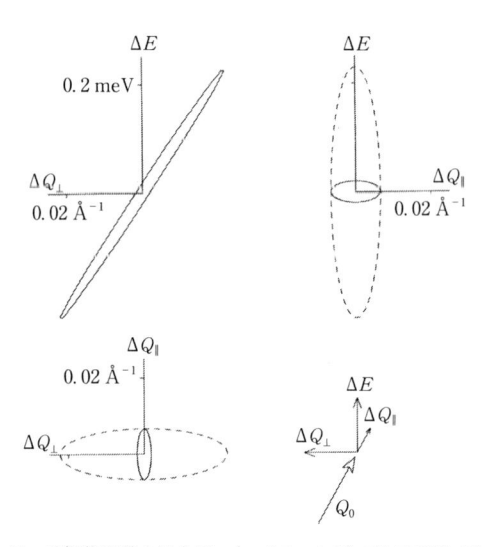

図7.10 分解能関数の概念図. $(\omega, \Delta Q_\perp, \Delta Q_\parallel)$ 4次元空間で強度が最大値の e^{-1} を与えるパラメーターを結ぶ回転楕円体の図

$$R(\vec{Q}-\vec{Q}_0, \omega-\omega_0) = R_0 e^{-\frac{1}{2}\Delta\Theta \check{M} \Delta\Theta} \tag{7.11a}$$

$$\Delta\Theta \approx \left(\frac{m}{\hbar Q_0}(\omega-\omega_0), Q_\parallel - Q_0, Q_1, Q_2\right), \quad \check{M}: 4\times4 \text{ 行列} \tag{7.11b}$$

上式から行列要素を直交化して各成分ごとに分布関数の半値幅(正確にはガウス分布の $2\sqrt{2\ln 2}$ 倍)を結ぶと4次元楕円体として表現できる. 3次元化して図示すると図7.10が得られる.

この図は現在ではインターネット上で, 上に書いたような分解能関数を決める3軸分光装置のパラメーターを挿入すると描いてくれるサイトが存在する. したがってここでは得られた分解能楕円体から測定に必要な装置分解能をどのように読み取るかを概説する. この図から楕円体は3次元空間 $(\omega, \Delta Q_0, Q_\perp)$ で $(\omega, \Delta Q_0)$ 面に長い, しかも勾配をもった形をしていて, 平たい葉巻タバコ状なので resolution cigar ともよばれる. モノクロメーターのモザイクの広がりによって $\vec{Q}_\perp$ 方向により広がる(分解能関数楕円長軸が長くなる). これはモノクロメーターの結晶面からの反射を考えると直感的に理解できる. すなわち, 平均的な(peak center)反射角よりも浅い方向に反射されるビームは平均の $\vec{k}$ よりも大きく, 逆に大きな角度で反射されるビームは小さな運動量をもつ. 楕円の長軸の勾配は $\Delta\omega/\Delta k_i \propto k_i$ という関係をみたすように決まる. アナライザーでの反射も同

7.3 3軸分光器分解能関数

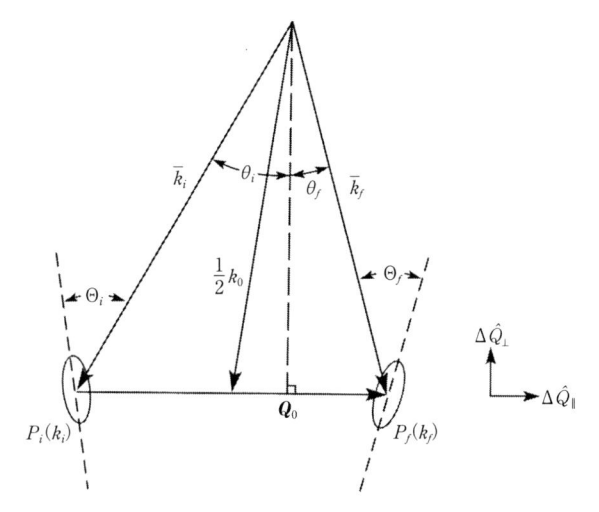

図 7.11 モノクロメーター，アナライザーが決める分解能回転楕円体の長軸の概念図

じように理解できるので，散乱逆格子上に $p_{i(f)}(k_{i(f)})$ がつくる分解能楕円を描くことができる．

最終的に，分解能関数の楕円はこの2つの長軸を包含した大楕円として描くことができる．$\vec{Q}_\perp$ が $\vec{Q}_0$ に比べて長いのは，モザイクの広がりによるもので，モノクロメーター（アナライザー）結晶の格子面の広がり Δd が小さいためである．このような異方的な分解能関数の広がりが結果として平たい葉巻状の分解能楕円体を与えることが直感的に理解でき，この性質を利用すると次節に述べるフォーカシング効果（focusing effect）という概念による精度の高い3軸を使った非弾性散乱実験が可能となる（図 7.12，次頁参照）．

全体の典型的な入射ビーム発散角は $0.5\sim 2°$ 程度に設定されているので，波数分解能は通常 $\Delta Q/Q \sim 10^{-2}$ 程度になる．エネルギー分解能 $\Delta E/E$ はモノクロメーターやアナライザーに大きく依存するが $5\sim 10\%$ 程度と考えてよい．

以下に典型的な冷中性子および熱中性子3軸分光器の性能を記述しておく．

3軸分光器	冷中性子	熱中性子
モノクロメーター／アナライザー結晶	PG(002)	PG(002)
$k_i(\text{Å}^{-1})$	$1\sim 1.55$	$2.66\sim 6$

$Q_{\max}(\text{Å}^{-1})$	2	6
$\Delta Q(\text{Å}^{-1})$	0.001	0.01
$E(\text{meV})$	2〜5	14〜60
$\Delta E(\text{meV})$	0.03〜0.1	1〜4

フォーカシング（focusing）効果

　上の節に描いたエネルギー・運動量空間で描かれる分解能楕円体とシャープな分散曲線がつくるエネルギー・運動量曲面とのマッチングをフォーカシング効果と位置づける．図 7.12 に描かれたように分解能楕円体が集団励起のエネルギー・運動量曲面に交わると運動量 $\vec{Q}$ を止めてエネルギー $E_i-E_f=\varepsilon$ を変える Q 一定スキャン（constant Q scan）や，ε を固定したまま $\vec{Q}$ を連続して変化させる ε 一定スキャン（constant ε scan）で幅の小さいシャープなピークのシグナルが観測できる．このようなフォーカシングの概念をもとにして，予想される集団励起の分散曲線（実際には曲面）に定量的にマッチングを得るためのモノクロメーター，アナライザーの選定（入射波数 $\vec{k_i}$，散乱は数 $\vec{k_f}$），試料の結晶の方位と散

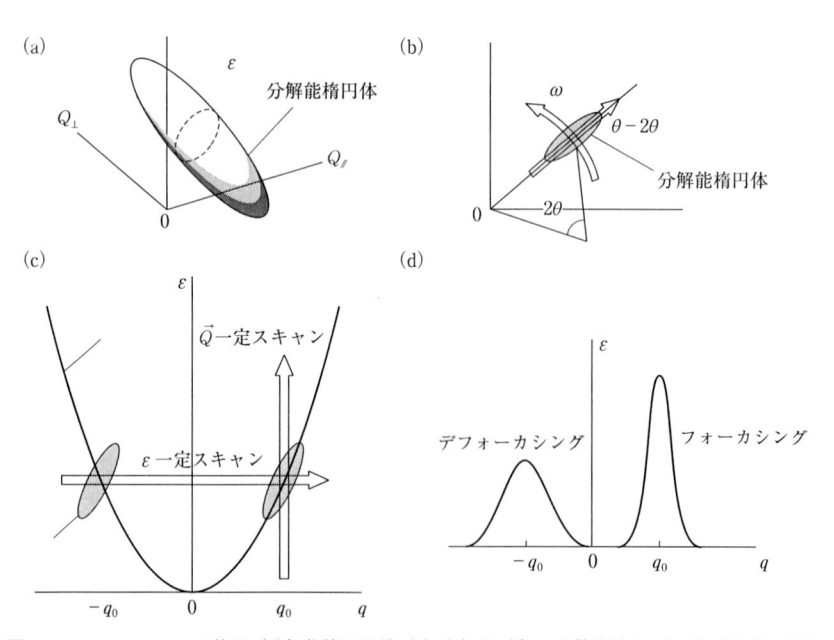

図 7.12　フォーカシング効果（分解能楕円関数 (a), (b) と励起の分散曲線との相対関係 (c), (d)）

乱モーメンタム（$\vec{Q} = \vec{G} + \vec{q}$）を決めることを予め準備しておいて測定を始める．

このマッチングを理想的に決めることができれば，エネルギーや運動量の広がりが分解能楕円体の短軸の幅程度に抑えられて精度の高い非弾性スペクトルが得られることになる．ただし，いつも理想的なフォーカシングが得られるとは限らない．とくに $\vec{k}_i$ と $\vec{k}_f$ の組み合わせを決めても，分解能楕円体の長軸の向きが ΔE を動きにつれて変化することも考慮する必要があるし，スペクトロメーターの4軸の角度の設定を変えると大きく変わる．前述のように3軸分解能関数，とくに分解能楕円体を求めるプログラムを使うことを薦める．

7.4 後方散乱装置

上記の分解能関数の説明から明らかなように，強度は分解能関数のノルムに比例するので分解能を上げると検出強度は下がる．そこで強度をできるだけ犠牲にしないでエネルギー分解能を極端に上げるためには，モノクロメーターかアナライザー単結晶分解能をマッチさせて中性子分光を行う方法の開発が行われてき

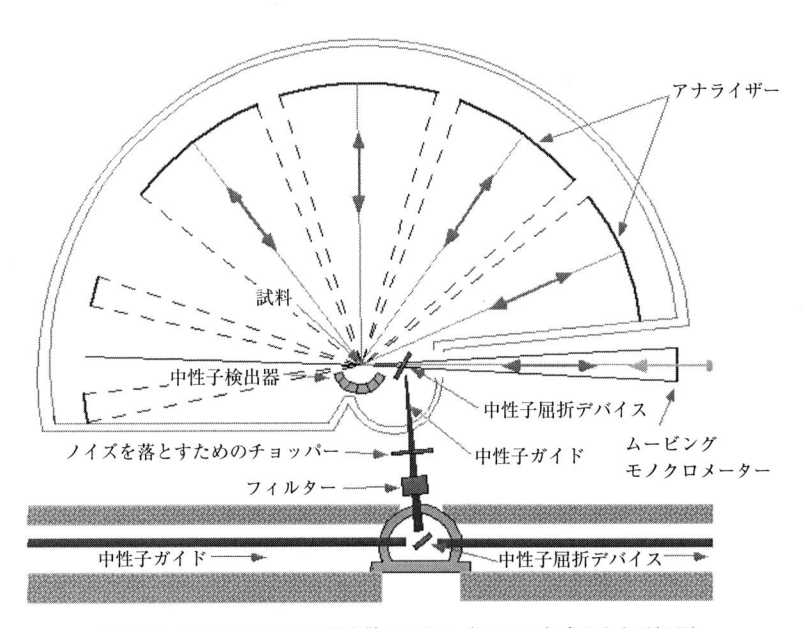

図7.13 ILLに設置された後方散乱分光器（JAEA：加倉井和久氏提供）

た．たとえばパルス中性子源と反射角2Θがほとんど180°になるような逆転配置のTOF分光器などの中性子分光器が開発されてきた．その1つの典型的な例がここで取り上げる後方散乱装置である．前節で説明したように，単結晶のブラッグ反射を用いて中性子のエネルギーを選別した散乱をとると，エネルギー分解能を決定するバンド幅は結晶のモザイクにより支配される項とcotΘとの積で決まるがΘ＝90°でこの値がゼロに近づき，格子定数の分布のみにより支配される．シリコン単結晶のような欠陥の少ない結晶を用いると，バンド幅が極端に狭くなり，10^{-3}のエネルギー分解能は容易に実現できる．しかし散乱強度を上げるためには，Q分解能を下げて結果的に分解能関数の体積を稼ぐ必要がある．図7.13にILL研究所に設置してあるIN16とよばれる後方散乱装置の平面断面概念図を示す．モノクロメーターおよびアナライザーの反射角度2Θは180°で，Si(111)の反射が用いられ，高分解モードでは2.08 meVの入射エネルギーに対して0.4 μeVのエネルギー分解能が得られる．エネルギー遷移の範囲は-15から+15 μeVで，入射中性子のエネルギーの変化はモノクロメーターを入射方向に平行に前後振動させることにより得られるドップラー効果を用いる．非常に広い立体角をカバーするアナライザーから反射される中性子は試料の後方にある検出器により検出される．この分光器はたとえばQ分解能を必要としない分子結晶のトンネル回転による低エネルギー励起の測定等に使用されることが多い．

7.5 偏極度解析分光装置

偏極中性子，非偏極中性子の偏極方法，偏極中性子散乱のフォーマリズムや基本的な偏極中性子散乱の知識を基礎編で説明した．また前節ではそれらを活用した実際の偏極中性子散乱装置と磁性体のブラッグ回折実験から求められた磁気形状因子を求める実験を説明した．

ここでは散乱中性子の偏極度を解析する実験について概説し，より高度な3次元偏極度解析（polaritometry）にも立ち入ることにする．まずMoon, Koehler, Riste（MKR）が導いた偏極度解析の基本概念から始めよう．

基礎編の（3.33）式を再現すると，

$$\left.\frac{d^2\sigma}{d\Omega dE_f}\right|_{s,s'} = \frac{k_f}{k_i}\sum_{i,f}p(i)\left|\left\langle f\left|\sum_l e^{i\vec{Q}\cdot\vec{r}_l}U_l^{s,s'}\right|i\right\rangle\right|^2 \delta(\hbar\omega + E_i - E_f) \quad (7.12)$$

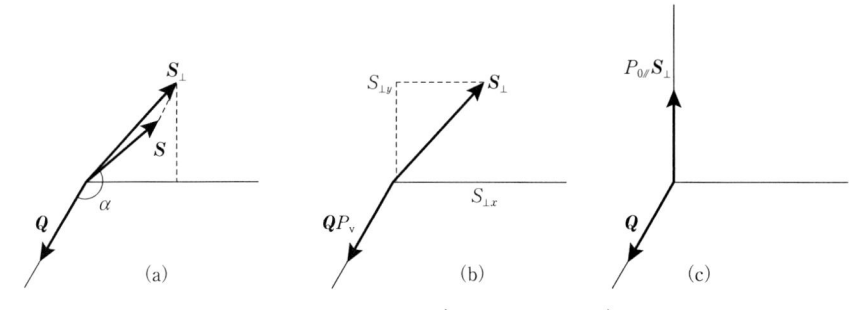

図 7.14 アクションベクトル $\vec{S}_\perp$ と散乱ベクトル $\vec{Q}$ との関係

ここで $U_l^{s,s'}$ は（3.32）式を書き換えたもので，散乱ポテンシャルの内容は，
$$U_l^{s,s'} = \langle s' | b_l - p_l \vec{S}_\perp \cdot \vec{s} + B_l \vec{I}_l \cdot \vec{s} | s \rangle \tag{7.13}$$
であり，原子核，磁気散乱を包含する．s, s' は各々偏極中性子の散乱前後のスピン状態を表す．その他の項は基礎編の式と同じである．MKR の定義を導くために，次のように空間座標を定義する．すなわち入射偏極中性子方向を ξ とし，それと直角方向を ς, η にとって $U^{s,s'}$ の行列要素を次のように書くことができる．

$$\begin{aligned}
U^{+,+} &= b - pS_{\perp\varsigma} + BI_\varsigma \\
U^{-,-} &= b + pS_{\perp\varsigma} - BI_\varsigma \\
U^{+,-} &= -p(S_{\perp\varsigma} + iS_{\perp\eta}) + B(I_\varsigma + iI_\eta) \\
U^{-,+} &= -p(S_{\perp\varsigma} - iS_{\perp\eta}) + B(I_\varsigma - iI_\eta)
\end{aligned} \tag{7.14}$$

上の式を使って偏極中性子を使った磁気散乱の有用性について考えてみる．そのために上の式で原子核スピン散乱からの寄与を無視する．原子磁気モーメント（$\vec{S}$）に対して磁気散乱アクションベクトル（$\vec{S}_\perp$）は図 7.14 のような関係になる．

そこで，今中性子偏極方向（$\vec{P}_0$）を制御して $\vec{P}_0 \equiv \varsigma /\!/ \vec{Q}$ または $\vec{P}_0 \equiv \varsigma \perp /\!/ \vec{S}_\perp \perp \vec{Q}$ にとると前者では磁気散乱は $U^\pm$ のみ残り中性子偏極が反転する（spin flip）チャンネルのみに検出される．後者の場合は $\vec{S} /\!/ \vec{P}_0$ であれば磁気散乱は U^{++} もしくは U^{--} のみに残り，いわゆる non spin flip チャンネルに検出される．このように中性子偏極を自在に制御できれば磁気散乱を他の散乱から選別できるし，あるいは複雑な磁気構造やスピンの揺らぎ成分の弁別が可能となる．

7.5.1 偏極解析

上に導いた基本的な概念を実現したのが MRK の偏極度解析で図 7.15 のよう

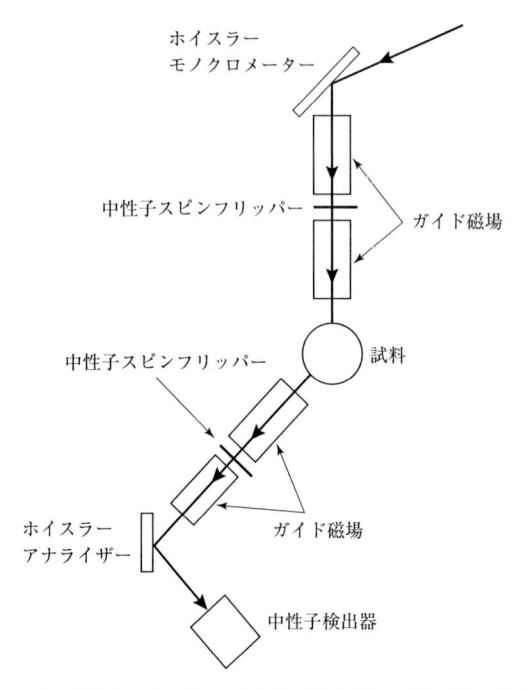

図 7.15 偏極中性子を用いて偏極度解析を行う 3 軸分光器の配置

な装置の配置を提案した．

　前節で紹介した 3 軸スペクトロメーターに中性子偏極を制御するガイド磁場，スピンフリッパーと 3 次元的に試料の磁化を制御する磁石（今はヘルムホルツコイルを使用するのが一般的である）を搭載し，もちろん中性子偏極モノクロメーターとアナライザーを装備する．MRK が示した偏極度解析の有用性の立証実験をここで再現してみよう．MRK は簡単な非干渉性散乱を取り上げた．

　図 7.15 ではモノクロメーターで散乱面に垂直（$\vec{P_0} \perp \vec{Q}$）に偏極したビームをガイド磁場で，スピンフリッパーで $\vec{P_0} /\!/ \vec{Q}$ ($\pi/2$) に制御して試料に送る．試料位置の磁場を散乱ベクトルに対して水平下にかけてアナライザーの前でふたたび偏極を垂直方向 ($\pi/2$) にして偏極度を解析する．MRK は 3 つのケースを証明した．1 つは Ni の大きな非干渉性散乱振幅の原因であるランダムなアイソトープによる散乱で，上式から明らかなようにこれは non flip チャンネルのみに散乱がある．次の例は大きな非干渉散乱を与える V の核スピン（非整列）からの散乱で，

これは磁気散乱の成分が無いことが偏極方向によらずに spin flip チャンネルの散乱の強度が non spin flip チャンネルの 2 倍の強度を与える．最後の例は MnF_2 からの常磁性散乱で中性子偏極が散乱ベクトルに平行の場合は spin flip チャンネルにのみ磁気散乱があり，偏極が垂直の場合は各々のチャンネルに等確率の磁気散乱強度（$U^{\pm}$ と $U^{\pm\pm}$ が 1：1 で）が検出され，しかもその強度比が 3：2 となる．この常磁性散乱への応用として次のような重要な実験例がある．

通常非干渉常磁性散乱を他の非干渉性散乱より分離して測ることは容易ではないが，図 7.15 のような偏極解析可能な分光器は配置によって，試料位置に中性子偏極を縦方向（VF）$\vec{P}_0 \perp \vec{Q}$ と横方向（HF）$\vec{P}_0 /\!/ \vec{Q}$ に交互にかけるソレノイドを置く．VF と HF に対して図 7.15 の 2 つのフリッパーのうち，一方（通常は試料の後）を反転させる機構を付けてフリッパーを働かせたときの偏極散乱（ON）と働かせないときの散乱（OFF）の 4 つの場合のセットの散乱を観測することができる．

	ON	OFF
HF	$Mag + \frac{2}{3} NuclSI + background$	$\frac{1}{3} NuclSI + Nucl + background$
VF	$\frac{1}{2} Mag + \frac{2}{3} NuclSI + background$	$\frac{1}{2} Mag + \frac{1}{3} NuclSI + Nucl + background$

ここで，Mag は磁気散乱の成分，NuclSI は原子核スピンの非干渉性散乱成分，Nucl は原子核散乱（フォノン等）の成分である．フリッパー ON や OFF のケースで VF-HF の中性子偏極の方向を変えた実験の差をとるとともに磁気散乱すなわち目的とする常磁性散乱の成分を実験的に取り出すことができる（図 7.16）．

常磁性散乱の測定を非偏極中性子で測ろうとすると，それ以外の非干渉性散乱や核散乱からの成分の方が強い場合が多く，常磁性散乱のみを取り出すのはやさしくない．偏極中性子を用いてここに書かれた方法を用いると直接常磁性成分だけを選別して取り出せる．

金属強磁性，とくに転移温度（キュリー温度 T_C）が高い Fe や Ni の強磁性出現機構の解明は固体物理の重要な課題の一つである．この課題にスピン揺らぎの中性子散乱による観測は謎解きをする実験手段である．T_C より高い温度でのスピン揺らぎ（常磁性散乱）の偏極度解析による非弾性散乱実験を例として取り上げる．

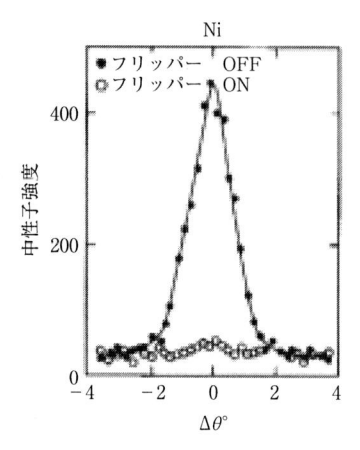

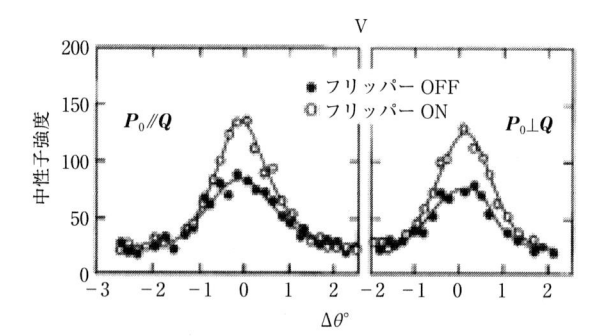

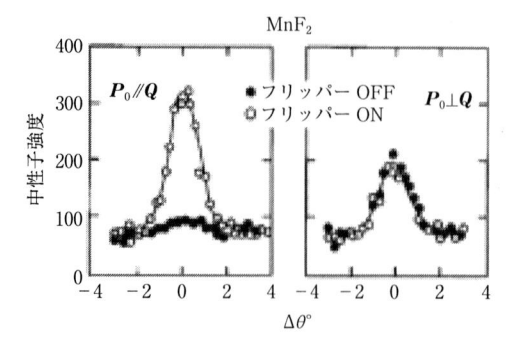

図 7.16 偏極解析測定の典型例(Moon, Riste and Koehler (1969))

7.5 偏極度解析分光装置

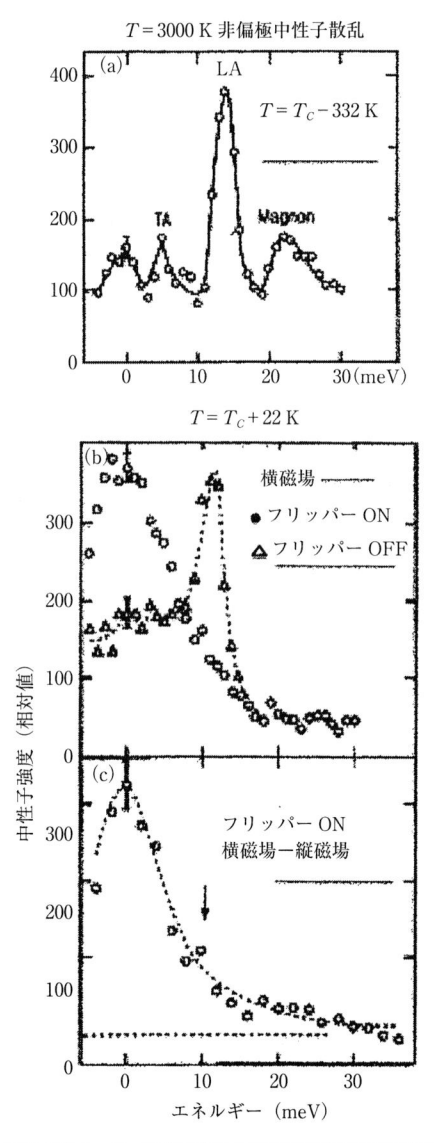

$T = 3000$ K 非偏極中性子散乱

(a) LA, $T = T_C - 332$ K, TA, Magnon

(b) $T = T_C + 22$ K
横磁場
● フリッパー ON
△ フリッパー OFF

(c) フリッパー ON
横磁場—縦磁場

中性子強度（相対値）
エネルギー（meV）

図 7.17(a)　Fe の磁気散乱の偏極度解析の実験結果
(Wicksted, Boni and Shirane (1984))

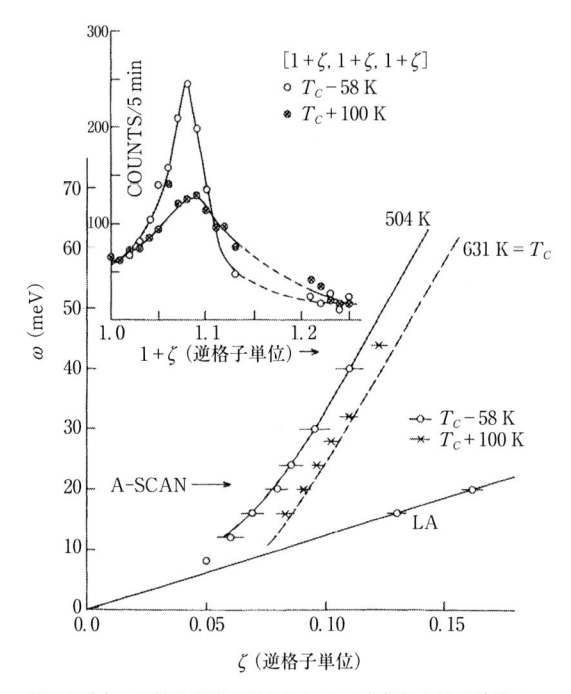

図 7.17(b)　3軸分光器で測られた N_i の非偏極中性子散乱のエネルギー一定（$\Delta E = 20$ meV）の Q スキャンのスペクトルを A-SCAN のピーク値（Q）を示すデータ（Wicksted, Boni and Shirane (1984)）

　Fe（$T_C = 1044$ K）は最もよく調べられている強磁性金属である．さて，T_C 以下の強磁性状態でのスピン揺らぎの最低状態はスピン波で記述できることはよくく知られているが，T_C を超えた常磁性状態ではどのような揺らぎか大きな論争が絶えなかった時代がある．図 7.17(a) の最上図に示したように T_C 以下ではスピン波励起がみられる．スピン波散乱はシャープな共鳴散乱で非偏極中性子でも容易に確認できる．しかし T_C 以上の高温ではもはやスピン波は消えてしまいその代わりにエネルギー幅の広い磁気散乱が観測される．この揺らぎはピークは $\omega = 0$ にあって，$\vec{Q}$ の大きさによって散乱のエネルギー幅が異なる特徴をもつ非干渉性散乱として捉えられる．このような磁気散乱のシグナルを引き出すには上に述べた偏極中性子の利用が必須であり，この例では上の式の中性子スピンフリッパーを働かせた状態（ON）で HF-VF を求めると直接磁気散乱項を他の散乱か

ら識別される（図 7.17(a) の最下図）．この方法により大きな原子核の非干渉性散乱成分を実験的に取り除くことができる．定量的な解析により Fe の高温でのスピン揺動が次のように表されることがわかったのは非常に大きな進歩であった．

Fe の常磁性磁気散乱は $\omega = 0$ にシグナルのピークをもつローレンツ関数で表される．

$$S(q, \omega) \propto S_o F(q, \omega) = S_0 \left(\frac{\Gamma}{\Gamma^2 + \omega^2} \right)^{\varepsilon(\omega)} \tag{7.15}$$

$$\Gamma = Aq^\delta$$

この常磁性相の散乱スペクトルをエネルギー一定で Q スキャンをすると図 7.17(b) のように，T_C 以下のスピン波励起とほとんど同じ Q 位置にピークが表れる．エネルギー一定のスキャンのピーク位置をなぞってしまうとあたかもスピン波まがいの誤った結果を出してしまう（7.3.1 項「フォーカシング効果」参照）．

(7.15) 式はよく知られた局在スピン系に適用されるハイゼンベルグモデルで求められる緩和関数である．単純に $\varepsilon(\omega) \sim 1$, $\delta = 2.5$ が実験結果を最適に合わせることができるパラメーターであることも判明した．最近の研究では Fe に限らず多くの強磁性体で T_C 以上のスピン揺らぎは共通に上の関係式が成り立つ．しかもパラメーター A はスピン波の「固さ係数」や分子場近似で求められる T_C と相関をもつこともわかってきた．

7.5.2　3 次元偏極度解析（CRYOPAD Neutron Polarimetry）

上に紹介した偏極中性子散乱装置における偏極中性子解析は入射中性子の偏極方向（すなわちガイド磁場方向）に対する偏極度の変化を測定する．しかし核散乱と磁気散乱が寄与する散乱過程の基本式に書いたように散乱中性子ビームの偏極度は 3 次元の偏極度ベクトル $\vec{P}$ で表されるから，偏極度ベクトル $\vec{P}'$ を測定するために考案されたのが 3 次元偏極解析装置で，この装置を使えばベクトル成分をすべて解析できる．装置の原理は入射中性子の偏極度ベクトル $\vec{P}$ を任意の方向に制御し，無磁場中の空間にセットした試料に $\vec{P}$ を入射して，散乱中性子の偏極度ベクトル $\vec{P}'$ を，入射する偏極度ベクトルを制御して解析する．装置の模式図とこの装置の中での偏極のアクションを図 7.18 に示す．

詳しく説明すると，入射される偏極中性子はニューティター（Nutator）とよ

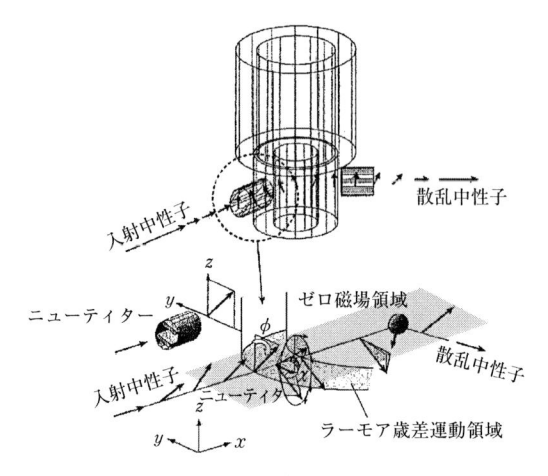

図 7.18 クライオパッド装置原理図と偏極中性子アクション

ばれる入射方向を軸として回転するガイド磁場により，入射方向に垂直な面内で任意なΦ方向に回転する．次に歳差運動磁場内で入射方向に垂直な方向にかけられる磁場でその磁場に垂直方向の面内（入射方向を含む）で磁場強度に比例する歳差回転（χ）を行う．この2つの角度により任意な3次元の方向に制御された偏極中性子はゼロ磁場試料領域にある試料により散乱される．このニューティター，歳差磁場およびゼロ磁場試料領域が互いに干渉しないよう磁気的に遮蔽されるのが重要な点である．クライオパッド（CRYOPAD）は「磁気的遮蔽」を T_C（超伝導転移温度）以下に冷却した Nb 超伝導体のマイスナー効果を利用して実現する（Cryogenic Polarization Analysis Device（CRYOPAD）の命名は極低温に冷却されることから命名された）．散乱後の中性子偏極ベクトルは同じく出射用歳差磁場およびニューティターで解析される．

複雑な磁気構造解析の一例としてフラストレート磁性体の磁気秩序状態の3次元偏極解析例を示す．$CdCr_2O_4$ はスピネル構造をもち，Cr^{3+} が4面体単位格子の「角」を共有する4面体ネットワークを形成している．そのために反強磁性相互作用するスピンは互いに不安定なフラストレーションを起こす．現在このようなスピン系（frustrated spin system）が注目を集める研究対象になっている．$CdCr_2O_4$ のキュリー–ワイス温度は 88 K であるが，フラストレーション効果でこの温度よりかなり低温でも常磁性状態を保っている．しかしさらに低温に冷却すると，$T_N = T_{st} = 7.8$ K 以下で結晶歪みを伴って，c 軸方向に格子が延び，同時に

7.5 偏極度解析分光装置

$Q_M = (0, \delta, 1)$, $\delta \sim 0.09$ の c 軸方向に垂直な波数ベクトルで特徴づけられる格子非整合の磁気秩序が出現することが知られている．立方晶の相では複数個の磁気ドメインが存在する．各々の磁気ドメインに対応する磁気ブラッグ反射が観測されて複雑な回折パターンが得られるが，各散乱ピークの偏極度 $\vec{P}'$ を精密に測定して解析することにより，磁気構造を解くモデルが立てられる．図7.19は3次元偏極度とモデルによる解析結果を各ピークについて示してある．実験は入射偏極度方向を x, y, z (x は散乱ベクトル方向，面内で垂直な方向を y，散乱面に垂直方向を z と定義) 方向に回転させ，各々の散乱偏極度を測定した結果で，全9つの偏極度が図に示されている．

磁気散乱だけを取り出した偏極度は以下のように記述できる．

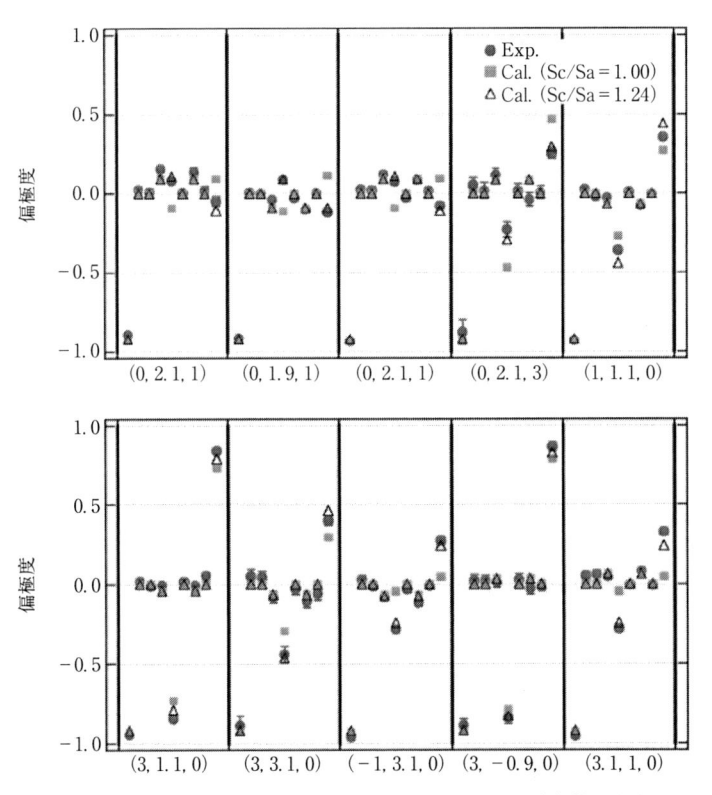

図7.19 フラストレート系磁性体 $CdCr_2O_4$ の3次元偏極度解析の結果 (JAEA：加倉井和久氏提供)

$$\vec{P}_f = \frac{2[(\vec{P}_i \cdot \vec{A})\vec{A} + (\vec{P}_i \cdot \vec{B})\vec{B}] - (A^2 + B^2)\vec{P}_i + 2(\vec{A} \times \vec{B})}{A^2 + B^2 - 2\vec{P}_i \cdot (\vec{A} \times \vec{B})} \qquad (7.16)$$

この式中で $\vec{P}_{i,f}$ は入射,散乱中性子の偏極ベクトルであることを示す.$\vec{P}_{i,f}$ は入射偏極度方向を i 方向,散乱偏極方向を f 方向に設定した場合である.ここで A および B は以下のような磁気構造因子 $M(\vec{Q})$ の実数と虚数項を指す.

$$M(\vec{Q}) = \sum_j \langle \vec{S}_{j\perp} \rangle e^{i\vec{Q}\cdot\vec{r}_j} \equiv \vec{A} + i\vec{B} \qquad (7.17)$$

この $CdCr_2O_4$ の例では b 軸方向に化学単位格子の約 11 倍の周期をもつ長周期スパイラル構造であるので

$$A = \sum_{j=1}^{11} \langle S_{j\perp} \rangle \cos\left(\frac{2\pi jk}{11}\right)$$

$$B = \sum_{j=1}^{11} \langle S_{j\perp} \rangle \sin\left(\frac{2\pi jk}{11}\right) \qquad (7.18)$$

と記述できる.ただしここで $\langle S_{j\perp} \rangle$ は散乱ベクトル Q に垂直な面に投影したスピン成分である.

9つの偏極度の実験結果が図中の丸印で示してある.この結果から明らかになったことは,$P_{x,x}$ はすべてのブラッグ反射点で装置の偏極度の値 −0.92 となり磁気反射によるもので,ちなみに核散乱の場合には正の値になるはずである.散乱ベクトルが非整合磁気秩序波数に平行に近い場合 $P_{y,y} \approx P_{z,z} \approx 0$ となるが,散乱ベクトルが非整合磁気秩序波数に垂直に近い場合 $P_{y,y} \approx -0.9, P_{z,z} \approx 0.9$ となり,この磁気秩序がスパイラル構造をもち,スパイラル面が非整合磁気秩序波数に垂直（ac 面）であることがわかる.$P_{y,x}$ および $P_{z,x}$ が明らかに有限の値をとることからカイラルドメインが存在し,そのドメイン比が 1:1 からずれていることを明らかにしている.円形スパイラル秩序から予想される偏極度が四角のシンボルで表示されているが,定量的には実験値と異なっているのに対して,楕円スパイラルを仮定したときの計算結果を示す三角のシンボルが実験結果と定量的に合う.この解析結果から c 軸方向の長軸モーメントと a 軸方向の短軸モーメントの比が 1.24 (1),上記のカイラリティドメイン比が約 1.2 であることなど詳細な磁気構造が明らかにされたのである.

やや複雑な説明になったが,3次元偏極解析実験がスピンカイラリティ,楕円スパイラル等の複雑な磁気秩序の詳細が検証できる例として取り上げた.近年,精力的に研究されているフラストレートスピン系が示す複雑な磁気基底状態の磁

気構造決定手段としてこの方法は大きな役割をしている．同じ解析を非弾性の磁気相関または磁気-格子相関散乱に応用するとスピン励起のモードを決定することができ，磁気相互作用やスピン統計，電子相関などの詳しい研究にこの方法が決定的な役割を果たすことができる．

7.6 中性子スピンエコー

偏極中性子の磁場中におけるスピン歳差を「時計」という自由度に使うことができる中性子スピンエコー法は，Mezei によって発明された画期的な中性子分光法である．つまり，散乱前後の中性子の速さの変化（＝エネルギー変化）を，中性子の歳差運動の回転数の差（＝偏極度の差）として評価することで，原理的には波長分散とエネルギー分解能が完全に分離されている．したがって，波長を揃える中性子の単色化を伴わなくてもエネルギー分解能を上げることができる．言い換えると，中性子強度の損失を最小限に抑えて高いエネルギー分解能を達成できる．この方法を用いて中性子非弾性散乱法としては最も小さなナノ電子ボルトのエネルギー分解能が達成できる．さらに，観測値が $S(Q, \omega)$ ではなく，動的相関関数 $G(r, t)$（r：距離，t：時間）の r 成分のみを散乱ベクトル Q でフーリエ変換した中間相関関数 $S(Q, t)$ として評価できることも大きな特徴である．

7.6.1 中性子スピンエコー法の原理

中性子スピンはスピンと垂直な磁場中でトルクを受け，ラーモア歳差運動を行う．この歳差運動の回転角 φ は，

$$\varphi = \gamma \int |B| dl / v_n \tag{7.19}$$

で与えられる．ここで，$\int |B| dl$ は中性子が通過した磁場中の経路の磁場積分を，v_n は中性子の速さをそれぞれ表す．γ は磁気角運動比とよばれる定数で，$\gamma_n = 1.913$，核磁子 μ_n，プランク定数 h を用い，

$$\gamma = \frac{4\pi \gamma_n \mu_n}{h} = 1.8324 \times 10^8 (\mathrm{T}^{-1}\mathrm{s}^{-1}) \tag{7.20}$$

となる．ここで，中性子散乱実験において試料入射側と散乱方向にそれぞれ絶対値は等しいが向きが 180° 異なる磁場をかける．試料より上流側の磁場を第一歳

差磁場,下流側の磁場を第二歳差磁場とすると試料と弾性散乱した中性子の速さは変わらないので,第一歳差磁場と第二磁場を通過した中性子の歳差運動の回転角 φ_1 と φ_2 とは $\varphi_1 = -\varphi_2$ の関係にあり,中性子スピンの向きは歳差運動による回転によって分散するが,第一歳差磁場と第二歳差磁場を通過後の中性子は元のスピン方向を回復する(エコーシグナルを得る).一方,試料と非弾性散乱した中性子は $\varphi_1 \neq -\varphi_2$ なので,第一歳差磁場入り口と第二歳差磁場出口での中性子のスピンの向きが一致しない.この不一致が,偏極中性子の偏極率の差として検出することによる中性子のエネルギー変化となる.第一歳差磁場および第二歳差磁場で印可する磁場積分の絶対値を J_1 および J_2 とし,散乱過程における中性子の速度変化を Δv_n とすると,偏極率 P は

$$P = \frac{1}{2}\left[1 + \cos\left(-\frac{\gamma J_1}{v_n} + \frac{\gamma J_2}{v_n + \Delta v_n}\right)\right] \tag{7.21}$$

となる.ここで,中性子の質量を m_n,その波長を λ_n とすると $v_n = h/(m_n \lambda_n)$,またエネルギー遷移に対応する中性子の角振動数 ω は $2/h \times m_n v_n v_n$ となる.さらにエコー条件 $J_1 = J_2 = J$ において,

$$-\frac{1}{\lambda_n^{-1}} + \frac{1}{\lambda_n^{-1} + \lambda_n(m_n/h)\omega/(2\pi)} \approx -\lambda_n^3 \frac{m_n \omega}{2\pi h} \tag{7.22}$$

であるから,実測される強度は,

$$I \propto \iint \frac{1}{2}\left[1 + \cos\left(\gamma J \frac{m_n^2 \lambda_n^3}{2\pi h^2}\omega\right)\right] w_\omega(\omega) w_\lambda(\lambda)\, d\omega d\lambda \tag{7.23}$$

となる.ここで,$w(\lambda)$ は角振動数の分布関数で $w(\omega) = S(Q, \omega)$,$w_\lambda(\lambda)$ は波長の分布関数である.簡単のため波長分散を考えないと,(7.23) 式は,

$$I \propto \frac{1}{2}\left[S(Q) + \int S(Q, \omega)\cos\left(\gamma J \frac{m_n^2 \lambda_n^3}{2\pi h^2}\omega\right)d\omega\right] \tag{7.24}$$

となり,$Jm_n^2 \lambda_n^3/(2\pi, h^2)$ は時間の単位をもつことから,(7.23) 式の第 2 項は $S(Q, \omega)$ を時間でフーリエ変換していることにほかならない.したがって,中間相関関数 $S(Q, t)$ は,

$$S(Q, t) = \int S(Q, \omega)\cos\left(\gamma J \frac{m_n^2 \lambda_n^3}{2\pi h^2}\omega\right)d\omega \tag{7.25}$$

で与えられ,

$$t = \gamma J \frac{m_n^2 \lambda_n^3}{2\pi h^2} \tag{7.26}$$

で与えられる時間量をフーリエ時間とよぶ．フーリエ時間は，磁場積分と波長の3乗にそれぞれ比例するので，長いフーリエ時間（＝高いエネルギー分解能）測定を行うときは，長波長を用いた方が効果的であることがわかる．

7.6.2 中性子スピンエコー実験

図 7.20 に中性子スピンエコー装置の概略図を示す．通常の装置では，ソレノイドコイルを用いて歳差磁場を発生させる．2つのコイルに逆方向の磁場を発生させる場合，試料位置の磁場が乱れて中性子の偏極度が落ちるので，代わりに試料位置に π フリッパーを置き，2つのコイルには同じ方向の磁場を発生させる．また，2つの $\pi/2$ フリッパーを上流のソレノイドコイル入射側と下流のソレノイドコイル出射側に置き，それぞれ歳差運動の ON（始め）と OFF（終わり）に対応する．中性子速度選別器により $10\sim20\%$ の波長分散に選別された中性子は，多層膜スーパーミラー等を用いて歳差磁場と平行に偏極して用いられる．最初の $\pi/2$ フリッパーで中性子スピンの向きはソレノイドコイルで発生させる磁場と直行し，歳差運動を開始する．試料位置の π フリッパーでスピンの向きは反転し，

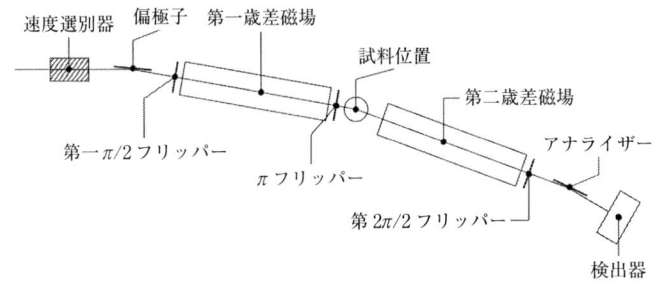

図 7.20 中性子スピンエコー分光器の概略図と JRR-3 に据え付けられた NSE 装置（遠藤仁氏提供）

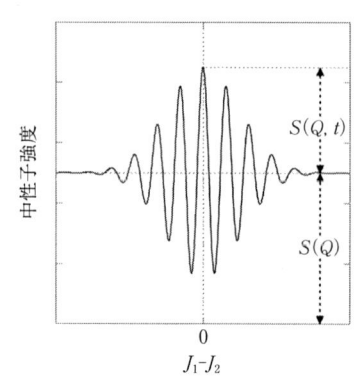

図 7.21 中性子スピンエコー信号の概略図．縦軸は強度，横軸は第一歳差磁場と第二歳差磁場の磁場積分値の差

下流ソレノイドコイルにおける中性子スピンの歳差運動は，上流ソレノイドコイルでの歳差運動で蓄積した回転角の巻き戻しとなる．ここで，試料位置前後で中性子の速さが保存される場合，下流ソレノイドコイル出口の $\pi/2$ フリッパーで $90°$ 向きを変えた中性子スピンは，上流ソレノイドコイルに入射した時の偏極方向と一致する．検出器前に短冊状の多層膜スーパーミラーを並べたアナライザーを用い，一方向にスピン偏極した中性子のみを選別して検出し，試料との相互作用により中性子の速度が変化する場合は偏極度の減少としてその速度変化が厳密に評価される．このことは（7.23）式に示した通りである．

図 7.21 に実際に観測されるスピンエコー信号の概略図を示す．$J_1 = J_2$ においてシグナルは最大値を示す．$|J_1 - J_2|$ の値が大きくなるにつれてシグナルが減衰するのは，波長分散のためである．シグナルの平均強度から $S(Q)$ が，振幅から $S(Q, t)$ が評価される．J_1 と J_2 の値もしくは波長を変えると歳差運動の回転角が変わり，対応するフーリエ時間も変化する．

中性子スピンエコー法によって得られる中間相関関数 $S(Q, t)$ は，緩和現象を観測するのに適した量である．実際，中性子スピンエコー法は，高分子やコロイドなどに代表されるソフトマターの緩和現象を中心とするスローダイナミクスの研究に用いられ，大きな成果を上げてきた．中性子スピンエコー法を用いた代表的な研究は，1980 年代以降の Richter らによる高分子溶融体におけるレプテーション運動の直接検証である．彼らは部分重水素化した各種高分子を自在に用い，各種粘弾性理論と定量的な比較を行い，土井，Edwards らによるレプテーショ

7.6 中性子スピンエコー

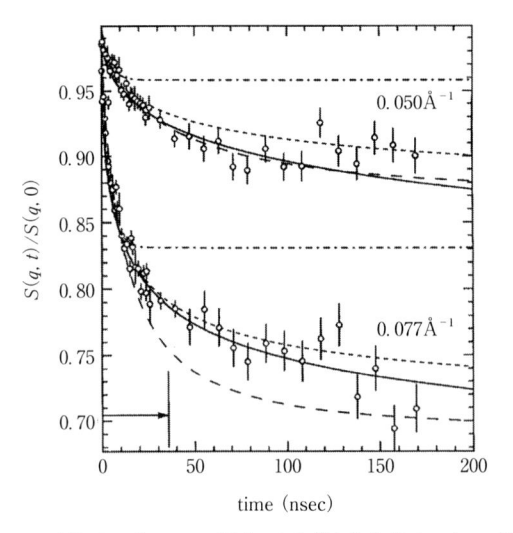

図 7.22 中性子スピンエコー測定により得られたポリエチレン溶融体の中間相関関数. 異なる Q の値 2 点で測定を行っている. 実線がレプテーションモデルによる中間相関関数. 局所レプテーションモデル（点線），des Cloizeaux によるモデル（破線），Ronca によるモデル（鎖線）の計算値も一緒に載せている（遠藤仁氏提供）(Richter et al. (2005)).

ンモデルが最も実験結果と合致することを見い出している．図 7.22 にポリエチレン溶融体から得られた中間相関関数を示す．最大フーリエ時間 150 nsec 以上測定することで，理論との定量的な比較が可能となっている．

白根　元 （しらね げん, 1924-2005）

白根　元のライフワークとなった中性子散乱研究の集大成が John Tranquada と Steve Shapiro と共著の教科書に集約された『3軸分光法の完成』に網羅されている．

中性子強度を飛躍的に上げた PG モノクロメーターの導入は本書に解説した装置分解能関数なくしては十二分な成果をもたらさなかったと思われる．そのうえフォノンやマグノンに代表される集団励起の分散関係の決定には分解能関数の分散を調整して

(a)

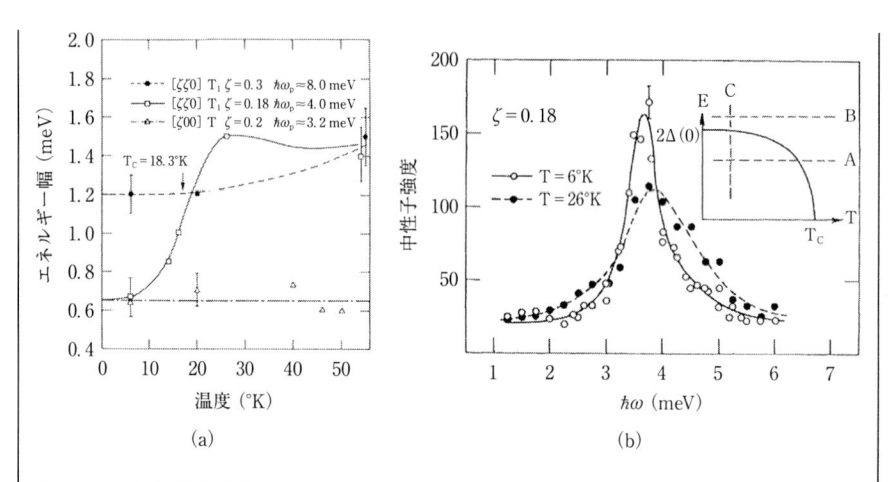

(b)

「focusing」条件を成立させることによって初めてシャープな散乱スペクトルが得られる原理的手法を確立した．白根は実際この手法を駆使して研究成果を出すとともに，世界中の中性子散乱研究者を指導した．その1つに超伝導体 Nb_3Sn のフォノンのエネルギー幅が超伝導エネルギーギャップ以下で極端に狭くなる事実を発見したが，超伝導状態では電子エネルギーギャップの存在によってフォノンの寿命が無限に長くなることを実験的に示した（図 (a), (b)）．

Fe, Ni などの金属強磁性体の散漫散乱の研究例である．Fe, Ni のキュリー温度以上でスピンの揺らぎがあたかもスピン波もどきの特徴的な集団モードが存するという衝撃的な発表があった．実際，ブラッグ点近傍でエネルギー一定の条件で Q を変化させながらスキャンすると，ある特定の q（$q = Q - t_{ferro}$）の位置にピークが現れる．このピークを追いかけるとスピン波に似た分散をもつようにみえる．白根はこの実験を再現するために偏極中性子を用いた非弾性散乱などを駆使して本文で紹介したように，エネルギー 0 でピークをもつ常磁性散漫散乱がエネルギー幅が q の冪乗依存性をもつために分解能効果を正確に理解すると，エネルギー一定で Q スキャンするとあたがも集団励起があるかようにみえる．（図 (a), (b)）

この2つの例は，3軸分光による非弾性散乱実験で分解能関数の概念の理解が不可欠であることと，白根の研究スタイルである「新しい物理像に対しては自分で納得するまで徹底的に練ること．実験は2度と繰り返す必要の無い決定的な結果を出すこと」のモットーが実を結んだ結果である．

筆者も白根門下生の一人であるが，理論家を交えてとことんまで真剣な議論をした後でないと投稿させてもらえなかった白根　元の研究スタイルを懐かしく思い出している．

8

中性子散乱による物性物理研究

　物質開発をはじめ物性物理研究の進展に伴って今後ますます物質構造を顕微する要求が増すに違いない．新しい物質を発見し，創成する挑戦には，ミクロ構造や構成原子，イオンや磁気モーメント，電荷などの挙動の情報を得ることは避けて通れなくなる．今まで述べてきたように熱中性子は静止構造だけではなく，物質中のミクロな動的構造を同時にみる手段として他の手段を凌駕する優位性をもっていることを，この章からより深く理解してもらうことを期待する．そのような研究の先駆けとして行われている研究の具体事例を取り上げて説明するのが本章の狙いである．

8.1 規 則 構 造

　構成原子，分子，イオンが形成する単位格子の周期的な繰り返し構造をもつ物質が基本的な結晶の定義である．この定義を一般的に拡張して，原子磁気モーメントの配列，原子・分子の平衡位置がずれることによって発生する電気双極子や電荷の配列，さらに分子が集まった高次分子の塊がつくる周期的な規則配列など周期構造を含む．ここではとくに磁気モーメントの周期構造を重点的に取り上げる．最近の研究では，磁気モーメントと電荷との相互作用，さらに磁気モーメントの源である原子のスピンや軌道状態の相互作用が基本的な結晶の原子配列とは異なる周期構造などを引き起こすことに熱い視線が注がれている．磁性では原子スピンが揃って自発磁化 M が発生する強磁性のほかに，自発磁化が生じないが，原子スピンが交互に揃う反強磁性規則構造や自発磁化を一部残して全体の磁化を減らすフェリ規則構造等が知られている．これらの規則構造の最終的な決定手段としての中性子散乱が強力な道具であることはいうまでもない．最も単純な反強

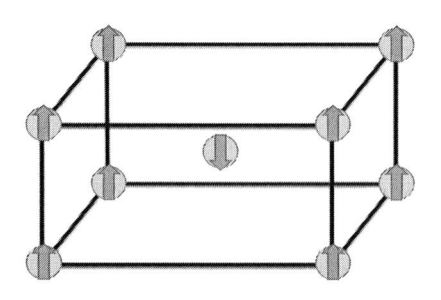

図 8.1 MnF$_2$ の反強磁性スピン構造の模式図

磁性秩序構造を例にとる．ルチル（rutil）構造（P4$_2$mmm）をとる MnF$_2$ は磁気転移温度（ネール温度 = T_N）以下で単位格子の各頂点位置と体心位置を占める Mn 原子の磁気モーメントが互いに反平行に向くように秩序化する．磁気反射は主軸方向に結晶格子の 2 倍周期の副格子で特徴づけられるので，結晶逆格子の 1/2 の位置に磁気超格子反射が観測される．このようにして中性子回折が反強磁性磁気規則構造を決定づけるのである（図 8.1）．

ここでは，最近話題となっている結晶構造と磁性との相関がもたらす奇異な磁気長周期構造の中性子散乱研究を紹介しよう．MnSi の結晶構造は立方晶（B20）であるが，Mn と Si の占める位置（サイト）が立方晶の対称性の高い位置からずれ，しかも立方晶の［100］軸に沿って 2 回の螺旋軸（glide）と 3 回対称軸の 2 つが存在するだけで，反転中心（inversion center）が存在しない．したがって MnSi は立方晶系の中では最も対称性の低い結晶格子となる（P2$_1$3）．

図 8.2 は立方晶の〈1, 1, 1〉軸に投影したものであるが，ズレの値を u で示すと Mn, Si 原子は螺旋軸に沿って左手系か右手系か新しい対称性（chirality）が存在することがわかる．また MnSi は金属伝導を示し，Mn の原子磁気モーメント間に強磁性相互作用が働くにもかかわらず，結晶格子の低対称（反転対称性が無い）に起因する螺旋磁気構造のために自発磁化が消えてしまう特異な磁気規則相（秩序構造）が出現する．ちなみに同系の MSi 結晶（M = Fe, Mn, Co, Fe$_{1-x}$Co$_x$）は常磁性半導体（FeSi），強磁性金属（MnSi），反磁性金属（CoSi）など多様な物性を示すことでも興味ある物質群である．以下に中性子磁気散乱がこの独特の磁気構造決定の決め手になることを述べる．余談ながら，結晶格子はほとんどの場合，左手系の chirality をもつ結晶が得られる．最近右手系の結晶があるという報告がある．

8.1 規 則 構 造

右手系　　　　(u u u)　　　　左手系　　　　(u u u)

$$\left(\tfrac{1}{2}+u\ \ \tfrac{1}{2}-u\ \ -u\right) \qquad \left(\tfrac{1}{2}-u\ \ \tfrac{1}{2}+u\ \ -u\right)$$

$$\left(-u\ \ \tfrac{1}{2}+u\ \ \tfrac{1}{2}-u\right) \qquad \left(-u\ \ \tfrac{1}{2}-u\ \ \tfrac{1}{2}+u\right)$$

$$\left(\tfrac{1}{2}-u\ \ -u\ \ \tfrac{1}{2}+u\right) \qquad \left(\tfrac{1}{2}+u\ \ -u\ \ \tfrac{1}{2}-u\right)$$

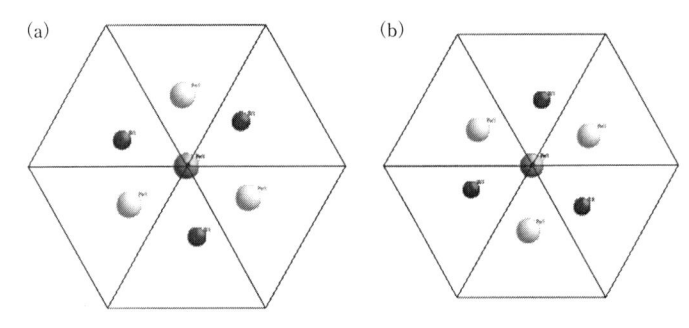

(a)　　　　　　　　　　(b)

図 8.2 MnSi($P2_13$) の結晶構造（白丸は Mn，黒丸は Si）

　MnSi の磁気モーメント（$M_s = 0.4\,\mu_B$）は結晶格子の $\langle 1, 1, 1\rangle$ 軸の周りに単位格子の 20 倍の周期で螺旋構造をとる．しかも特異なことに螺旋は左回り（anti-clockwise）が出現する．スピンの長周期螺旋構造の成り立ちは結晶の反転対称性が無いことによってスピン-軌道相互作用（Dyaloshinskii-Moriya：D-M 相互作用）が働き隣り合うスピンが角度配置をとり，しかも螺旋方向（helicity）の右回りと左回りでエネルギー差が生じることであることが理論的に導かれた．この理論によれば，helicity を決める D-M 相互作用の符号（$\pm D$）を含む周期はおおよそ D のエネルギー値を基幹の磁気相互作用（たとえばスピン波の固さ常数）で割った値になる．螺旋磁気構造といえば，近接するスピン間の相互作用より遠距離相互作用との競合によって生じることがよく知られてきたが，この場合は，右回り，左回りにエネルギー差が生じないので helicity は生じない．MnSi の螺旋構造は結晶格子の chirality が付随していることから実験的に決定された helicity は D-M 相互作用の符号をも決める．偏極中性子を用いた回折実験からこの螺旋磁気構造が決定できることを次に説明する．螺旋（screw spin）構造をとる磁気モーメントは次のように表される．

$$\vec{S}(\vec{r}) = S_x \cos(\vec{q}\cdot\vec{r}) + S_y \sin(\vec{q}\cdot\vec{r})$$
$$S_x \perp S_y, \qquad |S_x| = |S_y| = S \tag{8.1}$$

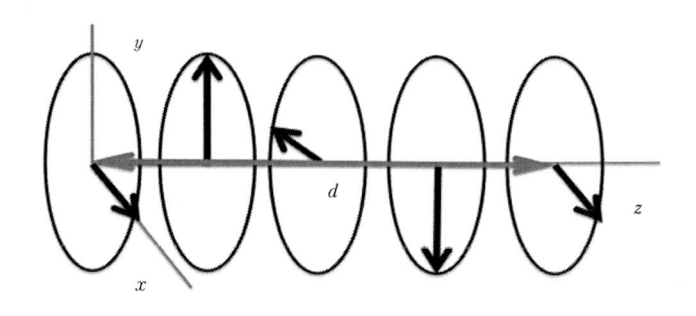

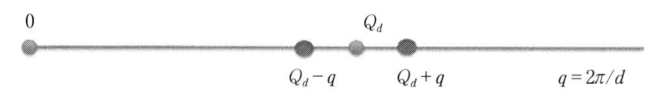

図 8.3 螺旋（screw spin）構造の模式図

磁気ブラッグ反射点は図 8.3 のように伝搬ベクトル方向 z の逆格子点 $\vec{q}$ に現れる．MnSi の例では伝搬方向（z）は結晶の $\langle 1,1,1 \rangle$ に平行であり，螺旋周期（d）は格子間隔の約 20 倍と決定された．基礎編の 3 章で導いた偏極中性子散乱の公式（3.37）に基づいて MnSi の詳細な磁気構造の解析を進めていく．

$$\frac{d\sigma}{d\Omega} = \frac{1}{4}\frac{(2\pi)^3}{V_0}\left(\frac{\gamma e^2}{mc^2}\right)^2 S_0^2 |f(\vec{\kappa})|^2 [F_+(\vec{p})\delta(\vec{\kappa}+\vec{q}-\vec{\tau}) + F_-(\vec{p})\delta(\vec{\kappa}+\vec{q}-\vec{\tau})] \quad (8.2)$$

式中の $\vec{p}, \vec{\kappa}, \vec{\tau}$ は各々偏極，散乱，逆格子ベクトルである．ここで $F_{\pm}(\vec{p})$ は次のような関係をみたす．

$$F_{\pm}(\vec{p}) = 1 + (\vec{e}_\kappa \cdot \vec{e}_z)^2 \pm 2(\vec{p} \cdot \vec{e}_\kappa)(\vec{e}_\kappa \cdot \vec{e}_z) \quad (8.3)$$

$\vec{e}_\kappa, \vec{e}_z$ は各々の単位ベクトルを表す．

MnSi の実験では $\vec{p}//\vec{z}//\vec{\kappa}$ に設定して，$\vec{p}$ を反転すると $F_{\pm}(\vec{p})$ の一方のみ値をもつことが実験で求められた．この結果，右回り（clockwise）の螺旋に対しては $\vec{p}$ が $\langle 1,1,1 \rangle$ に平行にとると $\langle 1,1,1 \rangle$ 上の衛星反射が出現するが $\langle \bar{1}, \bar{1}, \bar{1} \rangle$ 方向の衛星反射は消えることになるので一目瞭然である．MnSi は左回り（anticlockwise）螺旋磁気構造が実現していることになるが，Mn を $Fe_{1-x}Co_x$ に置き換えた同系の結晶は右回りの構造が安定化する．外磁場をかけると螺旋構造はコーン状に変化し，やがて強磁性構造に転移するが T_C 近くになると磁場の印加につれて複雑な相が現れることや，T_C 以上で helicity が保たれたまま螺旋構造に特有な衛星反射が消えるなど奇妙な振る舞いが観測されている．これらの結

果はいずれも偏極中性子を用いた実験で明らかになった．

8.1.1　液体を含む乱れたミクロ構造

現実の固体結晶は多かれ少なかれ乱れを内蔵する．この節に取り上げたスピンの規則構造に対して，磁性元素の原子構造が結晶を組む磁性体であっても，スピン配列が乱れた系や合金のように2成分以上の金属元素の不規則配列も研究対象になり得る．これらの系では固体結晶を構成する原子・分子やイオンの平衡位置からの乱れ（ずれ）は小さく，回折をとることによってミクロ構造解析が可能である．

この節で取り上げるガラスなどに代表される乱れた構造体の中性子散乱研究は原子・分子，あるいはイオン，磁気モーメントが平衡位置に止まってはいないので，基礎編の4章で導入した相関関数の定義に戻って考える必要がある．まず，最も乱れの大きい液体の中性子散乱を取り上げることにする．6.3節の全散乱の冒頭に紹介した Van Hove が導いた相関関数と中性子散乱断面積を参照しながら，液体の構造研究を記述する．

全散乱装置でみる散乱強度を式で表す．

$$\int_{-\infty}^{\infty} S^{inc}(\vec{Q}, \omega) d\omega = I_s(\vec{Q}, 0) \tag{8.4}$$

$$\int_{-\infty}^{\infty} S^{coh}(\vec{Q}, \omega) d\omega = I(\vec{Q}, 0) \tag{8.5}$$

(6.25a), (6.26) 式の $g_s(\vec{r}, 0) = \delta(\vec{r})$, $g(\vec{r}, 0) = \delta(\vec{r}) + g(\vec{r})$ を使うと上の式は次のように書ける．

$$I_s(\vec{Q}, 0) = 1 \tag{8.6}$$

$$I(\vec{Q}, 0) = 1 + \gamma(\vec{Q}) \tag{8.7}$$

この式の $\gamma(\vec{Q})$ は対分布関数 $g(\vec{r})$ のフーリエ変換量であることは明らかである．これをあえて液体の構造因子と定義する．古典液体の典型的な全散乱測定結果から得られる構造因子と対分布関数 $g(r)$ を図8.4に示す．

液体の $S(Q)$ あるいは構造因子 $\gamma(Q)$ をみる限り，6章で取り上げたアモルファス，ないしガラス物質からの散乱と違いはほとんどない．しかし，両者の $S(\vec{Q}, \omega)$ は大きな違いを示すと考えてよい．理想液体のような拡散系とデバイ模型とみなせる固体内の振動子（運動する粒子）のスペクトルを概念的に図8.5に示す．

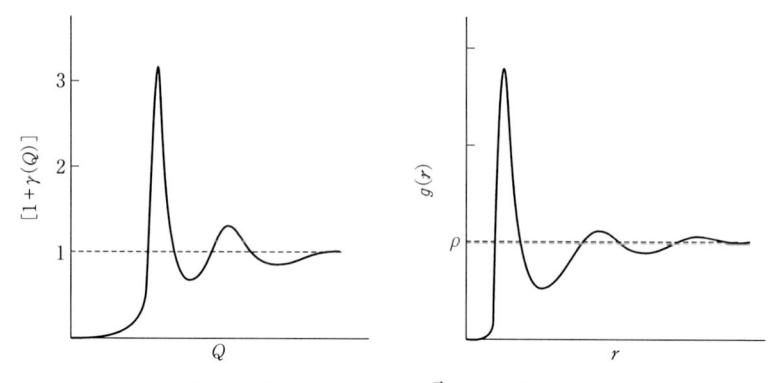

図 8.4 全散乱スペクトル $\gamma(\vec{Q})$ と分布関数 $g(r)$

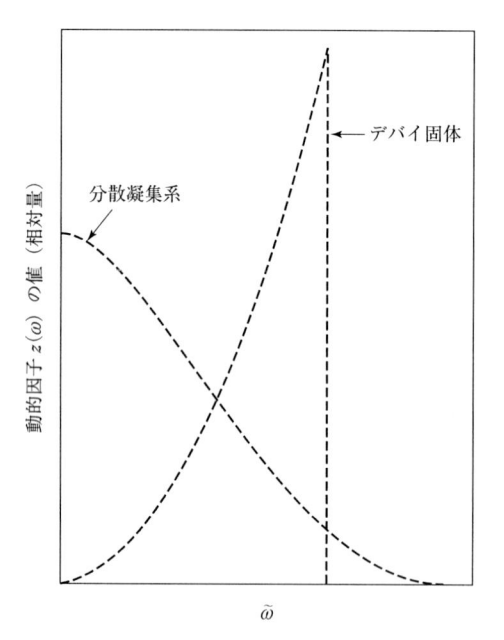

図 8.5 液体（ランダム物質）と結晶の動的因子 $z(\omega)$ の模式図

　前者は粒子が静止していないのに対し，後者は結晶格子に位置しながら熱振動をしていることが振動子の密度に反映している．ここでは結晶固体はデバイ（独立）振動をしていると仮定している．実際，液体の $S(Q, \omega)$ をみると広い Q 空間にわたって $\omega=0$ にスペクトルの重心がきて理想拡散系とみなせることがわか

8.1 規則構造

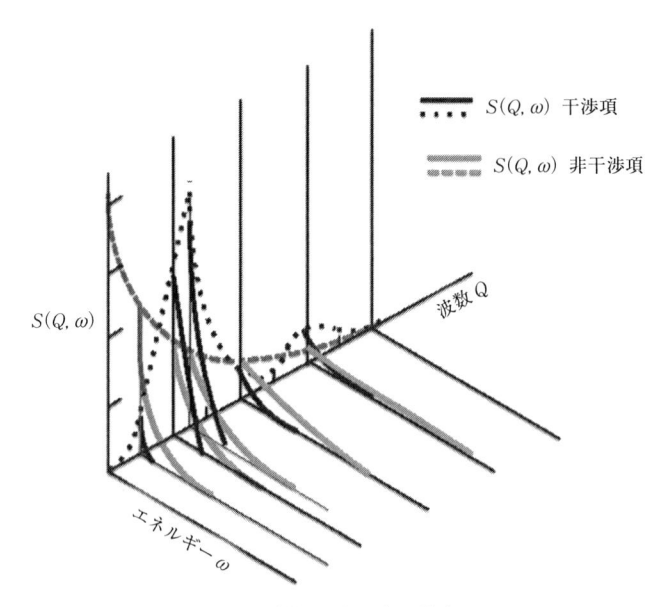

図 8.6 液体の $S(Q, \omega)$ の模式図

る.

しかし，水や液体金属等多くの液体の $S(Q, \omega)$ は大雑把にいうと低エネルギー側の拡散モードで近似できる部分と，高エネルギー側の個別振動子の振動モードとが重なった $S(Q, \omega)$ が観測されており，このことは乱れた系の振動子のスペクトルが図 8.6 のように単純では無いことを意味することがわかる．液体を例にとっても，特徴的なミクロ構造を示唆する $S(\vec{Q})$ が観測され，それに伴って原子や分子，イオンのいわゆる振動子の運動もきわめて理想液体に近い拡散モードから，結晶固体に近いデバイモードで近似されるものまで広く分布する．しかしながら，系の詳細によらず $S(Q, \omega)$ は次の 2 条件を満足しなければならないことに注意を要する．つまり中性子分光実験をする際には，この条件が本質的に重要なチェックポイントであり，理論モデルの構築の必要条件にもなる．

$S(Q, \omega)$ は実数である．

$$S_{m,n}^{coh}(\vec{Q}, E) = S_{m,n}^{coh*}(\vec{Q}, E) \tag{8.8a}$$

$$S_m^{inc}(\vec{Q}, E) = S_m^{inc*}(\vec{Q}, E) \tag{8.8b}$$

この要請から $S_{m,n}^{coh}(\vec{Q}, E)$ と $S_m^{inc}(\vec{Q}, E)$ は正の値でなければならない．ただし

$S_{m,n}^{coh}(\vec{Q}, E)$ は $m \neq n$ なら負の値も許される．

散乱関数は時間反転に対して対称でなければならないので，次の関係をみたさなければならない（詳細釣り合い則，detailed balance）．

$$S_{m,n}^{coh}(\vec{Q}, E) = e^{E/k_B T} S_{m,n}^{coh}(-\vec{Q}, -E) \tag{8.9a}$$

$$S_m^{inc}(\vec{Q}, E) = e^{E/k_B T} S_m^{inc}(-\vec{Q}, -E) \tag{8.9b}$$

将来ますます複雑な物質のミクロ構造を完全に理解するには多くの乱れた系での実験データを集積し，これをもとにして，$S(Q)$ や $S(Q, \omega)$ を満足する相関関数を与える理論模型の構築や分子動力学計算などによる計算機実験を駆使する必要がある．このような試みは発展著しい電子計算機によるシミュレーションと実験値の直接比較がなされつつあり，この分野の発展が急速に進むものと期待している．

8.2 相　　転　　移

物質の状態を「相」（phase）という物理用語で示すと気相，液相，固相のように一目瞭然の状態に限らず，見かけは同じ固体の状態でも前節で説明した不規則相とは異なる別の規則相（ordered phase）が存在する場合もある．温度，圧力または外場（磁場，電場など）の環境変化によって異なった相への転移（phase transition）が起こり，それに伴って電気的（伝導），磁気的，熱的性質が大きくジャンプすることもしばしばみられる．とくにミクロ構造の変化を伴う相転移は中性子散乱などの構造顕微の重要課題である．静的な構造の顕微だけではなく動的構造，すなわち原子，分子，イオンやそれに付随する原子スピンの動きを同時に検出できる中性子散乱は相転移研究の優れた実験手段で，しかも中性子散乱でしかみられないこともある．相転移点近傍ではそれらのミクロな揺らぎが大きくなることが一般的で，この揺らぎの性質を詳しく調べると，どのような相が出現するか，あるいはどのような物理的性質が出現するかなどの因果関係を知ることができる．

ランダウの相転移理論では，自由エネルギーの1次微分が転移点で不連続，あるいは潜熱の吸収や発熱を伴う1次相転移と，エネルギーは連続的に変化するもののエネルギーの1次微分である比熱（heat capacity）が発散する2次相転移，さらに比熱の勾配が異常を示す高次（higher ordered）転移などが理路整然と区

別されて導かれる．自由エネルギーを規則相の秩序パラメーター（たとえば強磁性相の磁化：M）で展開すると，

$$F(\Phi, T) = F(\Phi, 0) + \alpha^* \Phi^2 + \frac{\beta^*}{2} \Phi^4 + \cdots \cdots \quad (8.10)$$

と書ける．

　この展開式では一般性を失わない範囲で時間反転に対する対称性の要請から秩序パラメーターの奇数項は現れない．また系の安定性を考慮すると $\beta^* > 0$ が導かれる．展開式の3項以上を小さい量として無視した (8.10) 式の F, Φ の関係を図 8.7 に示す．α^* の符号によってエネルギー極値が2種あることがすぐにわかる．極値の条件式は，$(\partial F/dT)=0$ から導かれるので，

$$\Phi(\alpha^*(T) + \beta^* \Phi^2) = 0 \quad (8.11)$$

から，F の最小値を与えるのは $\Phi = 0$ $(T \geq T_C)$，または $|\Phi| = \sqrt{\dfrac{a(T_C - T)}{\beta^*}}$ $(T \leq T_C)$ である．ここで $\alpha^*(T) = a(T - T_C)$ と与えている．つまり相転移温度 T_C 以下では，Φ は有限の値をとり，T_C 以上では $\Phi = 0$ となる．2次相転移では T_C に近づくと $|\Phi|$ は漸近的に 0 になる（図 8.7）．

$$|\Phi| = \begin{cases} 0, & T > T_C \\ \sqrt{\dfrac{a(T_C - T)}{\beta^*}}, & T < T_C \end{cases}$$

T_C 近傍では $|\Phi|$ は $(T_C - T)^\beta$ で表される温度変化をし，この指数 β は熱力学的には系の次元，対称性等に委ねられるが，平均場近似では $\beta^* = 1/2$ となり，多

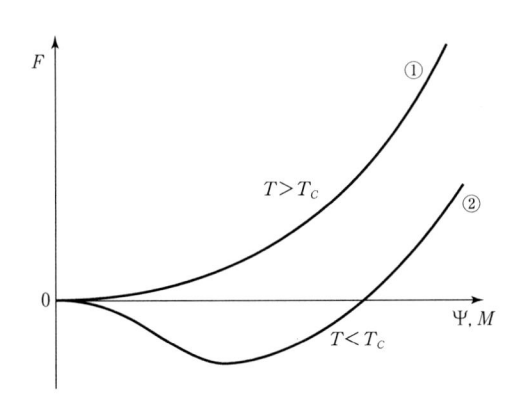

図 8.7 自由エネルギーの温度変化．T_C は転移温度

くの場合,実験的にこの値になることが知られている.逆に$|\Phi|$は$T \to 0$に向かって飽和するのが一般的である.

2次相転移と臨界散乱

さて転移点でオーダーパラメーターが連続的に消失する2次転移の熱力学の研究に,基礎編4章で解説したように揺らぎのエネルギーと運動量がほぼ同じ程度の低速中性子が静的な相関関数だけでなく,動的な相関関数が測れると,上に述べたように,相転移の研究に非常に大きな役割を果たしてきた.転移点付近で発散する臨界散乱現象は臨界蛋白光散乱などの現象にみられるが,原子レベルでの揺らぎの運動量依存性をみるには中性子散乱の方が優れている.ここでは,題材を磁性体に置き,オーダーパラメーター(Φ)である磁気モーメントの揺らぎをみる2次相転移と臨界散乱についてさらに解説する.

スピン(磁気モーメント)が揃った(反)強磁性体は多くの場合2次相転移によって常磁性へ相転移を起こす.中性子磁気散乱でこの現象を眺めると,まず転移点でそれ以下の磁気ブラッグ点で現れた干渉性弾性散乱が消失する.相転移点より高温では消えた磁気散乱はすべて非弾性散乱へと変質する.転移点より十分高温になると,基礎編の4.3節で説明した磁気散乱を与える相関関数は

$$\langle S_i(0) S_j(0) \rangle = \delta_{i,j} S(S+1) \qquad (8.12)$$

となって,磁気散乱は基本的にはすべての散乱方向に散逸する非干渉性散乱となる.非弾性散乱のエネルギー幅の値からスピン間の相互作用の大きさが見積もれるが,高温から温度を下げて転移点に近づくにつれてスピン揺らぎが急激に遅くなり,しかもスピンの揃う空間的領域が広がる臨界遅延現象(critical slowing down)が特徴的に観測される.この現象をあえて臨界散乱と定義し直す.中性子磁気臨界散乱は定性的に表現すると,磁気オーダーに伴うブラッグ反射を与える逆格子点の近傍に現れる磁気モーメントの揺らぎとしてエネルギー0の周りの散漫散乱である.磁気散乱に限らず臨界散乱は理論的に詳しく解析され,局在スピン系あるいは粒子系を対象にした単純な現象論から分子場近似,動的スケーリング理論にいたる詳細な研究の歴史があるが,ここでは分子場近似による臨界散乱の理論とスケーリング理論で得られた臨界指数を以下に解説するに止めるが,詳しく知りたい読者のために巻末に参考書や文献を挙げておく.

基礎編4.3節で与えた運動量変化を与える磁化率$\chi(\vec{Q})$を思い出すと,$\chi(\vec{Q})$

は微小な交流磁場下での磁気モーメント（スピン）の応答を示す物理量であり，静磁場をかけたときの磁化率（$\vec{Q}=0$）を χ_0 で表すと，

$$S(S+1)\frac{\chi(\vec{Q})}{\chi_0} = \sum_{\vec{R}} \langle S_o S_{\vec{R}} \rangle e^{i\vec{Q}\cdot\vec{R}} \tag{8.13}$$

と表される．この式から中性子磁気散乱断面積は次のように与えられる．

$$\frac{d\sigma}{d\Omega} = \frac{2}{3}\left[1.91\frac{e^2}{mc^2}f(Q)\right]^2 S(S+1)\frac{\chi(\vec{Q})}{\chi_0} \tag{8.14}$$

ここからは分子場近似を使って $\chi(\vec{Q})$ を求める．外磁場と分子場の作用で誘起される磁気モーメントは次の式で与えられる．

$$\vec{\mu}_{\vec{R}} = \frac{S(S+1)}{3k_B T}\left(g^2\mu_B^2 H_{\vec{R}} + \sum_{\vec{R}} 2J_{\vec{R}\vec{R}}\vec{\mu}_{\vec{R}}\right)$$

$$\vec{\mu}_{\vec{R}} e^{i\vec{Q}\cdot\vec{R}} = \frac{S(S+1)}{3k_B T}\left(g^2\mu_B^2 H_{\vec{R}} e^{i\vec{Q}\cdot\vec{R}} + \sum_{\vec{R}} 2J_{\vec{R}\vec{R}} e^{i\vec{Q}\cdot(\vec{R}-\vec{R})}\vec{\mu}_{\vec{R}} e^{i\vec{Q}\cdot\vec{R}}\right) \tag{8.15}$$

(8.14) 式はすぐ上の式のフーリエ変換した値である．$\chi(\vec{Q})$ の定義から，

$$\frac{1}{\chi(\vec{Q})} = \frac{1}{\sum_{\vec{R}} \chi_{\vec{R}\vec{R}}(0) e^{i\vec{Q}\cdot(\vec{R}-\vec{R})}} = \frac{1}{g^2\mu_B^2}\left[\frac{3k_B T}{S(S+1)} - 2J(\vec{Q})\right] \tag{8.16}$$

(8.15) 式で与えた $J(\vec{Q})$ は $J_{\vec{R}\vec{R}}$ のフーリエ変換量である．

$$\chi = \frac{C}{T - T_C}, \qquad C = \frac{g^2\mu_B^2 S(S+1)}{3k_B} : \text{キュリー定数} \tag{8.17}$$

から (8.16) 式は結局次のように書ける．

$$\frac{1}{\chi(\vec{Q})} = \frac{2}{g^2\mu_B^2}\left[J(0)\frac{T}{T_C} - J(\vec{Q})\right] \tag{8.18}$$

　この式から，強磁性結晶では $Q=0$ または $\vec{Q}=2\pi\vec{\tau}$，$T=T_C$ で $\chi(\vec{Q}=0)$ が発散する．すなわち臨界散乱振幅が最大になる．

$$\frac{d\sigma}{d\Omega} \approx f^2(Q)\left[A_o + \sum_i A_i \cos\vec{Q}\cdot\vec{R}_i\right] \tag{8.19}$$

係数 A_i は磁気モーメントの周りの i 番目のサイトとの交換相互作用を含む．$\vec{q} = \vec{Q} - 2\pi\vec{\tau}$ を定義して q で展開すると，上式は次のように書ける．

$$\frac{d\sigma}{d\Omega} = \left[1.91\frac{e}{\hbar c}f(Q)\right]^2 \frac{2k_B TV}{\frac{V}{\chi} + Aq^2 + Bq^4 + \cdots\cdots} \tag{8.20}$$

(8.21) 式の計算は Van Hove によって与えられ，係数 A は $A = (V/\chi)\kappa_1^{-2}$ と書ける．

ここで導入された κ_1 は磁気モーメントの相関の及ぶ距離：ξ の逆数である．すなわち臨界散乱振幅は強度が χ に比例し，一般的に近距離相互作用が支配される系では q に対してローレンツ関数で表されることがわかる．$T=T_C$ では $\xi=\infty$ となり，従って $\kappa_1 \approx 0$ となり $\vec{q}=0$ 付近に磁気散乱が集中する．

反強磁性の場合は T_C 以下で一様な磁化が生じないので $\chi(Q=0)$ は発散しないが，部分磁化が生まれるので反強磁性磁化が出る長周期ブラッグ点の周りに臨界散乱がみられることになる．

次に臨界散乱の非弾性散乱について考えてみる．臨界点ではスピン揺らぎの緩和時間が極端に長くなる現象が特徴であることは上にも述べたが，同じく分子場近似で微分散乱断面積を Van Hove, Mori Kawasaki, de Gennes らが理論的に定式化した．導かれたスピン緩和時間 τ_q は $(1/\tau_q)=\Lambda_q q^2$ で与えられ，$T \approx T_C$, $q \approx 0$ で極端に長くなることが理論的に導かれたが，これを kinematical slowing down とよぶ．Mori, Kawasaki は次のような関係式を導いたが，この結果を使うと微分散乱断面積もエネルギーに対してもローレンツ関数で書ける．

$$\Lambda_q = D\left(\frac{V}{\chi}A^{-1} + q^2 + \cdots\cdots\right) \qquad (8.21)$$

$$\frac{d^2\sigma}{d\Omega d\omega} = \left(1.91\frac{e}{\hbar c}f(Q)\right)^2 \frac{k_B TV}{\frac{V}{\chi}+Aq^2} \cdot \frac{\Lambda_q q^2}{\omega^2 - \Lambda_q^2 q^2} \qquad (8.22)$$

この微分散乱断面積をエネルギー積分すると（8.20）式になることは明らかである．

これまで適用してきた分子場近似は局所的な揺らぎの効果，または平均場からの「ずれ」が正しく取り入れられていない．したがって温度が T_C に近づき，相関距離（ξ）が長くなると分子場近似で解析することが難しくなる．臨界指数，すなわち臨界現象を示す，秩序変数（磁化），感受率（磁化率），比熱などの物理量が $\varepsilon=(T-T_C)$ に対してどのようなべき級数になるかをみると臨界現象が理解しやすい．まず秩序変数の磁化の温度変化は磁化に共軛な磁場 h が 0 のとき，

$$M \propto \varepsilon^\beta, \qquad \varepsilon = \frac{T-T_C}{T_C}$$

で 0 に近づく．温度を T_C に止めて磁場 $|h|$ をゼロに近づけると，

$$M \propto |h|^{\frac{1}{\delta}} \qquad (T=T_C)$$

で表される．磁化率は h が同じく 0 のとき，

$$\chi \propto \varepsilon^{-\gamma} \quad (T>T_C)$$
$$\chi \propto \varepsilon^{-\gamma'} \quad (T<T_C)$$

比熱は $h=0$ で，

$$C_P = \varepsilon^{-\alpha} \quad (T>T_C)$$
$$C_P = \varepsilon^{-\alpha'} \quad (T<T_C)$$

以上の結果は実験室で実験できる量であるが，次の相関距離は $h=0$ で，

$$\xi = \varepsilon^{-\nu} \quad (T>T_C)$$
$$\xi = \varepsilon^{-\nu'} \quad (T<T_C)$$

で表されるが，この量は中性子臨界散乱でしか求められない．さて，臨界指数は分子場近似では $\beta, \delta, \gamma, \alpha, \nu$ が各々 $1/2, 3, 1, 0, 1/2$ と与えられるが，上に述べたように分子場近似はとくに長波長の揺らぎの効果が大きくなるので成り立たないことがわかっている．そこで 1960 年以後，分子場近似を改良する努力が精力的になされ，繰り込み群などの手法に代表されるスケーリング則が導入されて，現在ではこのスケーリング則を用いるのが一般的である．スケーリング則は取り扱う系の次元性，秩序変数の対称性，相互作用の対称性と相互作用の及ぶ範囲などの基本的パラメーターのみで普遍的に臨界指数で代表される臨界現象が決まる．スケーリング則とは長距離の揺らぎの範囲 ξ をある大きさ（L^d）（d は次元）の単位（cell）を導入してスケール変換し，揺らぎを臨界点より見かけ上離して理論的な取り扱いを展開して導かれる臨界現象の普遍的法則である．このスケーリング則から導かれる結果を示す．

$\tilde{\xi} = \xi/L$ ととることにより，$\tilde{h} = L^{x_h} h$, $\tilde{t} = L^{x_t} t$ というスケールされたパラメーターの導入が可能となる．ここで x_h, x_t は正の指数である．スケーリング則の有効性はランダウ理論で展開された臨界現象理論でもち込まれた熱力学的ポテンシャルは独立なパラメーター h, t の関数を必要とするが，スケーリング則で書き換えられると 2 つの指数を含む 1 つの独立変数に書き換えられる．

$$\phi(h, t) = t^{d/x_t} \phi^* \left(h/t^{x_h/x_t} \right)$$

その結果，すべての臨界指数も x_h, x_t でスケールされてお互いの間の関係も与えられる．臨界指数 $\alpha, \beta, \gamma, \delta, \nu$ の間には，

$$\alpha + 2\beta + \gamma = 2$$

$$\alpha + \beta(\delta+1) = 2$$

さらに，次元パラメーター d と繰り込みパラメーター η を導入して，

$$\gamma = (2-\eta)\nu$$
$$\alpha = 2 - d\nu$$
$$2-\eta = \frac{\delta-1}{\delta+1}d$$

という関係が導かれる．

8.3 格子振動（phonon）

広い運動量（Q）空間で結晶格子の熱揺らぎである格子波（phonon）量子の中性子散乱が物性物理研究の重要な発展の礎になった．この節では基礎編の中性子非弾性散乱を理解したものとして格子振動を解説する．

8.3.1 結晶の格子振動

1950年代にBrockhouseが開発した3軸非弾性散乱実験法による結晶格子波フォノン（phonon）の測定によって，フォノンの分散関係が正確に求められるようになった．基礎編3.4節に取り上げた干渉性非弾性散乱からフォノンによる散乱断面積を求めることを導く前に，結晶の弾性と格子振動の関係や，単純な調和振動子模型で格子波を導くことにする．

バルク結晶の弾性歪みが応力に比例するフックの法則から，弾性率（elastic stiffness constant，または elastic modulus）：c_{iklm} が定義される．

$$\sigma_{ik} = c_{iklm}\varepsilon_{lm} \tag{8.23}$$

ここで，i, k, l, m は方位 (x, y, z) を表す．弾性率はヴォア（Voigt）の表記が一般的で次のように表す．$(x, y, z) \to (1, 2, 3)$，$11 \to 1$，$22 \to 2$，$33 \to 3$，$23 \to 4$，$31 \to 5$，$12 \to 6$ でこの表記を使うと，$\sigma_{\alpha\beta} = c_{\alpha\beta}\varepsilon_\beta (\alpha, \beta = 1 \to 6)$ と書ける．(8.23)式から弾性率はテンソル量であることがわかるが，36個のテンソル成分は結晶の対称性を使うと最も対称性のよい立方晶では3個 c_{11}, c_{12}, c_{44} だけが独立で後は0となる．さて，1次元のスプリングで結ばれた粒子（原子）の格子点周りの微小振動は図8.8のような結晶を伝搬する弾性波となる．

この描像を3次元の立方格子に拡張して，立方晶（等方弾性体）の弾性波の運

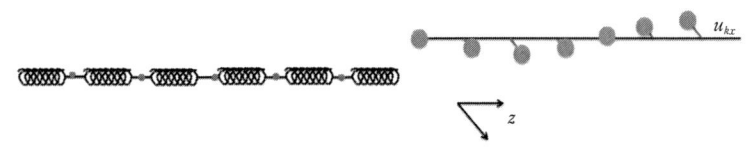

図 8.8 1 次元鎖の弾性波（縦波，横波）の模式図

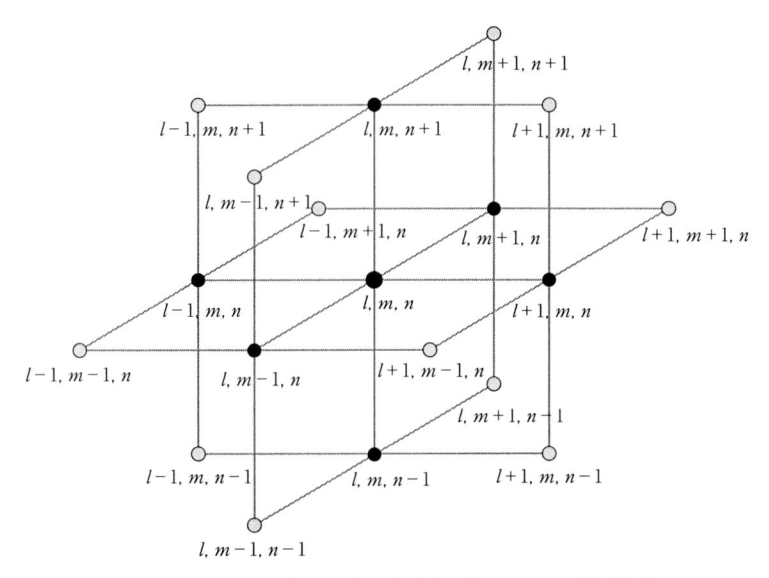

図 8.9 力の常数を求める（8.27）式を理解するための格子模型

動方程式を導く（(8.27) 式）．

$$\rho \ddot{u} = \frac{\partial X_x}{\partial x} + \frac{\partial X_y}{\partial y} + \frac{\partial X_z}{\partial z} \tag{8.24}$$

弾性率 c_{11}, c_{12}, c_{44} を使って書き直すと，

$$\rho \ddot{u} = c_{11}\frac{\partial^2 u}{\partial x^2} + c_{44}\left(\frac{\partial^2 u}{\partial y^2} + \frac{\partial^2 u}{\partial z^2}\right) + (c_{12} + c_{44})\left(\frac{\partial^2 v}{\partial x \partial y} + \frac{\partial^2 w}{\partial x \partial z}\right) \tag{8.25}$$

(8.25) 式は次のようにも書き直される．

$$\rho \ddot{\vec{\rho}} = (c_{11} - c_{12} - c_{44})\frac{\partial^2 \vec{\rho}}{\partial x^2} + c_{44}\nabla^2 u + (c_{12} + c_{44})\frac{\partial}{\partial x}\mathrm{div}\,\vec{\rho}$$

$$= (c_{12} + 2c_{44})\,\mathrm{grad}\cdot\mathrm{div}\,\vec{\rho} - c_{44}\,\mathrm{rot}\cdot\mathrm{rot}\,\vec{\rho} \tag{8.26}$$

ここで，$\vec{\rho}$ は変位ベクトルで $\vec{\rho} = u\vec{x} + v\vec{y} + w\vec{z}$ である（$\vec{x}, \vec{y}, \vec{z}$ は単位ベクトル）．

弾性的に等方 ($c_{11} - c_{12} = 2c_{44}$) であれば，(8.26) 式の右辺の第1項は消える．

近接粒子（原子）間にのみ力が及ぶとして，平衡位置からの微小なずれ $\vec{\rho}$ をあらためて $\vec{u}_l$ としてボルン-カルマン理論で調和振動をする格子のポテンシャルエネルギーを求めてみよう．

最近接力の常数を α, β，第2近接力常数を γ, δ, κ と定義し，格子点からの原子の微小変位を $\vec{u}_{\vec{r}} = (u, v, w)$，($\vec{r}$ = 格子点) と表して (l, m, n) 点にある原子にかかる力 $X_{l, m, n}$ を計算する．

$$X_{l, m, n} \equiv \alpha[u_{l+1, m, n} + u_{l-1, m, n} - 2u_{l, m, n}] + \beta[u_{l+1, m-1, n} + u_{l-1, m+1, n} +$$
$$u_{l, m, n+1} + u_{l, m, n-1} - 4u_{l, m, n}] + \gamma[u_{l+1, m, n+1} + u_{l+1, m+1, n} + u_{l+1, m, n-1} +$$
$$u_{l+1, m-1, n} + u_{l-1, m+1, n} + u_{l-1, m, n-1} + u_{l-1, m, n} + u_{l-1, m, n+1} - 8u_{l, m, n}] +$$
$$\delta[u_{l, m+1, n+1} + u_{l, m-1, n+1} + u_{l, m+1, n-1} + u_{l, m-1, n-1} - 4u_{l, m, n}] + \kappa[v_{l+1, m+1, n} +$$
$$v_{l-1, m-1, n} - v_{l+1, m-1, n} - v_{l-1, m+1, n} + w_{l+1, m, n+1} + w_{l-1, m, n-1} - w_{l+1, m, n-1} - w_{l-1, m, n+1}]$$
$$(8.27)$$

格子定数を a とおいて，(8.24) 式を微分方程式に書き直す．

$$X_{l, m, n}/a^3 = \rho\ddot{u} = \frac{\alpha}{a}\frac{\partial^2 u}{\partial x^2} + \frac{\beta}{a}\left(\frac{\partial^2 u}{\partial y^2} + \frac{\partial^2 u}{\partial z^2}\right) + \frac{2\gamma}{a}\left(2\frac{\partial^2 u}{\partial x^2} + \frac{\partial^2 u}{\partial y^2} + \frac{\partial^2 u}{\partial z^2}\right)$$
$$+ \frac{2\delta}{a}\left(\frac{\partial^2 u}{\partial y^2} + \frac{\partial^2 u}{\partial z^2}\right) + \frac{2\kappa}{a}\left(\frac{\partial^2 v}{\partial x \partial y} + \frac{\partial^2 w}{\partial x \partial z}\right) \quad (8.28)$$

(8.25) 式と (8.28) 式は同等であるので，比較から弾性率と格子に働く原子間力とが結びつけられる．

$$c_{11} = (\alpha + 4\gamma)/a, \quad c_{44} = (\beta + 2\gamma + 2\delta)/a, \quad c_{12} + c_{44} = 4\kappa/a \quad (8.29)$$

ここで最近接原子間力を考慮して ($\gamma = \delta = \kappa = 0$) ポテンシャルエネルギーを書いてみる．

$$\frac{U}{NV} = \frac{\alpha}{2}\left\{\left(\frac{\partial u}{\partial x}\right)^2 + \left(\frac{\partial v}{\partial y}\right)^2 + \left(\frac{\partial w}{\partial z}\right)^2\right\} + \frac{\beta}{2}\left\{\left(\frac{\partial v}{\partial z}\right)^2 + \left(\frac{\partial v}{\partial x}\right)^2 + \left(\frac{\partial w}{\partial x}\right)^2\right.$$
$$\left. + \left(\frac{\partial w}{\partial y}\right)^2 + \left(\frac{\partial u}{\partial y}\right)^2 + \left(\frac{\partial u}{\partial x}\right)^2\right\} = \frac{\alpha}{2}(e_{xx}^2 + e_{yy}^2 + e_{zz}^2) + \frac{\beta}{4}(e_{yz}^2 + e_{zx}^2 + e_{xy}^2) \quad (8.30)$$

さらに弾性率を用いて書き直すと，

$$\frac{U}{V} = \frac{\alpha}{2}(\text{div}\,\vec{u})^2 + \frac{\beta}{2}(\text{grad}\,\vec{u}) = \frac{c_{11}}{2}(e_1^2 + e_2^2 + e_3^2) + \frac{c_{44}}{2}(e_4^2 + e_5^2 + e_6^2) \quad (8.31)$$

弾性波の導出が終わったので，次に弾性波と格子波との関係を示す．

(8.31) 式のポテンシャルエネルギーをより一般的に表す．

8.3 格子振動 (phonon)

$$\frac{1}{2}\sum_{u,v:l,k:\alpha,\beta} G_{uk\beta}^{vl\alpha} u_{vl}^{\alpha} u_{uk}^{\beta} \tag{8.32}$$

上式の u_{vl}^{α} は l で指定された原子（基本格子の v に位置する）の α 方向の微小変位で，G は振動子の弾性常数（力）である．同様に運動エネルギーは運動量，$M_l(\partial/\partial t) u_{vl}^{\alpha}$ を定義することによって調和振動子の運動のハミルトニアンが決められる．

$$H = \frac{1}{2}\sum_{vl\alpha} M_l \left(\frac{du_l^{\alpha}}{dt}\right)^2 + \frac{1}{2}\sum_{u,v:l,k:\alpha,\beta} G_{uk\beta}^{vl\alpha} u_{vl}^{\alpha} u_{uk}^{\beta} \tag{8.33}$$

(8.33) 式は見慣れた調和振動子のハミルトニアンに容易に変換できる.

$$H = \frac{1}{2M_L}\sum_l P_l^2 + \frac{1}{2}M_l \omega^2 u_l^2 \equiv \frac{1}{2}(P^2 + \omega^2 Q^2)$$

$$P = \dot{Q}, \qquad Q = \sqrt{M_l} u_l$$

(8.33) 式をフーリエ変換すると

$$H = \frac{N}{2}\sum_{ql\alpha} M_l \frac{dU_{\vec{q}l}^{\alpha}}{dt}\frac{dU_{-\vec{q}l}^{\alpha}}{dt} + \frac{N}{2}\sum_{\substack{qlk\\\alpha\beta}} U_{\vec{q}l}^{\alpha}\left\{\sum_{uv} G_{uk\beta}^{vl\alpha} e^{i\vec{q}\cdot(\vec{R}_u - \vec{R}_v)}\right\} U_{-\vec{q}l}^{\beta}$$

$$\equiv \frac{N}{2}\sum_{ql\alpha} M_l \frac{dU_{\vec{q}l}^{\alpha}}{dt}\frac{dU_{-\vec{q}l}^{\alpha}}{dt} + \frac{N}{2}\sum_{\substack{qlk\\\alpha\beta}} U_{\vec{q}l}^{\alpha} E_{\beta k}^{\alpha l} U_{-\vec{q}l}^{\beta} \tag{8.34}$$

$E_{\beta k}^{\alpha l}$ は dynamical matrix として知られ，上の導出から原子間力と結びついていることがわかる．(8.34) 式の解は次のように与えられる.

$$\frac{\partial^2}{\partial t^2} U_{ql}^{\alpha} = -\sum_{\beta k} E_{\beta k}^{\alpha l}(-\vec{q}) U_{qk}^{\beta} \tag{8.35}$$

変位を $\phi_{qs}(0) V_s^{l\alpha}(\vec{q}) e^{-f_{\vec{q}s}t}$ の形式に表して上式から固有値を求める手続きを進める．$\phi_{qs}(0)$ は dynamical matrix から決められるスカラー量で与えられる振幅の大きさを意味し，$V_s^{l\alpha}(\vec{q})$ と $f_{\vec{q}s}$ は各々次のような特性解を求める方程式で与えられる．

$$\det\{E_{\beta k}^{\alpha l}(\vec{q}) - f_{\vec{q}s}^2 \delta_{kl}\delta_{\alpha\beta}\} = 0$$

$$\sum_{l\alpha} V_s^{l\alpha}(\vec{q}) V_{s'}^{*l\alpha}(\vec{q}) = \delta_{ss'} \tag{8.36}$$

これらの手続きの末に，変位モードを決める解が求められる.

$$u_{vl}^{\alpha}\sqrt{M_l} = \sum_{\vec{q}s}\left\{\phi_{\vec{q}s}(0) e^{-(f_{\vec{q}s}t - \vec{q}\cdot\vec{P}_v)} V_s^{l\alpha}(\vec{q}) + \phi_{\vec{q}s}^*(0) e^{(f_{\vec{q}s}t - \vec{q}\cdot\vec{P}_v)} V_s^{*l\alpha}(\vec{q})\right\} \tag{8.37}$$

または，$\displaystyle \phi_{\vec{q}s}(t) = \frac{1}{2N}\sum_{vl\alpha} e^{-i\vec{q}\cdot P_v} V_s^{*l\alpha} M_l^{\frac{1}{2}}\left(u_{vl}^{\alpha} + \frac{i}{f_{\vec{q}s}}\dot{u}_{vl}^{\alpha}\right) \tag{8.38}$

この $\phi_{\vec{q}s}, \phi_{\vec{q}s}^*$ がフォノン量子を表す生成消滅演算子であり，よく見慣れている量

子力学を適用する.

$$H = \sum_{qs} \omega_{qs} \phi_{qs}^* \phi_{qs}$$

$$\omega_{qs} \phi_{qs}^* \phi_{qs} = \frac{1}{2} P_q^s P_{-q}^{s+} + \omega_q^2 Q_q^s Q_{-q}^{s+}$$

$$\phi |n\rangle = \left(\frac{\hbar n}{2Nf}\right)^{\frac{1}{2}} |n-1\rangle$$

$$\phi^* |n\rangle = \left(\frac{\hbar (n+1)}{2Nf}\right)^{\frac{1}{2}} |n+1\rangle$$

$$\phi \phi^* |n\rangle = \frac{\hbar n}{2Nf} n |n\rangle \tag{8.39}$$

このような導出から,逆にフォノンの観測によってバルクの弾性応力を導くことができることになる.

理想結晶でのフォノンの特性をまとめておく.

1. 変位はベクトル表示されているように方向性をもち,これに対応して N 個の原子に対して $3N$ 個の基準振動が存在する.これを加味すると変位モードの解を平面波近似で偏りのベクトルを導入して書く.

$$\vec{u}(\vec{R}, t) = \vec{V} e^{i(\vec{k} \cdot \vec{R} - \omega t)} \tag{8.40}$$

$q \to 0$ で $f = cq$ と表される音響モード(c は音速を与える)は立方晶の結晶では3種類の基準振動(1つの縦波振動モードと2つの横波とに分かれる)が存在することになり,結晶の対称性から独立の振動モードが決まるが,最も対称性の高い方向の基準振動は2つの横波が縮退する.

2. 単位格子に l 個の原子を含む格子には音響モードのほかに $3(l-1)$ 個の基準モードが存在する.これらの基準モードは単位格子の中での結晶の周期配列の位相と異なるので局所的な電荷を生じるために,一般には電磁波(光)と相互作用し,電磁波と相互作用をするので光学モードと定義される.

3. 熱平衡状態にあるフォノンはボーズ粒子である.フォノンの状態数が決まれば熱的性質が定量的に求められる.熱的性質の導出はフォノン分散関係が決まるとまず状態数が決まり,したがって内部エネルギーが決まる.これを微分すれば格子比熱が求められることになる.

$$n_s(\vec{k}) = \frac{1}{e^{\beta \hbar \omega_s(\vec{k})} - 1} \tag{8.41}$$

8.3 格子振動 (phonon)

$$U = U_{eq} + \frac{1}{V_0}\sum_{\vec{k}s}\hbar w_s(\vec{k})\left[n_s(\vec{k}) + \frac{1}{2}\right]$$

$$c_V = \frac{1}{V_0}\sum_{\vec{k}s}\frac{\partial}{\partial T}\frac{\hbar w_s(\vec{k})}{e^{\beta\hbar\omega_s(\vec{k})} - 1} \tag{8.42}$$

4. (8.36) 式を解けばフォノン分散関係が決まるが,その過程で求めたようにフォノンの振幅を決める原子間力と弾性定数とが対応するので,フォノンの速度を求めることで自動的に弾性率が決められる.音響モードの $q \to 0$ で,フォノン分散曲線の勾配が音速を与えるが,立方晶では,3 つの結晶主軸を伝搬する各々モードから c_{11}, c_{44}, c_{12} が決まる.縦波モードの音速は $\sqrt{c_{11}/\rho_0}$,横波モードの [100] 方向に対しては $\sqrt{c_{44}/\rho_0}$,[110] 方向に対しては $\sqrt{(c_{11}-c_{12})/2\rho_0}$,[111] 方向に対して $\sqrt{(c_{11}+c_{12}+2c_{44})/3\rho_0}$ と与えられる.音速の決定は超音波測定が一般的であるが,中性子散乱実験によってもこのように可能である.

8.3.2 フォノンに対する原子核非弾性散乱断面積

基礎編の 3.4 節で求めた微分散乱断面積を与える散乱中性子の波動関数 (3.19) 式から,フォノン散乱に起因する微分散乱断面積を求めてみる.特別の場合を除けば原子核の微小運動は原子の動きを直接反映している.もちろん両者の間に違いが生ずる場合もあり,この原因を追求することは重要な研究テーマにもなる.

$$|f(\omega)| = \frac{1}{r^2T}\int d\tau e^{-\omega\tau}\sum_{\vec{n}} b_{\vec{n}} e^{i\vec{Q}\cdot R_{\vec{n}}(\tau)} = \frac{1}{r^2T}\int d\tau \sum_{\vec{v}} b_{\vec{v}} e^{i(\vec{Q}\cdot\vec{R}_{\vec{v}} - \omega\tau)} e^{i(\vec{Q}\cdot\vec{u}_{\vec{v}}(\tau))}$$

$$= \frac{1}{r^2T}\int d\tau \sum_{\vec{n}} b_{\vec{v}} e^{i(\vec{Q}\cdot\vec{R}_{\vec{v}} - \omega\tau)}\prod_{\vec{q}s}\left[1 + i\vec{Q}\cdot\left(\phi e^{-i(f\tau - \vec{q}\cdot\vec{R}_{\vec{v}})}V + \phi^* e^{i(f\tau - \vec{q}\cdot\vec{R}_{\vec{v}})}V^*\right)M^{-\frac{1}{2}}\right.$$

$$\left. - \frac{1}{2}\left\{\vec{Q}\cdot\left(\phi e^{-i(f\tau - \vec{q}\cdot\vec{R}_{\vec{v}})}V + \phi^* e^{i(f\tau - \vec{q}\cdot\vec{R}_{\vec{v}})}V^*\right)M^{-\frac{1}{2}}\right\}^2 + \cdots\right] \tag{8.43}$$

振動数 f の調和振動模型による近似を使って上式の exponential 項を $\vec{u}$ で展開して得られる.(3.21) 式をさらに次のように書き換える.

$$\frac{d^2\sigma^{coh}}{d\Omega dE} = \frac{\bar{b}^2}{2\pi\hbar}\frac{v_f}{v_i}\int_{-\infty}^{\infty}d\tau e^{-i\omega\tau}\sum_{\vec{u}\vec{v}}\overline{e^{i(\vec{Q}\cdot(\vec{R}_{\vec{v}}(\tau) - \vec{R}_{\vec{v}}(0)))}} \tag{8.44}$$

$$\frac{d^2\sigma^{inc}}{d\Omega dE} = \frac{\overline{b^2} - \bar{b}^2}{2\pi\hbar}\frac{v_f}{v_i}\int_{-\infty}^{\infty}d\tau e^{-i\omega\tau}\sum_{\vec{v}}\overline{e^{i\vec{Q}\cdot(\vec{R}_{\vec{v}}(\tau) - \vec{R}_{\vec{v}}(0))}} \tag{8.45}$$

(8.43) 式を使って (8.44) 式の干渉性微分散乱断面積を求めると次のようになる.

$$\frac{d^2\sigma^{coh}}{d\Omega dE} = \frac{b^2}{2\pi\hbar}\frac{v_f}{v_i}\int_{-\infty}^{\infty} d\tau e^{-i\omega\tau}\sum_{\vec{u}\vec{v}} e^{i\vec{Q}\cdot(\vec{R}_{\vec{u}}-\vec{R}_{\vec{v}})}\prod_{\vec{q}s}\left[1+|\vec{Q}\cdot\vec{V}|^2\phi^*\phi e^{i\vec{q}\cdot(\vec{R}_{\vec{u}}-\vec{R}_{\vec{v}})-f\tau}M^{-1}\right.$$
$$\left.+|\vec{Q}\cdot\vec{V}|^2\phi\phi^* e^{-i\vec{q}\cdot(\vec{R}_{\vec{u}}-\vec{R}_{\vec{v}})+if\tau}M^{-1} - |\vec{Q}\cdot\vec{V}|^2(\phi^*\phi+\phi\phi^*)M^{-1}\right] \quad (8.46)$$

ここまでは正確であるが，多重フォノン過程をデバイ-ワラー因子で近似してしまうと単フォノン過程（one phonon process）だけを取り出すことになる．

$$\frac{d^2\sigma_1^{coh}}{d\Omega dE} = \frac{b^2}{2\pi\hbar}\sum_{\vec{q}s}\frac{v_f}{v_i}\int_{-\infty}^{\infty}d\tau e^{-i(\omega\mp f)\tau}\sum_{\vec{u}\vec{v}}e^{i(\vec{Q}\mp\vec{q})\cdot(\vec{R}_{\vec{u}}-\vec{R}_{\vec{v}})}|\vec{Q}\cdot\vec{V}_1|^2\frac{\hbar\left(n+\frac{1}{2}\pm\frac{1}{2}\right)}{2NfM}e^{-2W}$$
$$\times b^2\sum_{\vec{q}s}\frac{v_f}{v_i}\delta(\hbar\omega\mp\hbar f)\frac{8\pi^3}{V}\sum_{\vec{\tau}}\delta(\vec{Q}\mp\vec{q}-2\pi\vec{\tau})|\vec{Q}\cdot\vec{V}_1|^2\frac{\hbar\left(n+\frac{1}{2}\pm\frac{1}{2}\right)}{2NfM}e^{-2W}$$
$$(8.47)$$

単フォノンの微分散乱断面積はエネルギーと運動量の選択則をみたす2つのデルタ関数と $|\vec{Q}\cdot\vec{V}_1|^2$（散乱ベクトルとフォノンの変位ベクトルとの内積）が重要な情報である．デバイ-ワラー因子が1と近似できる理想結晶ではフォノンによる散乱強度は Q^2 で増える．実際にはデバイ-ワラー因子が効くと有限の Q で散乱強度が極大値をとる．単フォノンの中性子非弾性散乱からフォノン分散関係だけでなく，散乱強度の Q 依存性を観測から前節の終わりに示した理想結晶のフォノンの特性を基準にした高次の相互作用などを導出できる．そのうえ，他の励起状態の散乱強度の決定に単フォノン散乱を基準にすることがしばしば出くわす．以下に具体的なフォノン散乱実験の例を示す．

8.3.3 フォノンに対する中性子散乱実験

実験例をみながら，理論的に導かれた中性子フォノン散乱の理解を深めていくことにする．フォノン散乱の研究には良質の単結晶が必須で，しかも精密な実験には比較的大きなサイズ（~1 cm³）のバルク結晶が望ましい．比較的構造の簡単な，例えば立方対称の単位格子に1個の原子をもつ結晶については，鏡面をもつ高対称軸のフォノン分散関係がブリリアン領域全体で決められた研究が金属から分子結晶に至るまで蓄積されている．このほか，半導体や超伝導を示す物質，イオン結晶，磁性金属，（反）強誘電性，強弾性などの結晶の格子振動がその特徴的な物性と密接に関わっている研究が盛んに行われてきた．

8.3 格子振動 (phonon)

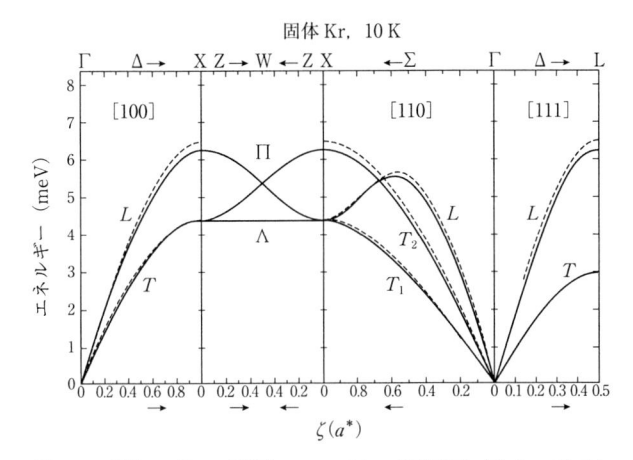

図 8.10 固体 Kr (f.c.c 構造) のフォノンの分散関係 (Skalyo, Endoh and Shirane (1974)).

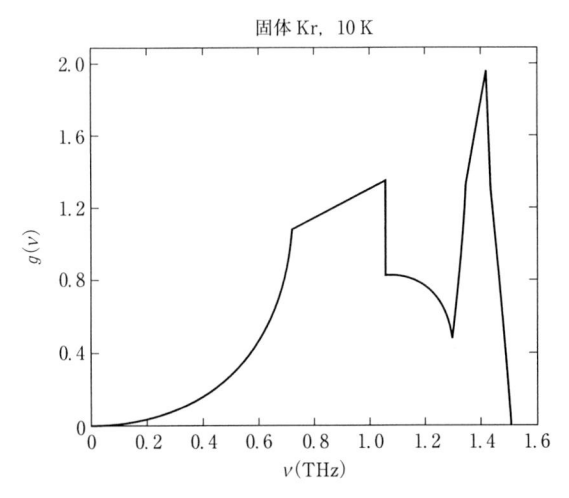

図 8.11 フォノンの実験値をもとに計算された調和振動子のエネルギー分布 (Skalyo, Endoh and Shirane (1974))

　ここでは最も簡単な系として固体希ガス結晶の格子振動を取り上げる．He から始まって Ne, Ar, Kr, Xe の固体は弱いファンデルワールス力で原子が結合している理想的分子結晶で，しかも最も対称性の高い立方結晶型であるので，フォノン研究のモデル物質となる．一例として分子量の大きな固体 Kr のフォノン分散関係を図示する (図 8.10)．この実験結果を前節に説明した調和振動子模型の範

囲内で Born von Karman によって導かれた解析から原子間力を求めることができる（図 8.11）. さらに分散曲線をもとにしてフォノンのボーズ粒子の状態密度を求めると比熱，デバイ温度などの結晶格子の熱的特性値が計算でき，実際の測定結果と定量的に比較できる．また，フォノンの速度から弾性率などバルクの弾性が求まる．

このように固体 Kr など理想的なファンデルワールス力が働く分子結晶の格子振動の研究を通して，固体 He や Ne などの軽希ガス原子の分子結晶からのフォノンにみられるゼロ点振動や非調和格子振動，量子効果の実態をきわめる効果が明らかにされる．

8.4 スピン波（magnon）

格子振動（phonon）とともに中性子散乱の特徴を最大限に活かした研究にスピン波（magnon）の研究がある．マグノンは磁性の規則状態を特徴づける磁気モーメントの最も低いエネルギー熱揺らぎの集団運動で，とくに低温での磁化の熱的な揺らぎによってオーダーパラメーターの減少をスピン波励起で理解できる．中性子非弾性散乱によってフォノン散乱と同様に中性子によるスピン波励起あるいは吸収などの現象を直接観測できることは早くから知られていたが，実際実験が可能となったのは熱中性子の強度が非弾性スペクトルをとれるくらいに強くなり，かつ測定に必要な良質の単結晶が容易に得られる時代になってからである．まずスピン波を導入することから始めよう．

磁化ベクトルが外磁場の周りに歳差運動をすることはよく知られた現象であるが，強磁性体の磁化（磁気モーメント）の有限温度での減少を同様の運動が結晶を伝搬する機構で理解することを最初に Bloch が導いた．これがスピン波（spin wave）である．強磁性スピン波の描像を図 8.12 に示す．

強磁性体の磁気ハミルトニアンから出発する．

$$H = -2\sum_{\langle i,j \rangle} J_{ij} \vec{S}_i \cdot \vec{S}_j - g\mu_B H_A \sum_j S_{jz} \tag{8.48}$$

磁気モーメントを古典的なベクトルとみなし，強磁性はスピン間の交換相互作用と異方性磁場が働いているとする．J_{ij} は交換相互作用，H_A は異方性磁場，$\langle i,j \rangle$ は磁気モーメント対を表す．

スピン角運動量の運動方程式（トルク方程式）を書くと，

8.4 スピン波(magnon)

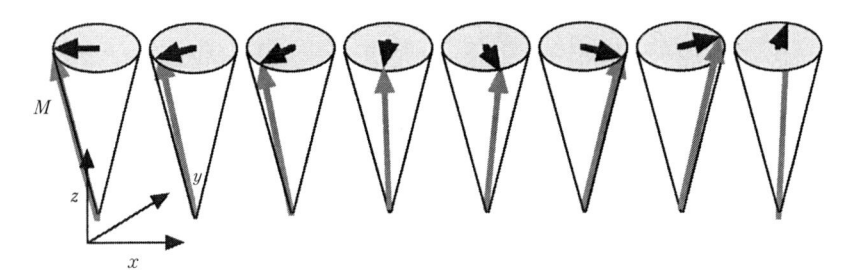

図 8.12 強磁性スピン波(平均の磁化はz軸を向く)の概念図

$$i\hbar \dot{\vec{S}}_j = [\vec{S}_j, H] \tag{8.49}$$

[ ]は$\vec{S}_j$とHが交換関係にあることを示す.上の2つの式からS_{jx}, S_{jy}の運動方程式が得られる.

$$i\hbar \dot{\vec{S}}_j = -2\sum_{\langle i,j \rangle} J_{ij}[\vec{S}_j, \vec{S}_i \cdot \vec{S}_j] - g\mu_B H_A [\vec{S}_j, S_{iz}] \tag{8.50}$$

$[S_{jx}, S_{jy}] = i\hbar S_{jz}\delta_{ji}$などの交換関係を使う.

$$\dot{S}_{jx} = -2\sum_j J_{ij}(S_{iy}S_{jz} - S_{ix}S_{jy}) + g\mu_B H_A S_{jy} \tag{8.51a}$$

$$\dot{S}_{jy} = -2\sum_i J_{ij}(S_{iz}S_{jx} - S_{ix}S_{jz}) + g\mu_B H_A S_{jx} \tag{8.51b}$$

S_{jx}, S_{jy}にフーリエ変換を導入してS_{qx}, S_{qy}について(8.50)式を解くと

$$\hbar \dot{S}_{qx} = 2\{J(0) - J(q)\}SS_{qy} - g\mu_B H_A S_{qy} \tag{8.52a}$$

$$\hbar \dot{S}_{qy} = -2\{J(0) - J(q)\}SS_{qx} - g\mu_B H_A S_{qx} \tag{8.52b}$$

ここで,$\sum_j S_{iy}e^{-i\vec{q}\cdot\vec{r}_j} = S_{qy}$, $\sum_j J_{ij}e^{-i\vec{q}\cdot(\vec{r}_i-\vec{r}_j)} = \sum_j J_{ij}e^{-i\vec{q}\cdot(\vec{r}_j-\vec{r}_i)} = J(q)$, $\sum_i J_{ij} = J(0)$の関係を使う.$S_{ix}(y)$は磁化の傾きが小さいとしてSで近似している.

$S_{qx}(y)$が時間因子$e^{-i\omega t}$に比例するとして,各々の係数の行列式を解くことでスピン波の固有振動数ωを求めることができる.

$$\hbar \omega_q = 2[J(0) - J(q)]S + g\mu_B H_A \tag{8.53}$$

上式がスピン波の分散関係を与える解となり,$J(q)$は結晶構造や相互作用の及ぶ範囲等が与えられると具体的に書ける.H_Aが無いときは,$q=0$では$\omega=0$でq^2の関係の分散関係が得られる.

スピン波はマグノン量子の集団運動状態で格子波がフォノン量子の運動状態であることと対応する.マグノン量子($n_j = a_j^* a_j$)を用いて量子力学的に上記のスピン波運動方程式を導いた Holstein Primakoff に習って導いておく.強磁性体のハイゼンベルグ磁気ハミルトニアンのスピン演算子を量子演算子で書き直す必要がある.

$$S^2 = S_x^2 + S_y^2 + S_z^2 = (S_x + iS_y)(S_x - iS_y) + S_z^2 \equiv S^+S^- + S_z^2 \tag{8.54}$$

$$S_{jz} = S - n_j \tag{8.55}$$

$$a_j|n_j\rangle = \sqrt{n_j}|n_j - 1\rangle \tag{8.56a}$$

$$a_j^*|n_j\rangle = \sqrt{n_j + 1}|n_j + 1\rangle \tag{8.56b}$$

$$S_j^+ = \sqrt{2S}\left(1 - \frac{a_j^*a_j}{2S}\right)^{\frac{1}{2}} a_j \tag{8.57a}$$

$$S_j^- = \sqrt{2S}\, a_j^*\left(1 - \frac{a_j^*a_j}{2S}\right)^{\frac{1}{2}} \tag{8.57b}$$

となる.a_j^*はマグノン(ボーズ粒子)生成演算子,a_jは消滅演算子である.(8.48)式のハイゼンベルグハミルトニアンを量子演算子を用いて書き換える.簡単のため異方性エネルギーを無視する.

$$\mathrm{H} = -2\sum_{\langle i,j \rangle} J_{ij} \vec{S}_i \cdot \vec{S}_j = -2\sum_{\langle i,j \rangle} J_{ij}\{S^2 - S(a_i^*a_i + a_j^*a_j) + S(a_i^*a_j + a_j^*a_i) - a_i^*a_ia_j^*a_j$$
$$- \frac{1}{4}a_i^*a_j^*a_ia_j - \frac{1}{4}a_j^*a_i^*a_ja_i + a(6\mathrm{th \cdot order})\} \tag{8.58}$$

(8.52)式を導いたと同様の手続きで(8.58)式を解く.ただしa^*aの2次項までで止める.

$$a_q = \sqrt{N}^{-1}\sum_j a_j e^{-i\vec{q}\cdot\vec{r}_j}$$
$$a_q^* = \sqrt{N}^{-1}\sum_j a_j^* e^{i\vec{q}\cdot\vec{r}_j}$$
$$\mathrm{H} = -2\sum_{\langle i,j\rangle} J_{ij} S^2 + \sum_q 2S\{J(0) - J(q)\}a_q^*a_q \equiv E_g + \hbar\omega_q a_q^*a_q \tag{8.59}$$

(8.59)式の第2項のω_qが分散関係(magnon dispersion)を与える.量子力学的表示は中性子散乱を考えるとき,中性子(量子)がスピンを反転させながらマグノンを励起(生成),吸収(消滅)する物理現象を明確に理解させるのに役立つ.

8.4.1 マグノンに対する中性子磁気非弾性散乱断面積

この項ではマグノンを直接観測する中性子磁気非弾性散乱断面積の基礎方程式を与え,実際のマグノン測定は次項に具体例を示す.基礎編3.2節の磁気散乱断面積と4.2節の相関関数を与える公式とを組み合わせて中性子磁気非弾性散乱断面積を書き下すことができる.

Van Hoveの導いた微分散乱断面積(4.7)式を再現する.

8.4 スピン波(magnon)

$$\frac{d^2\sigma}{d\Omega dE} = N\frac{v_1}{v}\left(\frac{m}{2\pi\hbar^2}\right)^2 V^2 \overline{\tilde{V}(\vec{k})^2} \cdot S(\vec{k}\omega) \quad (8.60)$$

ここで，$\tilde{V}(\vec{k})$ は散乱ポテンシャルの項で，ここでは磁気散乱ポテンシャルを与える．$S(\vec{k}\omega)$ は散乱関数で，ここではスピン相関関数から与えられる．その結果次のようなマグノン励起に関する中性子磁気微分散乱断面積が与えられる．

$$\frac{d^2\sigma}{d\Omega d\omega} = \left(\frac{\gamma e^2}{mc^2}\right)^2 \left\{\frac{1}{2}gf(\vec{\kappa})\right\}^2 \frac{v_f}{v_i} e^{-2W(\vec{k})} \sum_{\nu\mu}(\delta_{\nu\mu} - \tilde{\kappa}_\nu\tilde{\kappa}_\mu) \frac{1}{2\pi\hbar}\int_{-\infty}^{\infty} e^{-i\omega t}\langle S_{\kappa\nu}(0)S_{\kappa\mu}(t)\rangle \quad (8.61)$$

上式の右辺のスピン相関関数 $\langle\ \rangle$ は強磁性体では磁化の構造を与える磁気ブラッグ散乱の項（弾性散乱）$\langle S^z_Q S^z_Q \rangle$ と非弾性散乱項に分離できる．ν, μ は磁化単位ベクトル成分で通常磁化方向を z 軸，横成分を $x, y, (x\pm y)\equiv(+,-)$ にとる．非弾性散乱断面積を求めるために $\langle S^\pm_q S_q \rangle$ 項の計算をする．

$$\langle S^-_i(0)S^+_j(t)\rangle = N^{-2}\sum_q e^{i\vec{q}\cdot(\vec{r}_i-\vec{r}_j)}\langle S^-_q(0)S^+_q(t)\rangle \quad (8.62)$$

相関定理に従うと，

$$\langle S^-_q S^+_q \rangle = Tre^{-\beta\tilde{H}}S^-_q S^+_q / Z = Tre^{-\beta\tilde{H}}e^{\beta\tilde{H}}S^+_q e^{-\beta\tilde{H}}/Z = TrS^+_q(-i\hbar\beta)S^-_q/Z \quad (8.63)$$

この関係から

$$\langle S^-_q S^+_q \rangle = e^{-\hbar\omega_q}\langle S^+_q S^-_q \rangle \quad (8.64)$$

さらに交換関係から，

$$\langle S^-_q S^+_q \rangle = \frac{2SN}{e^{\hbar\beta\omega_q}-1} = 2NSn_q \quad (8.65\text{a})$$

$$\langle S^-_q(0)S^+_q(t)\rangle = \frac{2S}{N}\sum_q e^{i[\vec{q}\cdot(\vec{r}_i-\vec{r}_j)-\omega_q t]}n_{\vec{q}} \quad (8.65\text{b})$$

$$\langle S^+_q(0)S^-_q(t)\rangle = \frac{2S}{N}\sum_q e^{i[\vec{q}\cdot(\vec{r}_i-\vec{r}_j)+\omega_q t]}(n_{\vec{q}}+1) \quad (8.65\text{c})$$

この結果を用いてマグノンの非弾性散乱断面積が次のように書ける．

$$\left(\frac{d^2\sigma}{d\Omega d\omega}\right)^{trans} = \left(\frac{e^2\gamma}{mc^2}\right)^2 \left\{\frac{1}{2}gf(\vec{\kappa})\right\}^2 \frac{v_f}{v_i}(1+\kappa_z^2)e^{-2W(\kappa)^2}$$
$$\times \frac{8\pi^3 S}{2V}\sum_{\vec{q},\vec{\tau}}\left(n_q+\frac{1}{2}\pm\frac{1}{2}\right)\delta(\hbar\omega_{\vec{q}}\mp\hbar\omega)\delta(\vec{\kappa}\mp\vec{q}-2\pi\vec{\tau}) \quad (8.66)$$

基礎編 4 章で相関関数と動的感受率（磁性体では磁化率）との関係を導いたように，中性子磁気散乱は動的磁化率測定の最も有効な実験手段である．

(4.23) 式を書き直して，

$$\int_{-\infty}^{\infty} dt e^{i\omega t} \langle \{M_\nu(\vec{\kappa}, t), M_\mu(\vec{\kappa}, t)\} \rangle = \frac{2\hbar}{1 - e^{-\beta\hbar\omega}} \chi_{\nu\mu}''(\vec{\kappa}, \omega) \tag{8.67}$$

(8.67) 式を (8.60) 式と (8.66) 式を使って書き換えると,

$$\left.\frac{d^2\sigma}{d\Omega d\omega}\right|^{\pm} = \left(\frac{\gamma e^2}{mc^2}\right)^2 \left\{\frac{1}{2} gf(\vec{\kappa})\right\}^2 \frac{v_f}{v_i}(1 + \kappa_z^2) e^{-2W(\vec{\kappa})}$$

$$\times \frac{N}{4\pi(g\mu_B)^2} \left[\left(\frac{1}{e^{\hbar\beta\omega} - 1} + 1\right)\chi''^{\pm}(\vec{\kappa}, \omega) + \left(\frac{1}{e^{-\hbar\beta\omega} - 1}\right)\chi''^{\pm}(-\vec{\kappa}, -\omega)\right]$$

$$\tag{8.68}$$

となる. すなわちマグノンの特性エネルギーは動的磁化率の特異点 (pole) として定義される.

$$\chi''(\vec{\kappa}, \omega) \propto \frac{1}{\omega - \omega_{\vec{q}}} \tag{8.69}$$

8.4.2 マグノンの中性子散乱実験

強磁性スピン波(マグノン)の実験は数多くなされてきた. 上に述べた単純な磁気ハミルトニアンで記述できる強磁性体のスピン波分散関係 ($\omega-q$) は $\cos(q \cdot r)$ で表される. ここに例示した強磁性金属 Pd_2MnSn（ホイスラー金属）の特徴的な分散関係はハイゼンベルグ模型の範囲内で, Mn 原子の局在モーメントに働く遠距離磁気相互作用を考慮するとよく合わせることができる（図 8.13）.

この模型で得られる結論は, Mn 磁気モーメント間の強い近接相互作用に加えて長距離まで交換相互作用が働いていることである. 長距離相互作用は伝導電子を介在した局在磁気モーメント間の間接相互作用（RKKY-interaction）（RKKY）の寄与が示唆される. 実際 RKKY 模型を適用してフェルミエネルギーをもつ伝導電子の密度や位相差パラメーター等重要な情報が含まれ, 金属磁性の本質の解明がスピン波の実験から得られたのである（図 8.14）.

次に反強磁性スピン波を求め, その後反強磁性体 MnO のスピン波の実験例を示す. Mn 原子は fcc 構造をとるが, スピンが揃った結晶格子の ⟨111⟩ 面が互い違いに揃うことによって反強磁性規則状態が実現する. これを一般に fcc 格子の type II 型の反強磁性規則相と名づけている. 一方の格子の磁気モーメントの向き（＋方向）に対して, それと反対向きに揃った磁気モーメント（－方向）と 2 つの部分格子からなる反強磁性相のスピン波を考える. これらのサイトを j, l で

8.4 スピン波 (magnon)

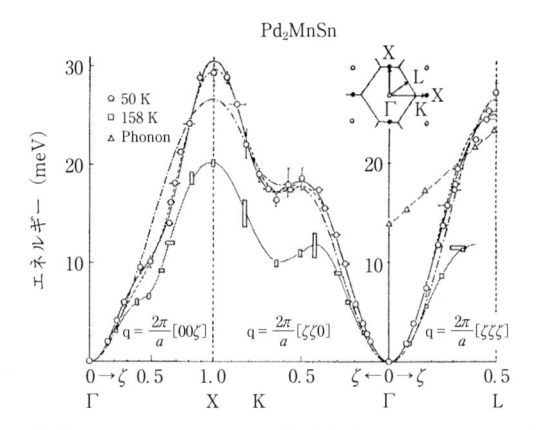

図 8.13 強磁性 Pd_2MnSn のスピン波分散曲線 (Noda and Ishikawa (1976))

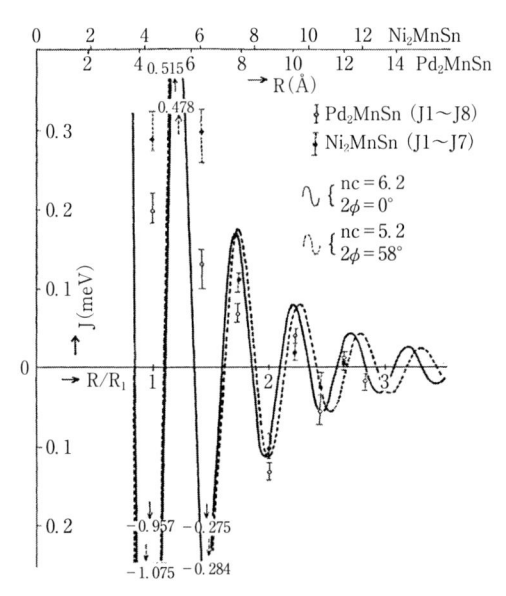

図 8.14 スピン波分散曲線をもとに計算されたスピン間長距離相互作用．短距離は直接相互作用，長距離は間接相互作用 RKKY でよく近似できる (Noda and Ishikawa (1976))

表す．強磁性スピン波の導出に準じて進めていく．2つの副格子に属するスピンの演算子 (spin deviation operator) a_j^*, a_j, b_l^*, b_l を導入する．

$$S_j^z = S - a_j^* a_j \tag{8.70a}$$

$$S_j^+ = \sqrt{2S}\, a_j, \qquad S_j^+ = \sqrt{2S}\, a_j^* \tag{8.70b}$$

$$S_l^z = -S + b_l^* b_l \tag{8.70c}$$

$$S_l^+ = \sqrt{2S}\, b_l^*, \qquad S_j^- = \sqrt{2S}\, b_l \tag{8.70d}$$

スピン波の運動を決めるハミルトニアンは簡単のため,異なる副格子に属する最近接間のスピンに交換相互作用が働くとする.

$$\mathrm{H} = -2\sum_{j,l} J_{jl}\vec{S}_j \cdot \vec{S}_l = -2\sum_{j,l} J_{jl}\{-S^2 + S(a_j^* a_j + b_l^* b_l) + S(a_j b_l + a_j^* b_l^*)\} \tag{8.71}$$

a_j, b_l をフーリエ変換して,これを (8.70) 式に入れる.

$$a_j = \sqrt{\frac{2}{N}}\sum_q a_q e^{i\vec{q}\cdot\vec{R}_j}, \qquad b_l = \sqrt{\frac{2}{N}}\sum_q b_q e^{i\vec{q}\cdot\vec{R}_l}$$

この式の進行には次の項の計算が必要となる.

$$\sum_{j,l} J_{jl} a_j^* a_j = \frac{2}{N}\sum_{j,l} J_{jl}\sum_{q,q'} a_{q'}^* a_q e^{-i\vec{q'}\cdot\vec{R}_j} e^{i\vec{q}\cdot\vec{R}_j} = \frac{2}{N}\sum_{j,l} J_{jl}\sum_{q,q'} a_{q'}^* a_q e^{-i(\vec{q}-\vec{q'})\cdot(\vec{R}_j-\vec{R}_l)} e^{-i(\vec{q}-\vec{q'})\cdot\vec{R}_l}$$

$$= \frac{2}{N}\sum_{q,q'} a_{q'}^* a_q \sum_l e^{-i(\vec{q}-\vec{q'})\cdot\vec{R}_l} \sum_{\langle j,l\rangle_{n.n}} J_{jl} e^{-i(\vec{q}-\vec{q'})\cdot(\vec{R}_j-\vec{R}_l)} = z\bar{J}\sum_q a_q^* a_q \tag{8.72a}$$

同様に,

$$\frac{2}{N}\sum_{j,l} J_{jl}\sum_{q,q'} a_q b_{q'} e^{i\vec{q}\cdot\vec{R}_j} e^{i\vec{q'}\cdot\vec{R}_l} = \frac{2}{N}\sum_{j,l} J_{jl}\sum_{q,q'} a_q b_{q'} e^{i\vec{q}\cdot(\vec{R}_j-\vec{R}_l)} e^{i(\vec{q}+\vec{q'})\cdot\vec{R}_l}$$

$$= \frac{2}{N}\sum_{q,q'} a_q b_{q'} \sum_{j,l} e^{i(\vec{q}+\vec{q'})\cdot\vec{R}_l} \sum_{\langle j,l\rangle_{n.n}} J_{jl} e^{i\vec{q}\cdot(\vec{R}_j-\vec{R}_l)} = z\bar{J}\sum_q a_q b_{-q}\gamma(\vec{q}) \tag{8.72b}$$

$z, \vec{\rho}$ は,各々最近接スピンの数,最近接間のベクトルで,$\gamma(\vec{q}) = (1/z)\sum_{\vec{\rho}} e^{i\vec{q}\cdot\vec{\rho}}$ である.

この結果を使って (8.71) 式のハミルトニアンを書き換える.

$$\mathrm{H} = Nz\bar{J}S^2 - 2\bar{J}zS\sum_q \{\gamma(0)(a_q^* a_q + b_q^* b_q) + \gamma(q)(a_q b_{-q} + (a_q \cdot b_{-q}^*))\} \tag{8.73}$$

分散関係を導くにはこのハミルトニアンを対格化する必要がある.そのための変換を行う.

$$\alpha_q = \cosh\theta_q \alpha_q + \sinh\theta_q b_{-q}^*$$

$$\beta_q = \sinh\theta_q \alpha_q^* + \cosh\theta_q b_{-q}^*$$

逆変換をしてその結果を上のハミルトニアンに代入して,その式に出てくるクロス項 $(\alpha_q\beta_q + \alpha_q^*\beta_q^*)$ を消すためにこの項の係数を 0 にする θ_k を選ぶ.その条件式は $\tanh 2\theta_q = \gamma(q)/\gamma(0)$

結局 (8.73) 式のハミルトニアンは

8.4 スピン波 (magnon)

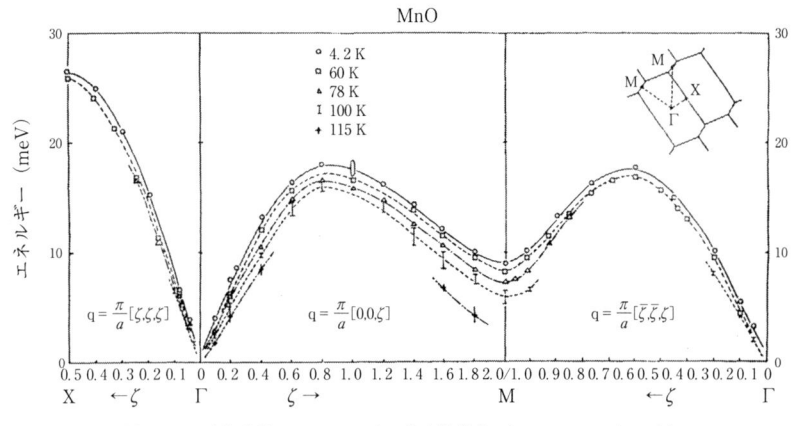

図 8.15 反強磁性 MnO のスピン波分散曲線 (Kohgi et al. (1998))

$$H = NzJS^2 - 2JzS\sum_q \{2\gamma(0)\sinh^2\theta_q - \gamma(q)\sinh 2\theta_q\}$$
$$- 2JzS\sum_q \{\gamma(0)\cosh 2\theta_q - J(q)\sinh 2\theta_q\}(\alpha_q^*\alpha_q + \beta_q^*\beta_q)$$

$$\cosh 2\theta_q = \frac{\gamma(0)}{\sqrt{\gamma(0)^2 - \gamma(k)^2}}, \qquad \sinh 2\theta_q = \frac{\gamma(q)}{\sqrt{\gamma(0)^2 - \gamma(k)^2}} \tag{8.74}$$

マグノンのエネルギー分散は,

$$\hbar\omega_q = 2|J|zS\sqrt{\gamma(0)^2 - \gamma(q)^2} \tag{8.75}$$

この式は q の小さい値では q の 1 次に比例することになる.2 つのモード α_q, β_q は磁場がかからないときは縮退している.また 1 軸異方性 $Ds_{j(l)z}^2$ がかかると,

$$\hbar\omega_q = 2|J|zS\sqrt{[\gamma(0)(1+\alpha)]^2 - \gamma(q)^2}, \qquad \alpha = \frac{D(2S-1)}{2|J|zS} \tag{8.75a}$$

図 8.15 は MnO の反強磁性マグノンの分散関係の実験結果である.小さい q やゾーン境界（M 点）近くで大きな温度変化がみられるのが特徴である.これは磁気異方性の原因が 1 軸異方性ではなく,双極子相互作用であることが原因であり,反強磁性相では結晶が〈111〉方向に歪むことによって異方性エネルギーをより安定にすることが知られていたが,この実験による分散関係の温度変化から直接的にこの効果を検証することができた.また現在実験をしている JRR-3 のほぼ 1 桁程度中性子強度が弱い JRR-2 原子炉（現在は永久停止）で初めて 3 軸分光器を使ってスピン波が測られた貴重な実験例である.

8.5 次元,量子効果

8.2節では臨界指数を導入すると2次相転移の臨界現象が普遍的に理解できることを説明した.3次元結晶を形成する磁性体のうち,磁性イオンが図8.16のように磁性イオンだけを取り出すと,幾何学的に1次元(鎖状)ないし2次元(面状)に最近接同士が結合している物質(低次元磁性物質)が数多く存在する.これらの物質は低次元の熱力学現象の典型例とみなすことができる.このような磁性物質では幾何学的に構造上の配列から近接相互作用が低次元的に働くことは明らかであるが,$3d$族の磁性イオン電子に代表されるように軌道の秩序配列によって磁性イオン間の相互作用(超交換相互作用)が異方的に働く場合には,結晶構造がほぼ立方対称であっても磁気的に低次元性を示すことがある(図8.17).

低次元磁性体の特徴は周りの磁性イオンの数が少ないので3次元磁性体に比較すると圧倒的にスピンの揺動が大きくなり,その結果磁気秩序相への相転移温度が低くなることである.また磁気秩序と拮抗する別の規則相が実現する可能性が大きい.現に磁気秩序相を凌駕して超伝導相が現れたり,両方の相が共存もしくは競合したりする特異な現象も近年発見されてきた.

中性子磁気散乱は磁気モーメント(スピン)の構造とその動的な揺らぎをみる絶好の実験手段であるので低次元磁性の研究には不可欠の道具である.低次元磁性体は量子統計の研究場所としても重要な物質である.とくにスピン量子が

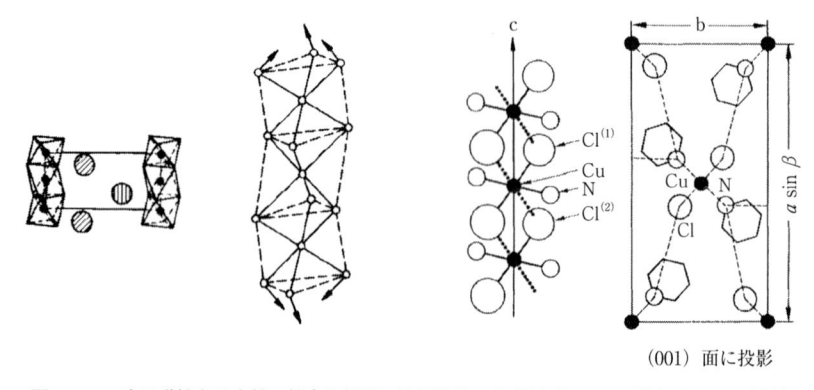

(001)面に投影

図 8.16 1次元磁性を示す鎖の鎖内と鎖間の結晶構造の典型例($CsNiF_3$(左)とCPC(右))

8.5 次元,量子効果

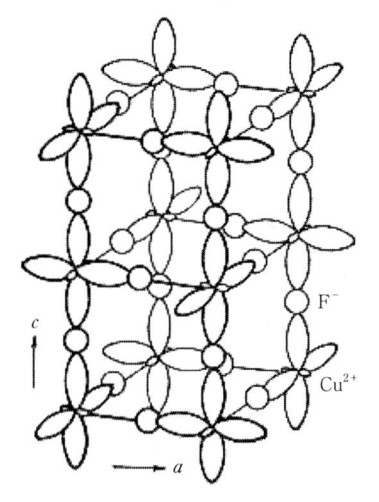

図 8.17 KCuF$_3$ の結晶構造.擬立方結晶構造中に配置された Cu^{2+} の d 軌道が規則的に並ぶので結晶の c 軸方向に 1 次元反強磁性鎖が形成される.

1 ($S=1/2$) では量子効果が最も鮮明に物理現象に現れるので,古典スピン ($S=\infty$) との直接比較をすることができ,量子効果の理解が進む.この節では具体的な例を挙げながら詳しく説明する.

8.5.1 準弾性散乱による低次元スピン相関

まず反強磁性および強磁性擬 1 次元系の準弾性散乱によるスピン相関測定の例を示す.準弾性散乱の測定は 2 軸分光器により測定され,理想的にはある特定の散乱ベクトルでの散乱中性子の全エネルギー領域に積分した積分強度をみる,すなわち「瞬間写真」が測定されることは全散乱で詳しく説明した.図 8.18 には TMMC とよばれる典型的な 1 次元反強磁性体(Mn イオン)の低温での準弾性散乱を測る結晶の c 軸に沿って鎖状に反強磁性的に Mn の磁化が配向している(図 8.18 右上)と低温で c^* の位相 π もしくは (001) 方向に線上の準弾性散乱のピークが現れる.

もう少し詳しく説明すると,結晶の波数ベクトルは低次元性を反映して 1 次元逆格子線上にのみ存在することになるので,散乱後の中性子の方向がこの面内(図 8.18 右下の 2 次元散乱面では線)に散乱後の波数ベクトル ($\vec{k_f}$) を図上の太線に

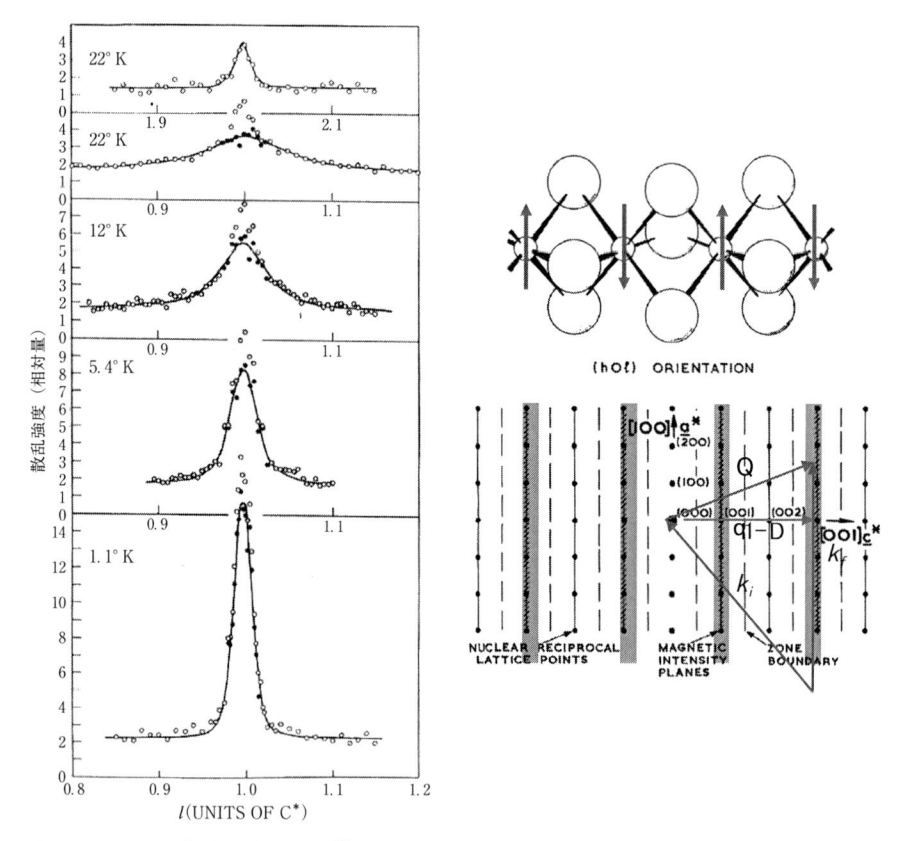

図 8.18 TMMC の鎖状に並んだ Mn^{+2}($S=5/2$) の磁気スピンが隣接する Cl イオンを媒介とする超交換相互作用で反強磁性鎖を形成する様子を示したもの．そのときの磁気反射は逆格子 c^* 軸方向にのみ磁気反射点が存在し，それに直角な面は面状（2 次元の散乱面では直線）になる．左の中性子磁気散乱は右の太線で示した散乱ダイアグラム（$k_i/\!/[100]$）を保って Q を [001] に平行にスキャンしたもので，(001) にピークが現れる．(Hutchings et al. (1972))

示すような配置を実現すれば，線上に相乗した遷移エネルギーを積分することになって準弾性散乱の条件を正確にみたすことができる．ここでは，1 次元系の場合物理的に意味のある（relevant）逆格子ベクトル（波数）が 1 次元鎖に垂直な面状配列（zone-center が 1 次元鎖に垂直な面）をするので，1 次元鎖を軸とした中性子散乱面では同等の散乱断面積を与えることに注意する．結果として峰型（ridge-like）分布が 1 次元逆格子に垂直な散乱面のいかなる波数でも存続する．2 次元系の場合には zone-center が 2 次元面に垂直な線をなし，物理的に意味の

ある波数が円筒状配列をなすために，線状ゾーンセンターが散乱面内に存在するように結晶配置を行えば，同じような峰型磁気散乱分布が観測される．1次元逆格子面に広がる散乱関数はローレンツ関数で解析され，その半値幅が相関距離の逆数（κ）を与える．図8.18の左から1次元磁性体の特徴である相関距離の温度依存性が緩やかに変化する様子がよくわかる．散乱強度は磁化率（$\chi(q=\pi)$）に比例し，その逆数が温度に直線的に比例するようすが読み取れる．

8.5.2 中性子磁気非弾性散乱にみる1次元スピン揺らぎ

磁気相関の次元性はスピンダイナミックスのエネルギースペクトルに直接反映する．図8.19にはTMMCの低温での磁気励起スペクトルの結果が示されている．繰り返しになるが1次元反強磁性体はスピン揺らぎの効果が大きいので磁気規則相は極低温でのみ実現する．ハイゼンベルグ型（等方的）反強磁性体では厳密には絶対零度のみしか存在しないが，実際の結晶では最近接相互作用以外の摂動効果によって有限温度で規則相が実現することになるが，前節でみたように臨界指数のべきが0に近いので，広い温度範囲で絶対零度に向かって1次元反強磁性の

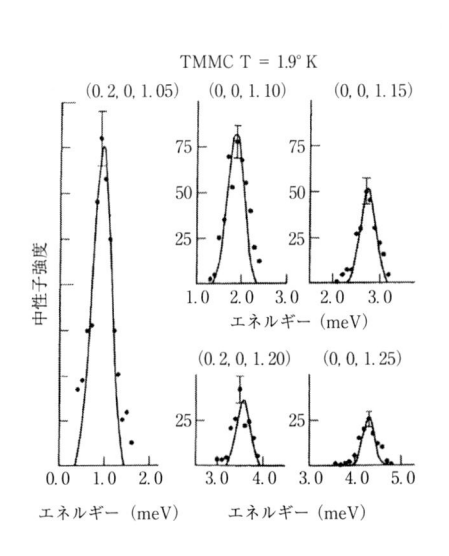

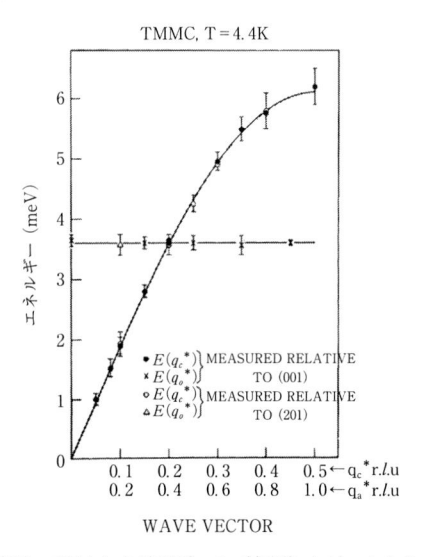

図8.19 TMMCの1.9Kにおける $[0, 0, 1+q]$（q変数）で得られた散乱ピーク（左側）とピークを与えるエネルギーと q を結んで得られる1次元スピン波分散曲線．c^*方向にのみエネルギーが変化し，a^*方向にはエネルギーが一定である（Hutchings (1972)）．

スピン揺らぎが成長していくことが期待される.

実際 TMMC を例にとると, 図 8.19 のように T_N (T_N は約 1 K) より高い温度 (1.9 K) ですでに反強磁性基底状態に特有な $\sin(\pi q)$ ($CsNiF_3$ では, 強磁性相関に特有な $(1-\cos(\pi q))$) のスピン波分散関係が 1 次元鎖方向に観測されている. 1 次元鎖に垂直な方向には, 磁気相互作用があっても非常に小さいので, 分散の無い(平らな)磁気励起が観測される. 反強磁性の場合には (2π をゾーンセンターとして), 化学セルの逆格子単位の半分の周期 π をもつ分散関係をもつ. 散乱強度は絶対零度の基底状態の構造因子を反映して, π の奇数整数倍の波数の場所で最大になる.

1 次元強磁性物質である $CsNiF_3$ (バルクは反強磁性体) の例を図 8.20 に示すように, 化学セルと同じ周期 2π をもつスピン波分散関係をもつ. 観測される散乱強度は磁気形状因子を反映して波数が大きくなるに従って小さくなり, 磁気散乱であることも特定できる. この 2 つの代表的例で示されるように, 中性子磁気非弾性散乱は 1 次元磁性の直接の検証を得る重要な実験手段となる.

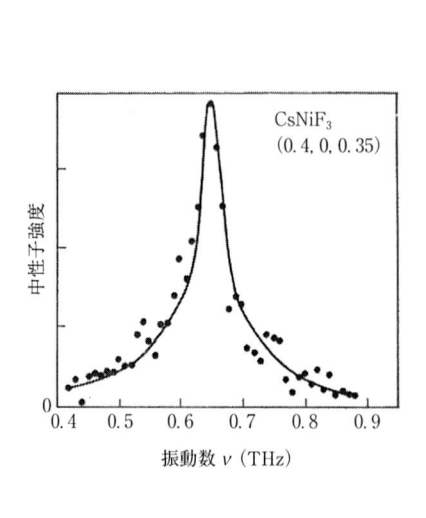

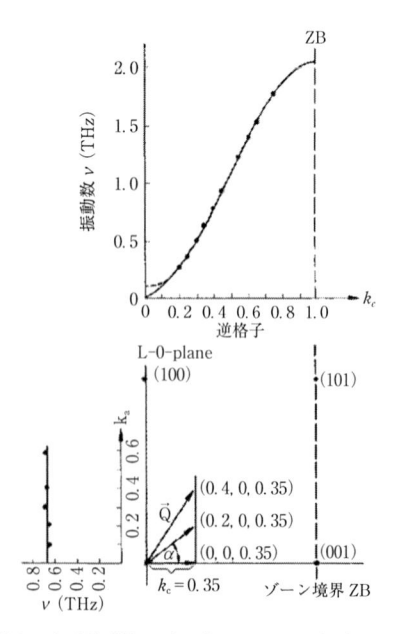

図 8.20 反強磁性 $CsNiF_3$ の低温のスピンの揺らぎは 1 次元強磁性スピン波スペクトル (1 次元鎖は強磁性的にスピンが揃う) が得られる. (Kakurai et al. (2001))

8.5 次元,量子効果

　近年パルス中性子源に設置したチョッパー（TOF）分光器によって，非弾性散乱の測定が一般的になってきたが，とくに低次元磁性では非常に有効である．上でも述べたように 1 次元磁性体では，エネルギー分散が鎖方向のみに依存するので，1 次元鎖の垂直方向の逆格子面の散乱強度を積分して，1 次元的に等価な波数値の情報を摘出できる．実際，図 8.21 上の図に示すように中性子を 1 次元鎖に平行に入射し，ある一定の角度，一定のエネルギーで散乱中性子（散乱ベクトル），を取り出すことを考える．散乱ベクトルを 1 次元鎖（入射中性子）を中心に同じ角度を保ったまま回転させると円錐を描き，この底面はゾーンの中心から半径（q_{1D}）の円弧をもつ．これは等価の散乱ベクトルとなるので，1 次元的には同等な逆格子空間の情報を積分して収集することができる．飛行時間を測定して散乱後の中性子のエネルギーを選別するチョッパー分光器を使うと，同じ散乱角に位置する検出器の異なる飛行時間に対応する「窓」には散乱後の長さが異なる中性子波数ベクトルの底面，異なる q_{1D} の異なる遷移エネルギーの情報が入力される．この原理から散乱ダイアグラムの幾何学的散乱条件下（$Q/\!/c$ 配置，1 次元鎖方向を c 軸にとる）で，散乱方向に位置する 2 次元検出器の積算した飛行時間解析をすると $S(q_{1D}, \omega)$ が散乱中性子の飛跡（trajectory）上に検出される．つまり図 8.21 で下図に散乱中性子の飛跡が 1 次元磁気励起分散と交差する点が共鳴点に対応し，非弾性磁気散乱信号が観測される．入射エネルギーを変えながらスピン波分散曲線の異なる共鳴点を結ぶと，最終的に 1 次元スピン励起のマッピングができる．

　図 8.22 に示した TOF 散乱配置図から k_f が磁気鎖の方向にほぼ垂直の場合には，有限の長さをもつ位置敏感検出器で検出する中性子はすべて同じ 1 次元波数ベクトル q_c に関する情報をもつので，中性子の飛行時間の解析から，1 次元磁気鎖に対する constant q_c 測定をすることになる．この配置で異なる散乱角に配置された検出器の飛行時間解析で測定できる飛跡の例が（b）に示してある．図（c）では 3 次元結晶の場合のスピン波の分散と散乱飛跡の関係を示しているが，実際その飛跡を得るためには結晶の散乱配置を考慮する必要がある．

　1 次元スピン波の $Q/\!/c$ 配置が低角検出器全体を積分して 1 つの飛跡と分散関係の交差点を検出するのに対して，$Q \perp c$ 配置では広い範囲の多数の検出器を個別に活用するので，1 次元スピン波の分散関係のマップが一挙に測定できるが，1 つの 1 次元波数ベクトルおよびエネルギー遷移に対する積分の度合いは $Q/\!/c$

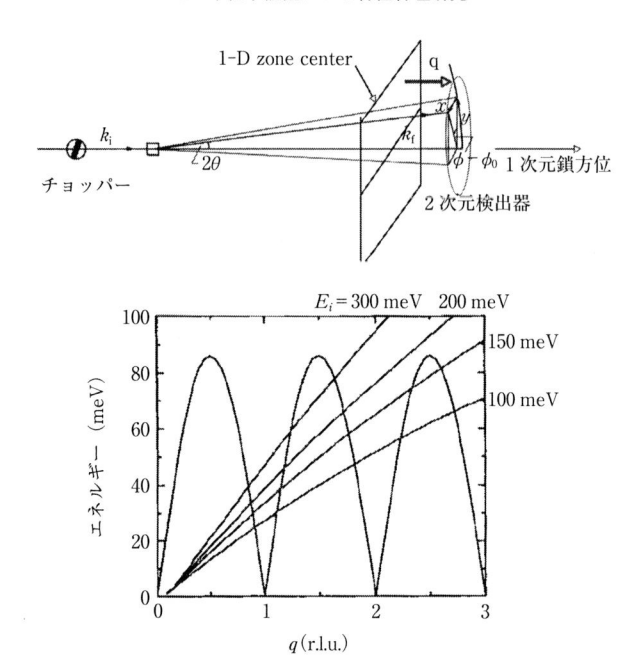

図 8.21 TOF 法で1次元スピン揺らぎを測るとき，入射中性子の方向をほぼ1次元鎖に平行に結晶を配置して測ると，スピン波分散曲線と散乱ベクトルが交差するときに共鳴散乱が起こる．(Welz et al. (1882))

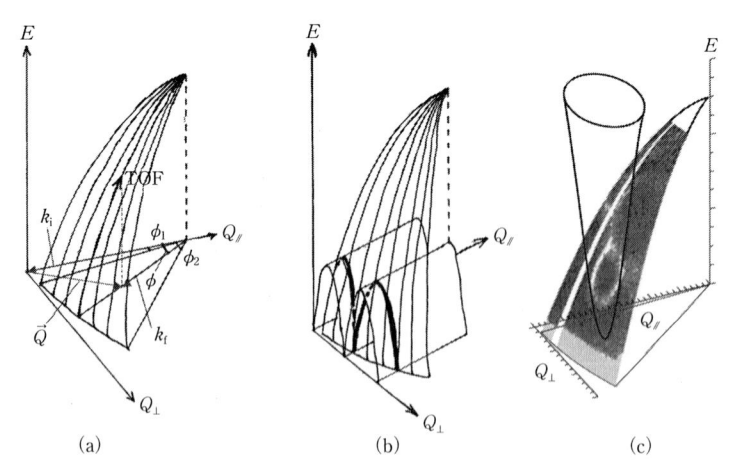

図 8.22 TOF 飛跡を3次元空間（散乱逆格子面，遷移エネルギー軸）に描いた図．(a) 散乱角を変えたときの飛跡と散乱ダイアグラム，(b) 散乱ダイアグラムの上に低次元スピン波分散を重ねた図，(c) 3次元スピン波分散を重ねた図（伊藤晋一氏提供）

8.5 次元，量子効果　　163

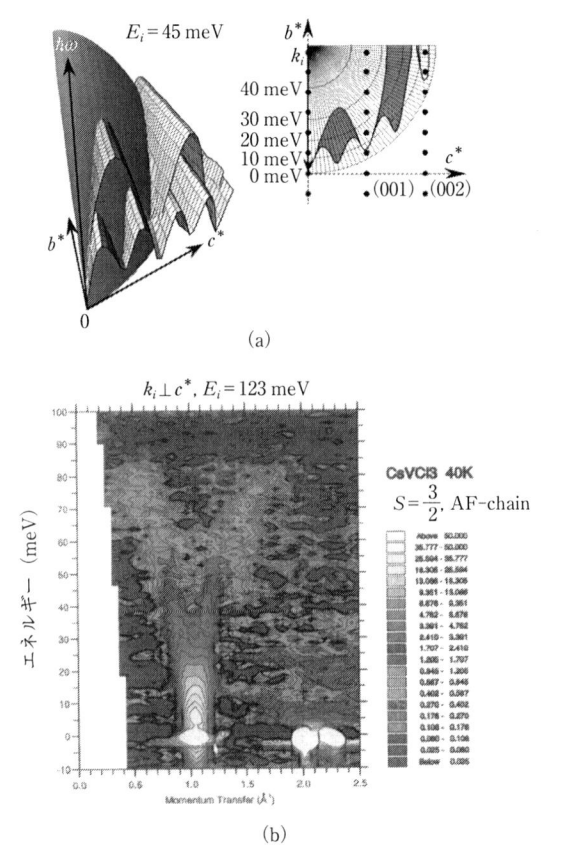

(a)

(b)

図 8.23　結晶を 90 度回して 1 次元鎖（c^*）を入射中性子とほぼ直交するように測ると 1 次元スピン波分散が一挙に撮れる様子を図解したもの．下図は $CsVCl_3$ の 1 次元スピン波の測定例（伊藤晋一氏提供）（Itoh et al. (1995)）

配置が面状で積分するのに対して，$Q \perp c$ 配置では線状のみで積分するので，入射中性子強度が強くないと効果的な実験ができない．図 8.23 の下に $Q \perp c$ 配置で測定された $CsVCl_3$ の磁気励起をマップされた結果が示されているが，近年もっぱらこの配置で低次元磁気励起の研究がなされるのは，中性子強度が上がり，かつ集積された散乱中性子のデータ解析の処理技術が進歩した結果である．最近の銅酸化物高温超伝導体の研究では，2 次元反強磁性励起が本質的に重要であり，この方法が威力を発揮している．

8.5.3 量子効果の直接検証(低次元 $S=1/2$ 系の磁気励起)

量子性を無視してスピンを連続の値をとるベクトル近似(古典論)でスピン統計を取り扱うと,反強磁性ハイゼンベルグ1次元鎖の基底状態は絶対零度($T=0$)でのみ隣あうスピンが反平行に揃う規則相が基底状態($T_N=0$)になる.このことを予言した Neel にちなんで「ネール状態」とよぶ.基底状態からのスピン励起がスピン波になることは強磁性的基底状態からのスピン励起も含めて前節で実験的に証明されたことを説明したが,ベーテはスピン量子を考慮すると $S=1/2$ ではネール状態よりも低いエネルギーが存在することを理論的に導いた.「ベーテ状態」は全 $S=0$ の状態は縮退するのでネール状態と異なり不規則相である.

この違いは基底状態からの最低エネルギーのスピン励起に顕著に現れ,des Cloizeaux および Pearson が量子を繰り込んだスピン波エネルギー分散を導き,ベーテ状態を反映して励起エネルギーが上がる(図 8.24).図 8.25 に CPC を使った中性子散乱実験の結果と des Cloizeaux および Pearson による理論との比較が示されている.図 8.25 の右側には異なる q での励起スペクトルが示されているが高エネルギー側に裾を引いた非対称な形であることが特徴的である.この特徴的なスペクトルはスピン波の最低エネルギー状態が $S=1$ の縮退したスピン励起は下端のエネルギー状態であり,それがスピン波と定義できることも証明された.図 8.25 に示されたように上端の 2π の周期をもった

$$E(q) = 2\pi J |\sin(qc/2)|$$

と表される分散曲線とスピン波の分散曲線の間に連続した励起状態が存在し,この素励起を形成する準粒子はフェルミ粒子のエネルギーバンド(もちろん飛び飛びの値をとるが)と同じ性質をもつので後にスピノンとよぶようになった.スピノンはフェルミオン粒子であり,古典的なスピン波粒子がボゾン粒子であること

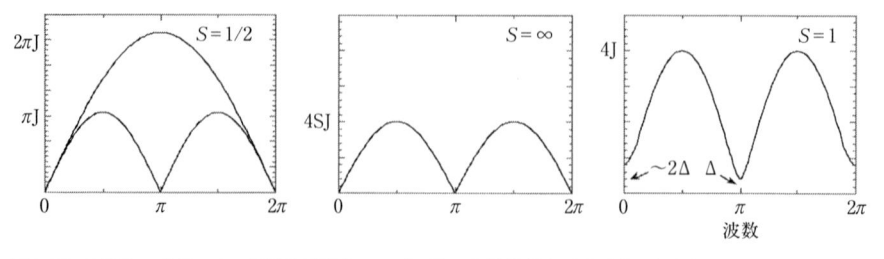

図 8.24 1次元ハイゼンベルグ反強磁性体のスピン波の分散関係を示す曲線.左から $S=1/2, S=\infty, S=1$ の場合.$S=1$ の例ではゾーンの中央のエネルギーギャップに注目(ハルデーンギャップ).

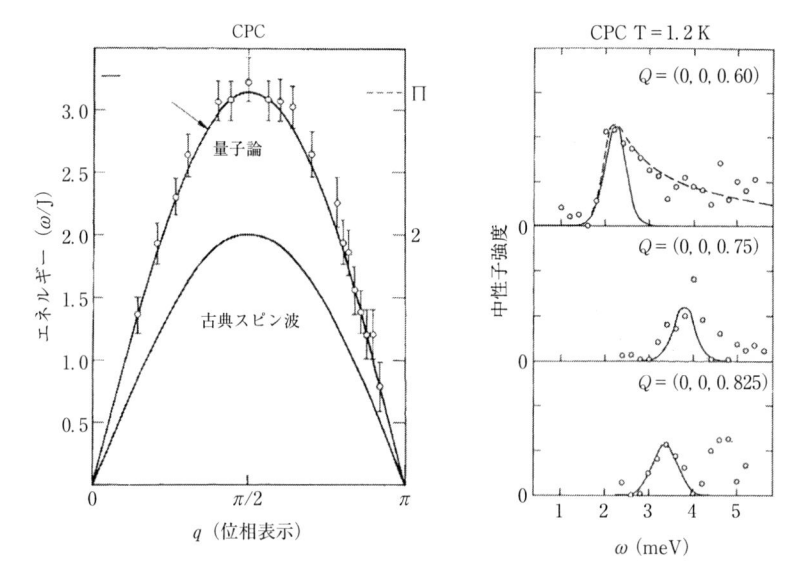

図 8.25 CPC ($S=1/2$) 1次元反強磁性スピン波の測定例. 左が分散曲線, 右が散乱スペクトル (Endoh et al. (1974))

と定性的な違いがある.

$S=1/2$ で証明された量子効果は, S が大きくなるにつれて古典スピン波理論 ($E(q) = 2JS|\sin(qc)|$) の分散関係へ漸近的に近づくと考えられていた. Haldane は量子1次元スピン鎖では S が半整数の場合には励起エネルギーは波数 $k=0$ および π で0になるが, S が整数の励起状態では $k=0$ と π でもエネルギーギャップが存在すると主張した. ハルデインギャップの存在の有無は中性子磁気非弾性散乱によって証明された (図 8.25 右).

この研究が引き金となって量子効果によって励起エネルギーギャップをもつ $S=1/2$ のスピン鎖, ダイマー化したスピン鎖, スピン梯子系など, 新しいより複雑な系での量子効果の研究が活発になり現代物理の話題となっている. その中にスピン対ダイマーが直交してスピンフラストレーション現象を示すシャストリ-サザランド格子やダイマー対が梯子を形成する磁性体が超伝導を示すなどが今話題を集めている.

ここでは2次元のスピンダイマー物質である $SrCu_2(BO_3)_2$ の研究を取り上げる (図 8.26).

SrCu$_2$(BO$_3$)$_2$ は Sr と CuBO$_3$ 面から構成される正方単位格子をもつ物質で，模式的に示された図 8.26 の a-b 面上に投影した CuBO$_3$ 面内では最隣接の 2 つの CuO$_4$ がダイマーを形成し，隣のダイマーと直角に BO$_3$ で結合する典型的なダイマー量子 2 次元物質である．隣接したダイマーが直角配置をとるので，最近接相互作用 J に対してそれとほぼ直交する相互作用（J'）がフラストレーションの原因となる．$J = 100$ K と $J' = 68$ K の値を入れてシャストリ-サザランド（SS）格子模型を適用して磁化率が解析された．この結果をもとにシングレット基底状態(S

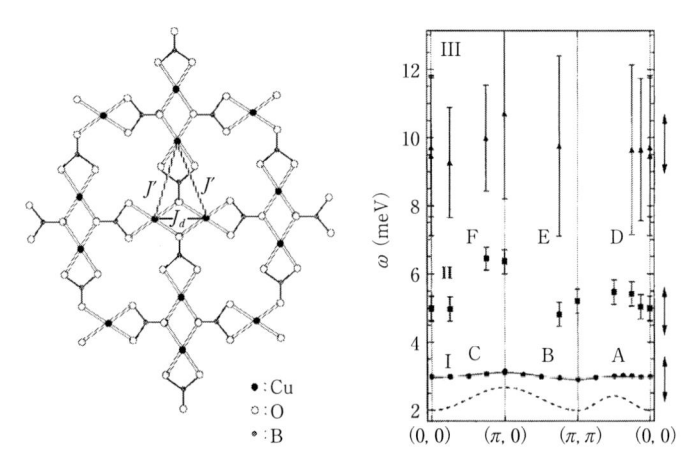

図 8.26 典型的ダイマー量子系の SrCu$_2$(BO$_3$)$_2$ とこの物質のスピン励起

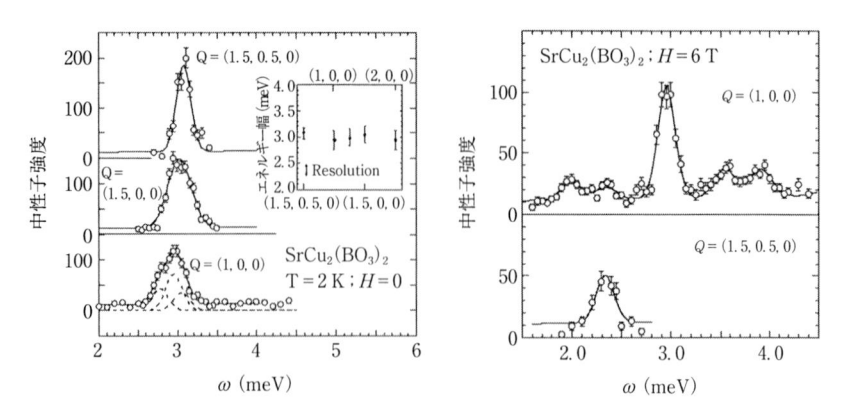

図 8.27 励起エネルギー $\omega = 3$ meV 付近の中性子散乱スペクトル．磁場をかけるとゼーマン分裂が起こること（右図）で左側のエネルギースペクトルが 3 重項であることが証明された．(Kageyama et al. (2000))

=0)から3 meV,～5 meV,～6～12 meVの磁気励起が観測されたのが右の磁気励起の測定結果と一致する.高温になると特徴的なスペクトル構造が消えることからこの解析が正しいことが証明された.3 meVの磁気励起の波数依存性や磁場をかけた中性子分光実験からこの磁気励起がダイマー非磁性基底状態からの第1励起状態($S=1$)であることも証明された.例えば(1, 0, 0)の3 meV付近のスペクトルは(1.5, 0, 0.5)のスペクトルより明らかに線幅が広がっている.高磁場をかけて実際ゼーマン相互作用によるエネルギー分裂をみることから$H=0$の3重項によるスペクトルの広がりが明らかにされた.

この例は量子スピンが織りなす新奇な磁性が発見されている現在の研究の進展を覗くことができると同時に,その発現機構解明には中性子散乱研究が重要になってくることを顕著に示している.

銅酸化物の高温超伝導の発現機構には2次元量子反強磁性が重要な役目をする.代表的な物質であるLa_2CuO_4はCuO_2面内の$Cu^{+2}(S=1/2)$がほぼ2次元正方格子を組む結晶構造をとる.構造を細かくみると,図8.28の矢印に表されたように,Cuをセンターに形づくる酸素の8面体が結晶の主軸に対して傾いて配置する.結果として結晶底面の軸が$\vec{a}<\vec{c}$となり,結晶構造は正方晶から斜方晶

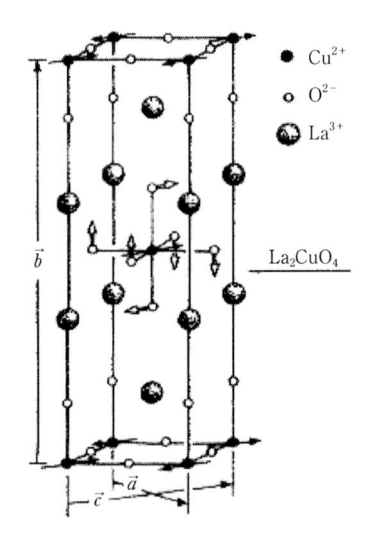

図8.28 超伝導銅酸化物の母物質である2次元反強磁性La_2CuO_4の結晶構造

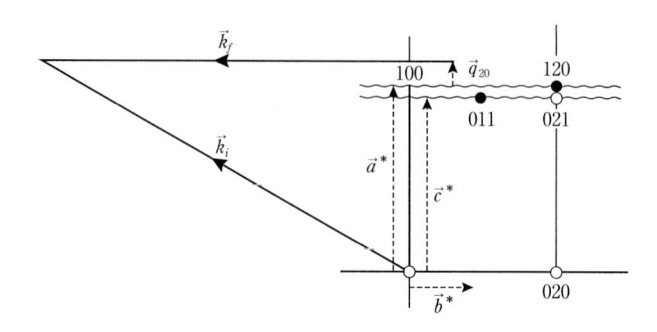

図 8.29 2次元反強磁性スピン相関を観る散乱ダイアグラム

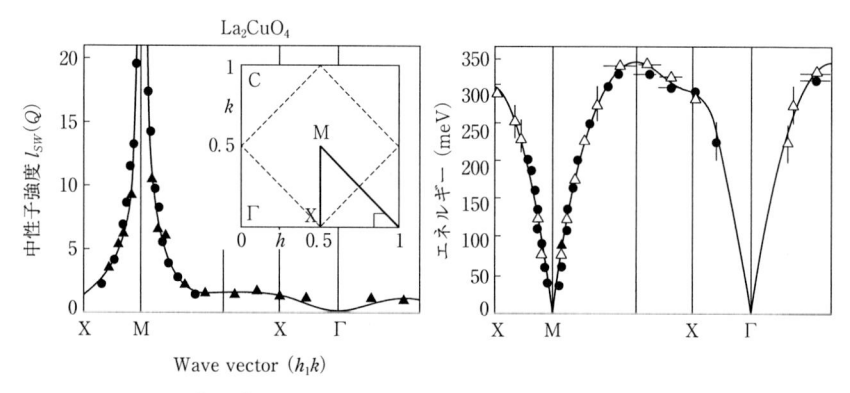

図 8.30 La_2CuO_4 のスピン励起の中性子非弾性散乱実験結果．散乱強度の波数変化（左）とスピン揺らぎ（スピン波）分散関係（Coldea et al. (2001)）

へと対称性が下がる．

　この正方格子は c 軸方向に LaO 面で隔離されて，擬2次元反強磁性を示す．また2次元面内の Cu-O-Cu の超交換相互作用が強い反強磁性をもたらす．図 8.29 のように2次元磁気相関を証明する2次元面の $(0,1)$ と $(1,0)$ の反強磁性ブラッグ点を通る $\vec{b}^*$ 方向に2本の平行な磁気散漫散乱が観測されている．スピン波のゾーン境界のエネルギーが 320 meV の大きさまで及んでいることから強い反強磁性が証明されている．中性子非弾性散乱の強度からスピン波散乱であることもわかる（図 8.30）．超伝導は La_2CuO_4 の3価の La を2価イオン（ホール注入）か4価イオン（電子注入）にすると発現することが Bednorz と Muller によって発見された．この発見がその後の高温超伝導研究ブームに火をつけたが，この高温超伝導発現機構は解明されていない．従来超伝導はフォノンの仲介によって電

8.5 次元, 量子効果

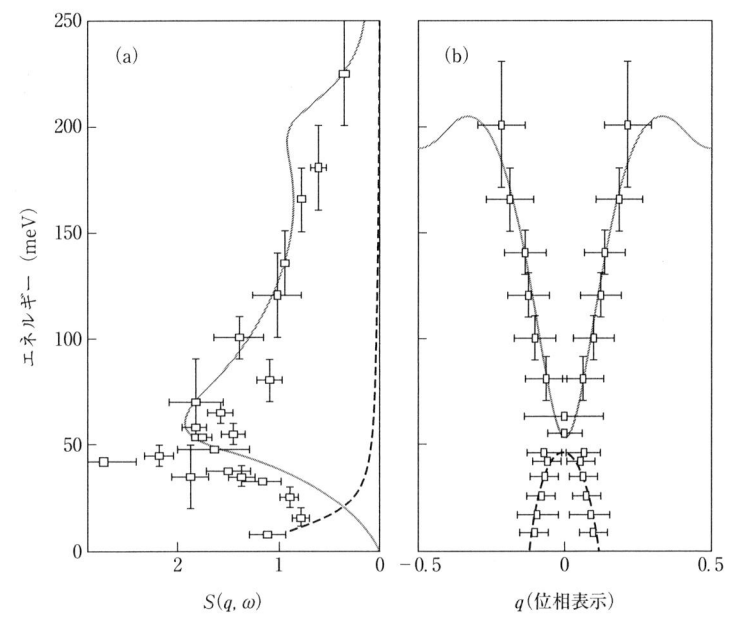

図 8.31 $La_{1.85}Ba_{0.15}CuO_4$ の中性子非弾性散乱実験結果. 散乱強度のエネルギー変化(左)とスピン励起の分散曲線 (右)(藤田全基氏提供)(Tranquada et al. (2004))

子対が引き合うことでボーズ凝縮が起こるとされていたが,銅酸化物超伝導では量子スピンが磁気相関によってボーズ凝縮が起こり,しかも超伝導転移温度が飛躍的に上昇すると考えられている.超伝導発現にはスピン波の実験で証明されたように2次元の強い磁気相関が重要な役割を果たしているとされている.

金属相になったホール注入後の $La_{2-x}M_xCuO_4$ (M = Sr, Ba) の磁気揺らぎは上に示した La_2CuO_4 の2次元反強磁性スピン波とは大幅に性質を変える.注入されたホール(電子)は濃度が薄いときは局在しているが,ある程度の濃さになると格子内を動き回り金属伝導を示す.同時に周りの Cu スピンと1重項状態をつくって2次元反強磁性を破壊する.金属相になるとスピン相関は残るが反強磁性規則は破壊されて,その代わり超伝導相が出現する.La_2CuO_4 での2次元反強磁性を与えるスピン相関はホール濃度が濃くなるに従って,あたかも1重項状態でスピン相関が切れるようにスピン密度波の波長が短くなる傾向を示して,いわばスピンの相関の及ぶ2次元領域に対応する波数をもつ磁気散乱が現れる(図8.31).この波数と超伝導転移温度がほぼ比例するようにホール濃度変化が起こ

ることや，磁気スピン密度波と電荷密度波がほぼ2：1であることなどから注入されたホールが電荷ストライプを形成している可能性があることなど超伝導発現機構との関連が指摘されている．

平川金四郎　（ひらかわ きんしろう，1924-）

平川金四郎は軌道の自由度がもたらす電子物性や低次元磁性研究の流れをつくった先駆者の一人である．現在電子「軌道」が波動関数の広がりやスピンの揺らぎなどを支配し，しかも空間次元や量子効果と相乗して強相関電子多体系の物理の新しい概念を構築しようと盛んに研究されている課題である．平川の築いた物理は局在した電子系に限られてはいるが，量子揺らぎや動き回る電子系に共通する根源を意識して研究したことが仕事のあちらこちらにうかがえる．

平川は，1960年代後半に$KCuF_3$というほぼ立方格子（実際にはD_{4h}^{18}空間群をもつ正方格子）の3次元結晶の頂点を占めるCu^{2+}（$S=1/2$）の$3de_g$軌道が示すように整列して結晶のc軸方向のF^-を介した超交換相互作用によって1次元反強磁性体と近似できることをバルク物性で示した．平川の慧眼は，たとえ対称性のよい擬立方結晶であってもd電子「軌道」配列によって1次元的な磁気相関が有効に働くことを看破したことである．

平川は$KCuF_3$の磁化率の温度変化が量子を繰り込んだ理論で解析できることを示し，e_g軌道（z^2-y^2, z^2-x^2軌道）整列によってc軸方向の交換相互作用エネルギーが主として磁性を支配していること，そのエネルギーに比べてネール点が異常に低いこと，ESRのg因子，スピンモーメントの縮みなどを発見し，1次元に特有なバルク特性から間接的ではあるにしても1次元量子効果の存在を実験的に証明した．要約すると平川は，3次元結晶における「軌道」効果と低次元磁性と量子効果の存在を実験的に証明したのである．

その後，平川は池田宏信と組んで2次元反強磁性体K_2MF_4（$M=Cu$, Ni, Co, Mn, Znなど）の中性子散乱研究を系統的に進めた．彼らの研究目標は相転移に関する「普遍性」の確立であった．ここでいう普遍性とは系の細部にはよらずに「次元」「対称性」「相互作用相関距離」などの統計物理量（パラメーター）が臨界揺らぎを特徴づける臨界指数を決めてしまう当時の先駆的概念である．

今日，中性子散乱実験のための大強度中性子源，測定に最も相応しい中性子分光装置が整備され，データの解析など相当の計算能力を駆使した測定技術も完備され

ているが，平川が活躍した'60〜'80年代頃の日本の中性子実験研究者は物理あるいは結晶学的素養に長けたマニアックな研究者が中心で，しかも試料を極低温に冷やすクライオスタット1つ取り上げても，研究者自ら設計し，工場で製作しなければならなかったし，解析プログラミングもすべて手製という時代であった．したがって中性子散乱のための試料の供給はもっぱら研究協力者に化学者を得て彼らに委ねていた場合がほとんどであった．平川は純良の大型単結晶を自給し，その試料を使って極低温中性子散乱実験を実行するという独自の研究スタイルを創造した．以下は平川主義あるいは平川語録である．

「日本の原子炉（JRR-2）は欧米の一流の高束中性子炉に比べると1桁以上強度が弱く，それらの中性子散乱施設との競争に勝つには彼らと同じことをやっていては初めから勝負にはならない．欧米人がやっていない原理的に新しい研究をしかも彼等よりも早く結果を出さねばならない」．

そのために目指す独自の物理学を設計し，それをもとにして中性子散乱を可能ならしめる純良結晶の自給を実現し，物理的な測定と結晶育成の融合を果たした．この平川主義は分業化が徹底している欧米の研究者とは全く異なる研究戦略であるが，今日では30年前の平川主義が欧米で導入されているところをみると，物質の本質を理解するための最短でかつ最高の方法は，自ら物質をつくることであるかもしれない．

文　献

[第1章]
T. Hahn ed. (1995): *International Tables for Crystallography*, Vol. A, D. Riedel Publishing Co., Boston.
C. Kittel (1956): *Introduction to Solid State Physics*, Chapters 1.2.3, John Wiley and Sons, New York〔C. Kittel, 宇野良清, 森田　章ほか訳 (1998): キッテル固体物理学入門, 丸善〕.

[第2章]
英文専門書は多数. 代表的な参考書
P. A. Egelstaff ed. (1965): *Thermal Neutron Scattering*, Academic Press, London and New York.
V. Sears (1989): *Neutron Optics*, Oxford University Press, Oxford.
K. Skold and D. L. Price eds. (1986): *Neutron Scattering*, Vol. 23, Methods of Experimental Physics, Academic Press, London and New York.
C. G. Windsor (1981): *Pulsed Neutron Diffraction*, Taylor Francis, London.
●引用文献
G. H. Lander and V. J. Emery (1985): Nucl. Instrum. Methods, **B12**, 525.
F. Maekawa et al. (2010): Nucl. Instrum. Methods, **A620**, 159.
M. Arai and F. Maekawa (2009): Japan Spallation Neutron Source (JSNS) of J-PARC, Nuclear Physics News, **19**, 34.

[第3章, 第4章]
英文専門書は多数. 代表的な参考書
S. W. Lovesey (1984): *The Theory of Neutron Scattering, Condensed Matter* Clarendon, Oxford University Press.
M. Born and K. Huang (1954): *Dynamical Theory of Crystal Lattices*, Oxford University Press, London.
●引用文献
L. Van Hove (1954): Phys. Rev., **95**, 249.
M. Blume (1963): Phys. Rev., **130**, 1670.
R. Kubo (1965): *The Fluctuation-Dissipation Theorem and Brownian Motion Tokyo Summer Lectures in Theoretical Physics*, R. Kubo ed., Syokabo and Benjamin.

[第5章]
L. Auvray and P. Auroy (1991): *Scattering by Interfacese: Variations on Porod's law, Neutron, X-ray and Light Scattering*, P. Lindner and Th. Zemb eds., Elsevier Science Publishers B. V., Berlin.

〔第6章〕
粉末回折の参考書
R. A. Young (1995): *The Rietveld Method*, Oxford University Press, Oxford.
中井　泉・泉　富士夫（編著）(2002)：粉末X線解析の実際―リートベルト法入門，朝倉書店.
●引用文献
桜井健次・日野正裕・武田全康 (2010)：「中性子反射率による表面・薄膜界面の研究」，Journal of the Vacuum Society of Japan，真空，**53**, 747.
鈴木惇市 (2010)：「パルス中性子小中角散乱装置「大観」の開発」, 日本中性子科学会誌「波紋」，**20**, 54-57.
T. Shinohara et al. (2009): *Design and performance analyses of the new time-of flight smaller-angle neutron scattering instrument at J-PARC*, Nucl. Instr. and Methods in Phys. Research, **A600**, 111.
H. Endo, J. Allgaier, G. Gompper, B. Jakobs, M. Monkenbusch, D. Richter, T. Sottmann and R. Strey (2000): Phys. Rev. Lett., **85**, 102.
大友季哉 (2010)：「J-PARCにおける全散乱実験の展望，連載講座 中性子回折の基礎と応用」, RADIOISOTOPES, **60**, 35.
神山　崇 (2008)：「パルス中性子粉末回折法の発展」，日本結晶学会誌，**50**(5), 306.
神山　崇・鳥居周輝 (2009)：「超高分解能粉末中性子回折装置 SuperHRPD」, まてりあ，**48**, 353.
M. Blume (1963): Phys. Rev., **110**, 1670
J. Akimitsu, H. Ichikawa, N. Eguchi, T. Miyano, M. Nishi and K. Kakurai (2001): J. Phys. Soc. Jpn., **70**, 3475.
D. Givord, T. Laforest, J. Schweizer and F. Tasset (1979): J. Appl. Phys., **50**, 2008.

〔第7章〕
英文参考書
G. Shirane, S. M. Shapiro and J. M. Tranquada (2002): *Neutron Scattering with Triple-Axis Spectrometer*, Cambridge University Press, Cambridge.
F. Mezei (2003): *Neutron Spin Echo Spectroscopy*, F. Mezei, C. Pappas, T. Gutberlet eds., Lecture Notes in Physics 601, Springer-Verlag, Heidelberg.
●引用文献
S. Itoh et al. (2011): High Resolution Chopper Spectrometer at J-PARC. Nucl. Instr. and Methods in Phys. Research, **A631**, 90.
R. M. Moon, T. Riste and W. C. Koehler (1969): Phys. Rev., **181**, 920.
J. P. Wicksted, P. Böni and G. Shirane (1984): Phys. Rev., **13**, 3655.
F. Mezei (1972): Z. Physik., **255**, 146.
D. Richter et al. (2005): Adv. Polym. Sci., **174**, 1.
P. Schleger et al. (1998): Phys. Rev. Lett., **81**, 124.

〔第8章〕
参考書
G. K. Horton and A. A. Maradudin (1974): *Dynamical Properties of Solids*, North Hollland

Publ., Amsterdam.
R. A. White (1975)：*Quantum Theory of Magnetism*, McGraw-Hill Book Co., NewYork.
金森順次郎 (1969)：磁性，培風館．
小口武彦 (1971)：磁性体の統計理論，裳華房．
久保 健，田中秀数 (2008)：磁性Ⅰ (朝倉物性物理シリーズ 7)，朝倉書店．
H. E. Stanley ed. (1971)：*Introduction to Phase Transitions and Critical Phenomena*, Oxford University Press, Oxford and New York.
R. J. Birgeneau, M. Blume, R. A. Cowley and Y. Endoh eds. (2006)：*Neutorn and X-ray Scattering at the Frontiers and Gen Shirane*, J. Phys. Soc. Jpn., **75**, Special Topics Section.

● 引用文献
M. Fujita, H. Hiraka, M. Matsuda, M. Matsuura, J. M. Tranquada, S. Wakimoto, G. Xu, K. Yamada (2012)：J. Phys. Soc., Jpn., **81**, 011007.
M. Ishida, Y. Endoh, S. Mitsuda, Y. Ishikawa and M. Tanaka (1985)：J. phys. Soc. Jpn., **54**, 2975.
M. Tanaka, H. Takayoshi, M. ishida and Y. Endoh (1985)：J. Phys. Soc. Jpn., **54**, 2970.
J. Skalyo Jr, Y. Endoh and G. Shirane (1974)：Phys. Rev., **B9**, 1797.
Y. Noda and Y. Ishikawa (1976)：J. Phys. Soc. Jpn., **40**, 690, 699.
M. Kohgi, Y. Ishikawa and Y. Endoh (1972)：Solid State Commu., **11**, 391.
M. Kohgi, Y. Ishikawa, I. Harada and K. Motizuki (1974)：J. Phys. Soc. Jpn., **36**, 112.
M. T. Hutchings, G. Shirane, R. J. Birgeneau and S. L. Holt (1972)：Phys. Rev., **B5**, 1999.
Y. Endoh, G. Shirane, R. J. Birgeneau, P. M. Richards and S. L. Holt (1974)：Phys. Rev. Lett., **32**, 170.
R. J. Birgeneau and G. Shirane (1978)：Phys. Today, **31**(12), 32.
D. Welz, M. Kohgi, Y. Endoh, M. Nishi and M. Arai (1882)：Phys. Rev., **B45**, 12319.
S. Itoh, Y. Endoh, K. Kakurai and H. Tanaka (1995)：Phys. Rev. Lett., **74**, 2375.
F. D. M. Haldane (1983)：Phys. Lett., **93A**, 464.
K. Kakurai, M. Steiner, R. Pynn and J. K. Kjems (2001)：J. Condensed Matters, 017202.
H. Kageyama, M. Nishi, N. Aso, K. Onizuka, T. Yoshihama, K. Kodama, K. Kakurai and Y. Ueda (2000)：Phys. Rev. Lett., **84**, 5876.
M. A. Kastner, R. J. Birgeneau and Y. Endoh (1998)：Rev. Mod. Phys., **70**, 897.
R. Coldea, S. M. Hayden, G. Aeppli, T. G. Perring, C. D. Frost. T. E. Mason, S. W. Cheong, Z. Fisk (2001)：Phys. Rev. Lett., **86**, 1344.
J. M. Tranquada, H. Won, T. G. Perring, H. Goka, G. D. Gu, G. Xu, M. Fujita and K. Yamada (2004)：Nature, **429**, 534.

あとがき

　原稿が仕上がってからしばらく経った 2011 年 3 月 11 日，1000 年に一度の東日本大震災が東北を襲った．超巨大地震とともに大津波は筆者が長く住んだ仙台地方を襲い，しかも福島原発があってはならない水素爆発を起こして世界中を震撼させた．長年中性子を道具として物性物理を研究してきた筆者は，東海村の J-PARC の中性子物理研究施設や JRR-3 原子炉の事故の有無を最も恐れた．

　幸い J-PARC が受けた損傷は重傷ではあるが修復可能な範囲に留まり，JRR-3 原子炉は定期点検のため運転が停止していたことや装置が堅牢であったためにこれも修復可能であることが判明してひとまず安堵した．研究用原子炉の安全性は揺るぎなく確保されているとは言え，国民目線でみると原発の大規模原子炉とひとくくりに捉えられても仕方がない．一日も早い運転再開を願っている．

　このようなまったく予測不能な困難な現状であっても我々はひるむことなく今まで発展してきた中性子散乱研究の流れを止めてはならない．「はじめに」でも触れたが，世界の中性子散乱研究はいつも順風満帆できたわけではないし，幾つかの試練があった．そのたびにどこかで新しい発展があり，今日も発展を続けている．

　今日の事態は日本では最初の大きな試練であり，一時的に中性子科学の研究の停滞があるかもしれないが，きっと若い研究者が育ち，我が国の中性子散乱研究が物質科学の発展の礎になることを切望している．そのためにこの入門書が役立つことを願っている．

付　録　A

物理定数

光速	c	$2.99792458 \text{ ms}^{-1}$
プランク定数	h	$6.62606876 \times 10^{-34} \text{ Js}$
換算プランク定数	$\hbar$	$1.054571596 \times 10^{-34} \text{ Js}$
電荷	e	$1.602176462 \times 10^{-19} \text{ C}$
アボガドロ定数	N_A	$6.02214199 \times 10^{23} \text{ mol}^{-1}$
ボルツマン定数	k	$1.3806503 \times 10^{-23} \text{ JK}^{-1}$
電子質量	m_e	$9.1093819 \times 10^{-31} \text{ kg}$
中性子質量	m_n	$1.67497 \times 10^{-27} \text{ kg}$
陽子質量	m_p	$1.6726216 \times 10^{-27} \text{ kg}$
標準原子質量	mass	$1.6605387 \times 10^{-27} \text{ kg}$
ボーア半径	a_o	$0.5291772083 \times 10^{-10} \text{ m}$
電子（ボーア）マグネトン	μ_B	$5.788381749 \times 10^{-11} \text{ MeVT}^{-1}$
		$9.27401 \times 10^{-28} \text{ JT}^{-1}$
原子核マグネトン	μ_N	$3.152451238 \times 10^{-14} \text{ MeVT}^{-1}$
		$5.05078 \times 10^{-31} \text{ JT}^{-1}$
中性子磁気モーメント	μ_n	$-1.913 \mu_N$
リュードベリ定数	Ry	13.6056917 eV
サイクロトロン振動数	ω_c	$1.758820174 \times 10^{11} \text{ rads}^{-1}\text{T}^{-1}$

単　位

$1 \text{ N} = 10^5 \text{ dyn}$　　　$1 \text{ C} = 2.997925 \times 10^9 \text{ esu}$　　　$1 \text{ J} = 10^7 \text{ erg}$

$1 \text{ Å} = 1 \times 10^{-1} \text{ nm } (10^{-8} \text{ cm})$　　$1 \text{ fm} = 10^{-15} \text{ m } (10^{-18} \text{ gm})$　　$1 \text{ barn} = 10^{-24} \text{ cm}^2$

$hc/(1 \text{ eV}) = 1.239842 \text{ } \mu\text{m}$　　$1 \text{ eV}/c^2 = 1.782662 \times 10^{-36} \text{ kg}$

$1 \text{ eV} = 1.6021765 \times 10^{-12} \text{ erg}$　　$1 \text{ eV}/h = 2.417989 \times 10^{14} \text{ Hz}$　　$1 \text{ eV}/k = 11604.5 \text{ K}$

$1 \text{ meV}(10^{-3} \text{ eV}) = 8.0608 \text{ cm}^{-1}$

付　録　B

中性子散乱長・断面積

　次の原子核の同位元素毎の値の定義を説明しておく．散乱長（または散乱振幅）の単位は fm = 10^{-13} cm，散乱断面積は barn = 10^{-24} cm^2，干渉性散乱断面積は $\sigma_{\text{coh}} = 4\pi|b_{\text{coh}}|^2 \equiv 4\pi|\bar{b}|^2$，全散乱断面積は $\sigma_{\text{scat}} = 4\pi\overline{|b|^2}$ と定義される非干渉性散乱断面積 $4\pi|b_{\text{inc}}|^2 = \sigma_{\text{inc}} = \sigma_{\text{scat}} - \sigma_{\text{coh}}$，吸収断面積は $\sigma_{\text{abs}} = 4\pi/k \cdot b_{\text{coh}}''$ と定義される．ここで中性子の吸収は波長依存性（$1/v$ 則）があるので，この表では $k = 3.494$ Å^{-1}（$\lambda = 1.798$ Å）または 25.3 meV に対応するときの値である．

　元素（あるいは原子）の値を求めるときには同位元素の natural abundance（%）をかけて求める．

付　録　B

Neutron Data Booklet : Alfeit-Jose Dianoux and Gerry Landen ILL Neutrons for sciense より掲載

Isotope	Natural abundance (%)	b_{coh} (fm)	b_{inc} (fm)	σ_{coh} (barn)	σ_{inc} (barn)	σ_{scat} (barn)	σ_{abs} (barn)
H		−3.7390(11)		1.7568(10)	80.26(6)	82.02(6)	0.3326(7)
^{1}H	99.985	−3.7406(11)	25.274(9)	1.7583(10)	80.27(6)	82.03(6)	0.3326(7)
^{2}H	0.015	6.671(4)	4.04(3)	5.592(7)	2.05(3)	7.64(3)	0.000519(7)
^{3}H	(12.32 a)	4.792(27)	−1.04(17)	2.89(3)	0.14(4)	3.03(5)	0
He		3.26(3)		1.34(2)	0	1.34(2)	0.00747(1)
^{3}He	0.00014	5.74(7) − 1.483(2)i	−2.5(6) + 2.568(3)i	4.42(10)	1.6(4)	6.0(4)	5333.(7.)
^{4}He	99.99986	3.26(3)	0	1.34(2)	0	1.34(2)	0
Li		−1.90(2)		0.454(10)	0.92(3)	1.37(3)	70.5(3)
^{6}Li	7.5	2.00(11) − 0.261(1)i	−1.89(10) + 0.26(1)i	0.51(5)	0.46(5)	0.97(7)	940.(4.)
^{7}Li	92.5	−2.22(2)	−2.49(5)	0.619(11)	0.78(3)	1.40(3)	0.0454(3)
^{9}Be	100	7.79(1)	0.12(3)	7.63(2)	0.0018(9)	7.63(2)	0.0076(8)
B		5.30(4) − 0.213(2)i		3.54(5)	1.70(12)	5.24(11)	767.(8.)
^{10}B	20.0	−0.1(3) − 1.066(3)i	−4.7(3) + 1.231(3)i	0.144(8)	3.0(4)	3.1(4)	3835.(9.)
^{11}B	80.0	6.65(4)	−1.3(2)	5.56(7)	0.21(7)	5.77(10)	0.0055(33)
C		6.6460(12)		5.550(2)	0.001(4)	5.551(3)	0.00350(7)
^{12}C	98.90	6.6511(16)	0	5.559(3)	0	5.559(3)	0.00353(7)
^{13}C	1.10	6.19(9)	−0.52(9)	4.81(14)	0.034(11)	4.84(14)	0.00137(4)
N		9.36(2)		11.01(5)	0.5(12)	11.51(11)	1.90(3)
^{14}N	99.63	9.37(2)	2.0(2)	11.03(5)	0.5(1)	11.53(11)	1.91(3)
^{15}N	0.37	6.44(3)	−0.02(2)	5.21(5)	0.00005(10)	5.21(5)	0.000024(8)
O		5.803(4)		4.232(6)	0.000(8)	4.232(6)	0.00019(2)
^{16}O	99.762	5.803(4)	0	4.232(6)	0	4.232(6)	0.00010(2)
^{17}O	0.038	5.78(15)	0.18(6)	4.20(22)	0.004(3)	4.20(22)	0.236(10)
^{18}O	0.200	5.84(7)	0	4.29(10)	0	4.29(10)	0.00016(1)

Isotope	Natural abundance (%)	b_{coh} (fm)	b_{inc} (fm)	σ_{coh} (barn)	σ_{inc} (barn)	σ_{scat} (barn)	σ_{abs} (barn)
^{19}F	100	5.654(10)	−0.082(9)	4.017(14)	0.0008(2)	4.018(14)	0.0096(5)
Ne		4.566(6)		2.620(7)	0.008(9)	2.628(6)	0.039(4)
^{20}Ne	90.51	4.631(6)	0	2.695(7)	0	2.695(7)	0.036(4)
^{21}Ne	0.27	6.66(19)	±0.6(1)	5.6(3)	0.05(2)	5.7(3)	0.67(11)
^{22}Ne	9.22	3.87(1)	0	1.88(1)	0	1.88(1)	0.046(6)
^{23}Na	100	3.63(2)	3.59(3)	1.66(2)	1.62(3)	3.28(4)	0.530(5)
Mg		5.375(4)		3.631(5)	0.08(6)	3.71(4)	0.063(3)
^{24}Mg	78.99	5.66(3)	0	4.03(4)	0	4.03(4)	0.050(5)
^{25}Mg	10.00	3.62(14)	1.48(10)	1.65(13)	0.28(4)	1.93(14)	0.19(3)
^{26}Mg	11.01	4.89(15)	0	3.00(18)	0	3.00(18)	0.0382(8)
^{27}Al	100	3.449(5)	0.256(10)	1.495(4)	0.0082(6)	1.503(4)	0.231(3)
Si		4.1491(10)		2.1633(10)	0.004(8)	2.167(8)	0.171(3)
^{28}Si	92.23	4.107(6)	0	2.120(6)	0	2.120(6)	0.177(3)
^{29}Si	4.67	4.70(10)	0.09(9)	2.78(12)	0.001(2)	2.78(12)	0.101(14)
^{30}Si	3.10	4.58(8)	0	2.64(9)	0	2.64(9)	0.107(2)
^{31}P	100	5.13(1)	0.2(2)	3.307(13)	0.005(10)	3.312(16)	0.172(6)
S		2.847(1)		1.0186(7)	0.007(5)	1.026(5)	0.53(1)
^{32}S	95.02	2.804(2)	0	0.9880(14)	0	0.9880(14)	0.54(4)
^{33}S	0.75	4.74(19)	1.5(1.5)	2.8(2)	0.3(6)	3.1(6)	0.54(4)
^{34}S	4.21	3.48(3)	0	1.52(3)	0	1.52(3)	0.227(5)
^{36}S	0.02	3.(1.)E	0	1.1(8)	0	1.1(8)	0.15(3)
Cl		9.5770(8)		11.526(2)	5.3(5)	16.8(5)	33.5(3)
^{35}Cl	75.77	11.65(2)	6.1(4)	17.06(6)	4.7(6)	21.8(6)	44.1(4)
^{37}Cl	24.23	3.08(6)	0.1(1)	1.19(5)	0.001(3)	1.19(5)	0.433(6)

付　録　B　　　　　　　　　　　183

Ar		1.909(6)		0.458(3)	0.225(5)	0.683(4)	0.675(9)
^{36}Ar	0.337	24.90(7)	0	77.9(4)	0	77.9(4)	5.2(5)
^{38}Ar	0.063	3.5(3.5)	0	1.5(3.1)	0	1.5(3.1)	0.8(2)
^{40}Ar	99.600	1.830(6)	0	0.421(3)	0	0.421(3)	0.660(9)
K		3.67(2)					2.1(1)
^{39}K	93.258	3.74(2)	1.4(3)	1.69(2)	0.27(11)	1.96(11)	2.1(1)
^{40}K	0.012	3.(1.)E		1.76(2)	0.25(11)	2.01(11)	35.(8.)
^{41}K	6.730	2.69(8)	1.5(1.5)	1.1(8)	0.5(5)E	1.6(9)	1.46(3)
Ca		4.70(2)		0.91(5)	0.3(6)	1.2(6)	
^{40}Ca	96.941	4.80(2)	0	2.78(2)	0.05(3)	2.83(2)	0.43(2)
^{42}Ca	0.647	3.36(10)	0	2.90(2)	0	2.90(2)	0.41(2)
^{43}Ca	0.135	−1.56(9)		1.42(8)	0.5(5)E	1.42(8)	0.68(7)
^{44}Ca	2.086	1.42(6)	0	0.31(4)	0	0.8(5)	6.2(6)
^{46}Ca	0.004	3.6(2)	0	0.25(2)	0	0.25(2)	0.88(5)
^{48}Ca	0.187	0.39(9)	0	1.6(2)	0	1.6(2)	0.74(7)
				0.019(9)	0	0.019(9)	1.09(14)
^{45}Sc	100	12.29(11)	−6.0(3)	19.0(3)	4.5(5)	23.5(6)	27.5(2)
Ti		−3.438(2)		1.485(2)	2.87(3)	4.35(3)	6.09(13)
^{46}Ti	8.2	4.93(6)	0	3.05(7)	0	3.05(7)	0.59(18)
^{47}Ti	7.4	3.63(12)	−3.5(2)	1.66(11)	1.5(2)	3.2(2)	1.7(2)
^{48}Ti	73.8	−6.08(2)	0	4.65(3)	0	4.65(3)	7.84(25)
^{49}Ti	5.4	1.04(5)	5.1(2)	0.14(1)	3.3(3)	3.4(3)	2.2(3)
^{50}Ti	5.2	6.18(8)	0	4.80(12)	0	4.80(12)	0.179(3)
V		−0.3824(12)		0.01838(12)	5.08(6)	5.10(6)	5.08(4)
^{50}V	0.250	7.6(6)		7.3(1.1)	0.5(5)E	7.8(1.0)	60.(40.)
^{51}V	99.750	−0.402(2)	6.35(4)	0.0203(2)	5.07(6)	5.09(6)	4.9(1)

付録 B

Isotope	Natural abundance (%)	b_{coh} (fm)	b_{inc} (fm)	σ_{coh} (barn)	σ_{inc} (barn)	σ_{scat} (barn)	σ_{abs} (barn)
Cr		3.635(7)		1.660(6)	1.83(2)	3.49(2)	3.05(8)
^{50}Cr	4.35	−4.50(5)	0	2.54(6)	0	2.54(6)	15.8(2)
^{52}Cr	83.79	4.920(10)	0	3.042(12)	0	3.042(12)	0.76(6)
^{53}Cr	9.50	−4.20(3)	6.87(10)	2.22(3)	5.93(17)	8.15(17)	18.1(1.5)
^{54}Cr	2.36	4.55(10)	0	2.60(11)	0	2.60(11)	0.36(4)
^{55}Mn	100	−3.73(2)	1.79(4)	1.75(2)	0.40(2)	2.15(3)	13.3(2)
Fe		9.45(2)		11.22(5)	0.40(11)	11.62(10)	2.56(3)
^{54}Fe	5.8	4.2(1)	0	2.2(1)	0	2.2(1)	2.25(18)
^{56}Fe	91.7	9.94(1)	0	12.42(7)	0	12.42(7)	2.59(14)
^{57}Fe	2.2	2.3(1)		0.66(6)	0.3(3)E	1.0(3)	2.48(30)
^{58}Fe	0.3	15.(7.)	0	28.(26.)	0	28.(26.)	1.28(5)
^{59}Co	100	2.49(2)	−6.2(2)	0.779(13)	4.8(3)	5.6(3)	37.18(6)
Ni		10.3(1)		13.3(3)	5.2(4)	18.5(3)	4.49(16)
^{58}Ni	68.27	14.4(1)	0	26.1(4)	0	26.1(4)	4.6(3)
^{60}Ni	26.10	2.8(1)	0	0.99(7)	0	0.99(7)	2.9(2)
^{61}Ni	1.13	7.60(6)	±3.9(3)	7.26(11)	1.9(3)	9.2(3)	2.5(8)
^{62}Ni	3.59	−8.7(2)	0	9.5(4)	0	9.5(4)	14.5(3)
^{64}Ni	0.91	−0.37(7)	0	0.017(7)	0	0.017(7)	1.52(3)
Cu		7.718(4)		7.485(8)	0.55(3)	8.03(3)	3.78(2)
^{63}Cu	69.17	6.43(15)	0.22(2)	5.2(2)	0.006(1)	5.2(2)	4.50(2)
^{65}Cu	30.83	10.61(19)	1.79(10)	14.1(5)	0.40(4)	14.5(5)	2.17(3)
Zn		5.680(5)		4.054(7)	0.077(7)	4.131(10)	1.11(2)
^{64}Zn	48.6	5.22(4)	0	3.42(5)	0	3.42(5)	0.93(9)
^{66}Zn	27.9	5.97(5)	0	4.48(8)	0	4.48(8)	0.62(6)
^{67}Zn	4.1	7.56(8)	−1.50(7)	7.18(15)	0.28(3)	7.46(15)	6.8(8)

^{68}Zn	18.8	6.03(3)	0			4.57(5)	1.1(1)
^{70}Zn	0.6	6.(1.)E	0			4.5(1.5)	0.092(5)
Ga		7.288(2)		6.675(4)	0.16(3)	6.83(3)	2.75(3)
^{69}Ga	60.1	7.88(2)	−0.85(5)	7.80(4)	0.091(11)	7.89(4)	2.18(5)
^{71}Ga	39.9	6.40(3)	−0.82(4)	5.15(5)	0.084(8)	5.23(5)	3.61(10)
Ge		8.185(20)		8.42(4)	0.18(7)	8.60(6)	2.20(4)
^{70}Ge	20.5	10.0(1)	0	12.6(3)	0	12.6(3)	3.0(2)
^{72}Ge	27.4	8.51(10)	0	9.1(2)	0	9.1(2)	0.8(2)
^{73}Ge	7.8	5.02(4)	3.4(3)	3.17(5)	1.5(3)	4.7(3)	15.1(4)
^{74}Ge	36.5	7.58(10)	0	7.2(2)	0	7.2(2)	0.4(2)
^{76}Ge	7.8	8.2(1.5)	0	8.(3.)	0	8.(3.)	0.16(2)
^{75}As	100	6.58(1)	−0.69(6)	5.44(2)	0.060(10)	5.50(2)	4.5(1)
Se		7.970(9)		7.98(2)	0.322(6)	8.30(6)	11.7(2)
^{74}Se	0.9	0.8(3.0)	0	0.1(6)	0	0.1(6)	51.8(1.2)
^{76}Se	9.0	12.2(1)	0	18.7(3)	0	18.7(3)	85.(7.)
^{77}Se	7.6	8.25(8)	±0.6(1.6)	8.6(2)	0.05(26)	8.65(16)	42.(4.)
^{78}Se	23.5	8.24(9)	0	8.5(2)	0	8.5(2)	0.43(2)
^{80}Se	49.6	7.48(3)	0	7.03(6)	0	7.03(6)	0.61(5)
^{82}Se	9.4	6.34(8)	0	5.05(13)	0	5.05(13)	0.044(3)
Br		6.795(15)		5.80(3)	0.10(9)	5.90(9)	6.9(2)
^{79}Br	50.69	6.80(7)	−1.1(2)	5.81(12)	0.15(6)	5.96(13)	11.0(7)
^{81}Br	49.31	6.79(7)	0.6(1)	5.79(12)	0.05(2)	5.84(12)	2.7(2)
Kr		7.81(2)		7.67(4)	0.01(14)	7.68(13)	25.(1.)
^{78}Kr	0.35		0		0		6.4(9)
^{80}Kr	2.25		0		0		11.8(5)

Isotope	Natural abundance (%)	b_{coh} (fm)	b_{inc} (fm)	σ_{coh} (barn)	σ_{inc} (barn)	σ_{scat} (barn)	σ_{abs} (barn)
82Kr	11.6						29.(20,)
83Kr	11.5						185.(30,)
84Kr	57.0		0		0		0.113(15)
86Kr	17.3	8.1(2)	0	8.2(4)	0	8.2(4)	0.003(2)
Rb		7.09(2)		6.32(4)	0.5(4)	6.8(4)	0.38(1)
85Rb	72.17	7.03(10)		6.2(2)	0.5(5)E	6.7(5)	0.48(1)
87Rb	27.83	7.23(12)		6.6(2)	0.5(5)E	7.1(5)	0.12(3)
Sr		7.02(2)		6.19(4)	0.06(11)	6.25(10)	1.28(6)
84Sr	0.56	7.(1.)E	0	6.(2.)	0	6.(2.)	0.87(7)
86Sr	9.86	5.67(5)	0	4.04(7)	0	4.04(7)	1.04(7)
87Sr	7.00	7.40(7)		6.88(13)	0.5(5)E	7.4(5)	16.(3.)
88Sr	82.58	7.15(6)	0	6.42(11)	0	6.42(11)	0.058(4)
89Y	100	7.75(2)	1.1(3)	7.55(4)	0.15(8)	7.70(9)	1.28(2)
Zr		7.16(3)		6.44(5)	0.02(15)	6.46(14)	0.185(3)
90Zr	51.45	6.4(1)	0	5.1(2)	0	5.1(2)	0.011(5)
91Zr	11.32	8.7(1)	−1.08(15)	9.5(2)	0.15(4)	9.7(2)	1.17(10)
92Zr	17.19	7.4(2)	0	6.9(4)	0	6.9(4)	0.22(6)
94Zr	17.28	8.2(2)	0	8.4(4)	0	8.4(4)	0.0499(24)
96Zr	2.76	5.5(1)	0	3.8(1)	0	3.8(1)	0.0229(10)
93Nb	100	7.054(3)	−0.139(10)	6.253(5)	0.0024(3)	6.255(5)	1.15(5)
Mo		6.715(20)		5.67(3)	0.04(5)	5.71(4)	2.48(4)
92Mo	14.84	6.91(8)	0	6.00(14)	0	6.00(14)	0.019(2)
94Mo	9.25	6.80(7)	0	5.81(12)	0	5.81(12)	0.015(2)
95Mo	15.92	6.91(6)		6.00(10)	0.5(5)E	6.5(5)	13.1(3)
96Mo	16.68	6.20(6)	0	4.83(9)	0	4.83(9)	0.5(2)

187

付　録　B

isotope	abundance						
^{97}Mo	9.55					7.1(5)	2.5(2)
^{98}Mo	24.13	7.24(8)		6.59(15)		5.44(12)	0.127(6)
^{100}Mo	9.63	6.58(7)	0	5.44(12)	0	5.44(12)	0.127(6)
		6.73(7)	0	5.69(12)	0	5.69(12)	0.4(2)
^{99}Tc	$(2.13 \times 10^5$ a$)$	6.8(3)		5.8(5)	0.5(5)E	6.3(7)	20.(1.)
Ru		7.03(3)		6.21(5)	0.4(1)	6.6(1)	2.56(13)
^{96}Ru	5.5		0		0		0.28(2)
^{98}Ru	1.9						< 8
^{99}Ru	12.7						6.9(1.0)
^{100}Ru	12.6		0				4.8(6)
^{101}Ru	17.0						3.3(9)
^{102}Ru	31.6		0				1.17(7)
^{104}Ru	18.7		0				0.31(2)
^{103}Rh	100	5.88(4)		4.34(6)	0.3(3)E	4.6(3)	144.8(7)
Pd		5.91(6)		4.39(9)	0.093(9)	4.48(9)	6.9(4)
^{102}Pd	1.02	7.7(7)E	0	7.5(1.4)	0	7.5(1.4)	3.4(3)
^{104}Pd	11.14	7.7(7)E	0	7.5(1.4)	0	7.5(1.4)	0.6(3)
^{105}Pd	22.33	5.5(3)	$-2.6(1.6)$	3.8(4)	0.8(1.0)	4.6(1.1)	20.(3.)
^{106}Pd	27.33	6.4(4)	0	5.1(6)	0	5.1(6)	0.304(29)
^{108}Pd	26.46	4.1(3)	0	2.1(3)	0	2.1(3)	8.5(5)
^{110}Pd	11.72	7.7(7)E	0	7.5(1.4)	0	7.5(1.4)	0.226(31)
Ag		5.922(7)		4.407(10)	0.58(3)	4.99(3)	63.3(4)
^{107}Ag	51.83	7.555(11)	1.00(13)	7.17(2)	0.13(3)	7.30(4)	37.6(1.2)
^{109}Ag	48.17	4.165(11)	$-1.60(13)$	2.18(1)	0.32(5)	2.50(5)	91.0(1.0)
Cd		$4.87(5) - 0.70(1)i$		3.04(6)	3.46(13)	6.50(12)	2520(50.)
^{106}Cd	1.25	5.(2.)E	0	3.1(2.5)	0	3.1(2.5)	1

Isotope	Natural abundance (%)	b_{coh} (fm)	b_{inc} (fm)	σ_{coh} (barn)	σ_{inc} (barn)	σ_{scat} (barn)	σ_{abs} (barn)
^{108}Cd	0.89	5.4(1)	0	3.7(1)	0	3.7(1)	1.1(3)
^{110}Cd	12.51	5.9(1)	0	4.4(1)	0	4.4(1)	11.(1.)
^{111}Cd	12.81	6.5(1)		5.3(2)	0.3(3)E	5.6(4)	24.(3.)
^{112}Cd	24.13	6.4(1)	0	5.1(2)	0	5.1(2)	2.2(5)
^{113}Cd	12.22	$-8.0(2) - 5.73(11)i$		12.1(4)	0.3(3)E	12.4(5)	20600.(400.)
^{114}Cd	28.72	7.5(1)	0	7.1(2)	0	7.1(2)	0.34(2)
^{116}Cd	7.47	6.3(1)	0	5.0(2)	0	5.0(2)	0.075(13)
In		$4.065(20) - 0.0539(4)i$		2.08(2)	0.54(11)	2.62(11)	193.8(1.5)
^{113}In	4.3	5.39(6)	±0.017(1)	3.65(8)	0.000037(5)	3.65(8)	12.0(1.1)
^{115}In	95.7	$4.01(2) - 0.0562(6)i$	$-2.1(2)$	2.02(2)	0.55(11)	2.57(11)	202.(2.)
Sn		6.225(2)		4.870(3)	0.022(5)	4.892(6)	0.626(9)
^{112}Sn	1.0	6(1.)E	0	4.5(1.5)	0	4.5(1.5)	1.00(11)
^{114}Sn	0.7	6.2(3)	0	4.8(5)	0	4.8(5)	0.114(30)
^{115}Sn	0.4	6(1.)E		4.5(1.5)	0.3(3)E	4.8(1.5)	30.(7.)
^{116}Sn	14.7	5.93(5)	0	4.42(7)	0	4.42(7)	0.14(3)
^{117}Sn	7.7	6.48(5)		5.28(8)	0.3(3)E	5.6(3)	2.3(5)
^{118}Sn	24.3	6.07(5)	0	4.63(8)	0	4.63(8)	0.222(5)
^{119}Sn	8.6	6.12(5)		4.71(8)	0.3(3)E	5.0(3)	2.2(5)
^{120}Sn	32.4	6.49(5)	0	5.29(8)	0	5.29(8)	0.14(3)
^{122}Sn	4.6	5.74(5)	0	4.14(7)	0	4.14(7)	0.18(2)
^{124}Sn	5.6	5.97(5)	0	4.48(8)	0	4.48(8)	0.133(5)
Sb		5.57(3)		3.90(4)	0.00(7)	3.90(6)	4.91(5)
^{121}Sb	57.3	5.71(6)	$-0.05(15)$	4.10(9)	0.0003(19)	4.10(9)	5.75(12)
^{123}Sb	42.7	5.38(7)	$-0.10(15)$	3.64(9)	0.001(4)	3.64(9)	3.8(2)

付 録 B 189

Te						
^{120}Te	0.096	5.80(3)		4.23(4)	0.09(6)	4.32(5)	4.7(1)
^{122}Te	2.60	5.3(5)	0	3.5(7)	0	3.5(7)	2.3(3)
^{123}Te	0.908	3.8(2)	0	1.8(2)	0	1.8(2)	3.4(5)
^{124}Te	4.816	$-0.05(25) - 0.116(8)i$	$-2.04(9)$	0.002(3)	0.52(5)	0.52(5)	418.(30.)
^{125}Te	7.14	7.96(10)	0	8.0(2)	0	8.0(2)	6.8(1.3)
^{126}Te	18.95	5.02(8)	$-0.26(13)$	3.17(10)	0.008(8)	3.18(10)	1.55(16)
^{128}Te	31.69	5.56(7)	0	3.88(10)	0	3.88(10)	1.04(15)
^{128}Te	31.69	5.89(7)	0	4.36(10)	0	4.36(10)	0.215(8)
^{130}Te	33.80	6.02(7)	0	4.55(11)	0	4.55(11)	0.29(6)
^{127}I	100	5.28(2)	1.58(15)	3.50(3)	0.31(6)	3.81(7)	6.15(6)
Xe							
^{124}Xe	0.10	4.92(3)		3.04(4)			23.9(1.2)
^{126}Xe	0.09		0		0		165.(20.)
^{128}Xe	1.91		0		0		3.5(8)
^{129}Xe	26.4		0		0		< 8
^{130}Xe	4.1						21.(5.)
^{131}Xe	21.2		0		0		< 26
^{132}Xe	26.9		0		0		85.(10.)
^{134}Xe	10.4		0		0		0.45(6)
^{136}Xe	8.9		0		0		0.265(20)
			0		0		0.26(2)
^{133}Cs	100	5.42(2)	1.29(15)	3.69(3)	0.21(5)	3.90(6)	29.0(1.5)
Ba							
^{130}Ba	0.11	5.07(3)	0	3.23(4)	0.15(11)	3.38(10)	1.1(1)
^{132}Ba	0.10	$-3.6(6)$	0	1.6(5)	0	1.6(5)	30(5.)
		7.8(3)	0	7.6(6)	0	7.6(6)	7.0(8)
^{134}Ba	2.42	5.7(1)	0	4.08(14)	0	4.08(14)	2.0(1.6)

Isotope	Natural abundance (%)	b_{coh} (fm)	b_{inc} (fm)	σ_{coh} (barn)	σ_{inc} (barn)	σ_{scat} (barn)	σ_{abs} (barn)
^{135}Ba	6.59	4.67(10)		2.74(12)	0.5(5)E	3.2(5)	5.8(9)
^{136}Ba	7.85	4.91(8)	0	3.03(10)	0	3.03(10)	0.68(17)
^{137}Ba	11.23	6.83(10)		5.86(17)	0.5(5)E	6.4(5)	3.6(2)
^{138}Ba	71.70	4.84(8)	0	2.94(10)	0	2.94(10)	0.27(14)
La		8.24(4)		8.53(8)	1.13(19)	9.66(17)	8.97(4)
^{138}La	0.09	8.(2.)E		8.(4.)	0.5(5)E	8.5(4.0)	57.(6.)
^{139}La	99.91	8.24(4)	3.0(2)	8.53(8)	1.13(15)	9.66(17)	8.93(4)
Ce		4.84(2)		2.94(2)	0.00(10)	2.94(10)	0.63(4)
^{136}Ce	0.19	5.80(9)	0	4.23(13)	0	4.23(13)	7.3(1.5)
^{138}Ce	0.25	6.70(9)	0	5.64(15)	0	5.64(15)	1.1(3)
^{140}Ce	88.48	4.84(9)	0	2.94(11)	0	2.94(11)	0.57(4)
^{142}Ce	11.08	4.75(9)	0	2.84(11)	0	2.84(11)	0.95(5)
^{141}Pr	100	4.58(5)	−0.35(3)	2.64(6)	0.015(3)	2.66(6)	11.5(3)
Nd		7.69(5)		7.43(10)	9.2(8)	16.6(8)	50.5(1.2)
^{142}Nd	27.16	7.7(3)	0	7.5(6)	0	7.5(6)	18.7(7)
^{143}Nd	12.18	14.(2.)E	±21(1.)	25.(7.)	55.(7.)	80.(2.)	334.(10.)
^{144}Nd	23.80	2.8(3)	0	1.0(2)	0	1.0(2)	3.6(3)
^{145}Nd	8.29	14.(2.)E		25.(7.)	5.(5.)E	30.(9.)	42.(2.)
^{146}Nd	17.19	8.7(2)	0	9.5(4)	0	9.5(4)	1.4(1)
^{148}Nd	5.75	5.7(3)	0	4.1(4)	0	4.1(4)	2.5(2)
^{150}Nd	5.63	5.3(2)	0	3.5(3)	0	3.5(3)	1.2(2)
^{147}Pm	(2.62 a)	12.6(4)	±3.2(2.5)	20.0(1.3)	1.3(2.0)	21.3(1.5)	168.4(3.5)
Sm		0.80(2) − 1.65(2)i		0.422(9)	39.(3.)	39.(3.)	5922.(56.)
^{144}Sm	3.1	−3.(4.)E	0	1.(3.)	0	1.(3.)	0.7(3)
^{147}Sm	15.1	14.(3.)	±11.(7.)	25.(11.)	14.(19.)	39.(16.)	57.(3.)

付　録　B

¹⁴⁸Sm	11.3				1.(3.)	2.4(6)
¹⁴⁹Sm	13.9	−3.(4.)E	0	137.(5.)	200.(5.)	42080.(400.)
¹⁵⁰Sm	7.4	−19.2(1) − 11.7(1)i	±31.4(6) − 10.3(1)i			
		14.(3.)	0	0	25.(11.)	104.(4.)
¹⁵¹Sm	26.6	−5.0(6)	0	0	3.1(8)	206.(6.)
¹⁵²Sm						
¹⁵⁴Sm	22.6	9.3(1.0)	0	0	11.(2.)	8.4(5)
Eu		7.22(2) − 1.26(1)i				
¹⁵¹Eu	47.8	6.13(14) − 2.53(3)i	±4.5(4) − 2.14(2)i		9.2(4)	4530.(40.)
				2.5(4)	8.6(4)	9100.(100.)
¹⁵³Eu	52.2	8.22(12)	±3.2(9)	3.1(4)		
				1.3(7)	9.8(7)	312.(7.)
Gd		6.5(5) − 13.82(3)i			180.(2.)	49700.(125.)
¹⁵²Gd	0.2	10.(3.)E	0	151.(2.)	13.(8.)	735.(20.)
¹⁵⁴Gd	2.1	10.(3.)E	0	0	13.(8.)	85.(12.)
¹⁵⁵Gd	14.8	6.0(1) − 17.0(1)i	±5.(5.)E − 13.16(9)i			
				25.(6.)	66.(6.)	61100.(400.)
¹⁵⁶Gd	20.6	6.3(4)	0	0	5.0(6)	1.5(1.2)
¹⁵⁷Gd	15.7	−1.14(2) − 71.9(2)i	±5.(5.)E − 55.8(2)i	394.(7.)	1044.(8.)	259000.(700.)
¹⁵⁸Gd	24.8	9.(2.)	0	0	10.(5.)	2.2(2)
¹⁶⁰Gd	21.8	9.15(5)	0	0	10.52(11)	0.77(2)
¹⁵⁹Tb	100	7.38(3)	−0.17(7)	0.004(3)	6.84(6)	23.4(4)
Dy		16.9(2) − 0.276(4)i				
¹⁵⁶Dy	0.06	6.1(5)	0	54.4(1.2)	90.3(9)	994.(13.)
¹⁵⁸Dy	0.10	6.(4.)E	0	0	4.7(8)	33.(3.)
¹⁶⁰Dy	2.34	6.7(4)	0	0	5.(6.)	43.(6.)
¹⁶¹Dy	19.0	10.3(4)	±4.9(8)	3.(1.)	5.6(7)	56.(5.)
					16.(1.)	600.(25.)
¹⁶²Dy	25.5	−1.4(5)	0	0	0.25(18)	194.(10.)
¹⁶³Dy	24.9	5.0(4)	1.3(3)	0.21(10)	3.3(5)	124.(7.)
¹⁶⁴Dy	28.1	49.4(2) − 0.79(1)i	0	0	307.(3.)	2840.(40.)

Isotope	Natural abundance (%)	b_{coh} (fm)	b_{inc} (fm)	σ_{coh} (barn)	σ_{inc} (barn)	σ_{scat} (barn)	σ_{abs} (barn)
^{165}Ho	100	8.01(8)	−1.70(8)	8.06(16)	0.36(3)	8.42(16)	64.7(1.2)
Er				7.63(4)	1.1(3)	8.7(3)	159.(4.)
^{162}Er	0.14	8.8(2)	0	9.7(4)	0	9.7(4)	19.(2.)
^{164}Er	1.56	8.2(2)	0	8.4(4)	0	8.4(4)	13.(2.)
^{166}Er	33.4	10.6(2)	0	14.1(5)	0	14.1(5)	19.6(1.5)
^{167}Er	22.9	3.0(3)	1.0(3)	1.1(2)	0.13(8)	1.2(2)	659.(16.)
^{168}Er	27.1	7.4(4)	0	6.9(7)	0	6.9(7)	2.74(8)
^{170}Er	14.9	9.6(5)	0	11.6(1.2)	0	11.6(1.2)	5.8(3)
^{169}Tm	100	7.07(3)	0.9(3)	6.28(5)	0.10(7)	6.38(9)	100.(2.)
Yb		12.43(3)		19.42(9)	4.0(2)	23.4(2)	34.8(8)
^{168}Yb	0.14	−4.07(2) − 0.62(1)i	0	2.13(2)	0	2.13(2)	2230.(40.)
^{170}Yb	3.06	6.77(10)	0	5.8(2)	0	5.8(2)	11.4(1.0)
^{171}Yb	14.3	9.66(10)	−5.59(17)	11.7(2)	3.9(2)	15.6(3)	48.6(2.5)
^{172}Yb	21.9	9.43(10)	0	11.2(2)	0	11.2(2)	0.8(4)
^{173}Yb	16.1	9.56(7)	−5.3(2)	11.5(2)	3.5(3)	15.0(4)	17.1(1.3)
^{174}Yb	31.8	19.3(1)	0	46.8(5)	0	46.8(5)	69.4(5.0)
^{176}Yb	12.7	8.72(10)	0	9.6(2)	0	9.6(2)	2.85(5)
Lu		7.21(3)		6.53(5)	0.7(4)	7.2(4)	74.(2.)
^{175}Lu	97.39	7.24(3)	±2.2(7)	6.59(5)	0.6(4)	7.2(4)	21.(3.)
^{176}Lu	2.61	6.1(1) − 0.57(1)i	±3.0(4) + 0.61(1)i	4.7(2)	1.2(3)	5.9(4)	2065.(35.)
Hf		7.77(14)		7.6(3)	2.6(5)	10.2(4)	104.1(5)
^{174}Hf	0.2	10.9(1.1)	0	15.(3.)	0	15.(3.)	561.(35.)
^{176}Hf	5.2	6.61(18)	0	5.5(3)	0	5.5(3)	23.5(3.1)
^{177}Hf	18.6	0.8(1.0)E	±0.9(1.3)	0.1(2)	0.1(3)	0.2(2)	373.(10.)
^{178}Hf	27.1	5.9(2)	0	4.4(3)	0	4.4(3)	84.(4.)

付　録　B

核種	存在比						
^{179}Hf	13.7	7.46(16)		7.0(3)	0.14(2)	7.1(3)	41.(3.)
^{180}Hf	35.2	13.2(3)		21.9(1.0)	0	21.9(1.0)	13.04(7)
Ta							
^{180}Ta	0.012	6.91(7)		6.00(12)	0.01(17)	6.01(12)	20.6(5)
		7.(2.)E		6.2(3.5)	0.5(5)E	7.(4.)	563.(60.)
^{181}Ta	99.988	6.91(7)	−0.29(3)	6.00(12)	0.011(2)	6.01(12)	20.5(5)
W							
^{180}W	0.1	4.86(2)		2.97(2)	1.63(6)	4.60(6)	18.3(2)
		5.(3.)E		3.(4.)		3.(4.)	30.(20.)
^{182}W	26.3	6.97(4)	0	6.10(7)	0	6.10(7)	20.7(5)
^{183}W	14.3	6.53(4)	0	5.36(7)	0.3(3)E	5.7(3)	10.1(3)
^{184}W	30.7	7.48(6)	0	7.03(11)	0	7.03(11)	1.7(1)
^{186}W	28.6	−0.72(4)	0	0.065(7)	0	0.065(7)	37.9(6)
Re		9.2(2)	±2.0(1.8)	10.6(5)	0.9(6)	11.5(3)	89.7(1.)
^{185}Re	37.40	9.0(3)		10.2(7)	0.5(9)	10.7(6)	112.(2.)
^{187}Re	62.60	9.3(3)	±2.8(1.1)	10.9(7)	1.0(8)	11.9(4)	76.4(1.0)
Os		10.7(2)		14.4(5)	0.3(8)	14.7(6)	16.0(4)
^{184}Os	0.02	10.(2.)E	0	13.(5.)	0	13.(5.)	3000.(150.)
^{186}Os	1.58	11.6(1.7)	0	17.(5.)	0	17.(5.)	80.(13.)
^{187}Os	1.6	10.(2.)E		13.(5.)	0.3(3)E	13.(5.)	320.(10.)
^{188}Os	13.3	7.6(3)	0	7.3(6)	0	7.3(6)	4.7(5)
^{189}Os	16.1	10.7(3)		14.4(8)	0.5(5)E	14.9(9)	25.(4.)
^{190}Os	26.4	11.0(3)	0	15.2(8)	0	15.2(8)	13.1(3)
^{192}Os	41.0	11.5(4)	0	16.6(1.2)	0	16.6(1.2)	2.0(1)
Ir							425.(2.)
^{191}Ir	37.3	10.6(3)		14.1(8)	0.(3.)	14.(3.)	954.(10.)
^{193}Ir	62.7						111.(5.)

Isotope	Natural abundance (%)	b_{coh} (fm)	b_{inc} (fm)	σ_{coh} (barn)	σ_{inc} (barn)	σ_{scat} (barn)	σ_{abs} (barn)
Pt		9.60(1)				11.71(11)	10.3(3)
190Pt	0.01	9.0(1.0)	0	10.(2.)	0	10.(2.)	152.(4.)
192Pt	0.79	9.9(5)	0	12.3(1.2)	0	12.3(1.2)	10.0(2.5)
194Pt	32.9	10.55(8)	0	14.0(2)	0	14.0(2)	1.44(19)
195Pt	33.8	8.83(11)	−1.00(17)	9.8(2)	0.13(4)	9.9(2)	27.5(1.2)
196Pt	25.3	9.89(8)	0	12.3(2)	0	12.3(2)	0.72(4)
198Pt	7.2	7.8(1)	0	7.6(2)	0	7.6(2)	3.66(19)
197Au	100	7.63(6)	−1.84(10)	7.32(12)	0.43(5)	7.75(13)	98.65(9)
Hg		12.692(15)		20.24(5)	6.6(1)	26.8(1)	372.3(4.0)
196Hg	0.2	30.3(1.0)	0	115.(8.)	0	115.(8.)	3080.(180.)
198Hg	10.1		0		0		2.0(3)
199Hg	17.0	16.9(4)	±15.5	36.(2.)	30.(3.)	66.(2.)	2150.(48.)
200Hg	23.1		0		0		<60
201Hg	13.2						7.8(2.0)
202Hg	29.6		0		0		4.89(5)
204Hg	6.8		0		0		0.43(10)
Tl		8.776(5)		9.678(11)	0.21(15)	9.89(15)	3.43(6)
203Tl	29.524	6.99(16)	1.06(14)	6.14(28)	0.144(4)	6.28(28)	11.4(2)
205Tl	70.476	9.527(7)	−0.242(17)	11.39(17)	0.007(1)	11.40(17)	0.104(17)
Pb		9.405(3)		11.115(7)	0.0030(7)	11.118(7)	0.171(2)
204Pb	1.4	9.90(10)	0	12.3(2)	0	12.3(2)	0.65(7)
206Pb	24.1	9.22(5)	0	10.68(12)	0	10.68(12)	0.0300(8)
207Pb	22.1	9.28(4)	0.14(6)	10.82(9)	0.002(2)	10.82(9)	0.699(10)
208Pb	52.4	9.50(2)	0	11.34(5)	0	11.34(5)	0.00048(3)

付録 B

		8.532(2)	0.259(15)	9.148(4)	0.0084(10)	9.156(4)	0.0338(7)
209Bi	100						
Po							
At							
Rn							
Fr							
226Ra	$(1.60 \times 10^3$ a)	10.0(1.0)	0	13.(3.)	0	13.(3.)	12.8(1.5)
Ac							
232Th	100	10.31(3)	0	13.36(8)	0	13.36(8)	7.37(6)
Pa	$(3.28 \times 10^4$ a)	9.1(3)	0	10.4(7)	0.1(3.3)	10.5(3.2)	200.6(2.3)
U		8.417(5)		8.903(11)	0.005(16)	8.908(11)	7.57(2)
233U	$(1.59 \times 10^5$ a)	10.1(2)	±1.(3.)	12.8(5)	0.1(6)	12.9(3)	574.7(1.0)
234U	0.005	12.4(3)	0	19.3(9)	0	19.3(9)	100.1(1.3)
235U	0.720	10.47(4)	±1.3(6)	13.78(11)	0.2(2)	14.0(2)	680.9(1.1)
238U	99.275	8.402(5)	0	8.871(11)	0	8.871(11)	2.68(2)
237Np	$(2.14 \times 10^6$ a)	10.55(10)		14.0(3)	0.5(5)E	14.5(6)	175.9(2.9)
238Pu	(87.74 a)	14.1(5)	0	25.0(1.8)	0	25.0(1.8)	558.(7.)
239Pu	$(2.41 \times 10^4$ a)	7.7(1)	±1.3(1.9)	7.5(2)	0.2(6)	7.7(6)	1017.3(2.1)
240Pu	$(6.56 \times 10^3$ a)	3.5(1)	0	1.54(9)	0	1.54(9)	289.6(1.4)
242Pu	$(3.76 \times 10^5$ a)	8.1(1)	0	8.2(2)	0	8.2(2)	18.5(5)
243Am	$(7.37 \times 10^3$ a)	8.3(2)	±2.(7.)	8.7(4)	0.3(2.6)	9.0(2.6)	75.3(1.8)
244Cm	(18.10 a)	9.5(3)	0	11.3(7)	0	11.3(7)	16.2(1.2)
246Cm	$(4.7 \times 10^3$ a)	9.3(2)	0	10.9(5)	0	10.9(5)	1.36(17)
248Cm	$(3.5 \times 10^5$ a)	7.7(2)	0	7.5(4)	0	7.5(4)	3.00(26)

索　引

ア　行

アクチナイド金属　90
アナライザー　103
アナライザー単結晶分解能　109
アナライザーモザイク　104

位相因子　10
位相空間　64
1次元（鎖状）　156
1次元スピン波　161
1次元スピン揺らぎ　159
1次元反強磁性体　157, 159
1次相転移　134
位置敏感検出器　82
異方性磁場　148
イメージングプレート　82, 87

衛星反射　130
エヴァルト球（殻）　8, 9, 82
エネルギー分解能　121
エネルギー分光　94
遠距離磁気相互作用　152

応答関数　56
大型陽子加速器による中性子源　18
オーダーパラメーター　136, 148
音響モード　144, 147

カ　行

回折現象　6

回折条件　8
回折線　6, 9
回折像　64
回折パターン　87
回折プロファイル　87
回折法則　3
回転半径　61, 72
界面の構造揺らぎ　67
カイラルドメイン　120
核散乱　91
核散乱振幅　68, 91
核破砕反応　22
核分裂　16
核力相互作用　37
加速器駆動中性子源　19
カップル減速器　98
感受率　52
干渉効果　6
干渉縞　66
干渉性散乱　14, 40, 44
干渉性散乱断面積　40
干渉性弾性散乱　71
間接相互作用　152
緩和現象　124

基準振動　143
基準モード　144
規則構造　124
規則相　134
軌道磁性　90
軌道状態　127
ギニエ則　60, 61, 72
基本並進ベクトル　4

索引

逆格子　3, 4
逆格子空間　10
逆格子ベクトル　10, 157
強磁性　127, 148
強磁性金属　114, 152
強磁性酸化物絶縁体　90
強磁性スピン波　148, 152
強磁性体　150
共鳴散乱　14
共鳴散乱項　40
鏡面反射　67
局所構造　80

空間群　3, 5, 6
屈折　14
屈折パターン　67
屈折率　14, 27, 65
クライオパッド　118

形状因子　72
結晶構造　3
結晶構造解析　5
結晶対称操作　5
結晶法　32, 34
原子核　12
原子核散乱　37, 40, 46, 48, 49
原子核散乱振幅　15, 42
原子核散乱断面積　42
原子核散乱長　15
原子核散乱ポテンシャル　38, 40, 46, 49
原子散乱因子　10
原子磁気モーメント　127
原子スピン　88
原子対分布関数　76
原子配列　127
検出器　29
原子炉　16
減速温度　17
減速装置　19

高温超伝導　167
光学モード　144

交換相互作用　148
格子振動　140, 142, 146, 148
格子波　140, 148
構造因子　4, 6, 9
構造解析　12
構造パラメーター　87
後方散乱装置　109, 110
固体　149
固体希ガス結晶　146
固体シンチレーション計数管　30
個別相関関数　53, 76
コントラスト変調中性子小角散乱法　72, 74
コントラストマッチング法　73, 74

サ 行

最大エントロピー法　87
3軸型（結晶）分光装置　100, 101
3軸分光器分解能関数　103
3軸分光法　102
3次元磁性体　158
3次元偏極度解析（装置）　117
散漫散乱　45, 136
散乱関数　39, 52, 105, 151
散乱強度　10
散乱振幅　9, 10, 39, 40
散乱体の回転半径　61
散乱断面積　40
散乱長　13
散乱能　9
散乱波　13

磁化（磁気モーメント）　148
磁気形状因子　43, 89, 90, 160
磁気構造解析　81, 88
磁気散乱　12, 48, 49, 88, 117
磁気散乱強度　88
磁気散乱振幅　68, 88, 89
磁気散乱（微分）散乱断面積　41～43
磁気相互作用　37
磁気相互作用素　43
磁気秩序相　158

磁気超格子反射 128
磁気ハミルトニアン 148
磁気反射 10, 128
磁気モーメント 12
　——の周期構造 127
次元，量子効果 155
自己相関関数 53, 76
自発磁化 127
周期的な規則配列 127
重金属標的 22
集団励起 103
準弾性散乱 156, 157
詳細釣り合い則 134
常磁性散乱 114

垂直型反射計 67
水平型反射計 67
スケーリング則 139
スケーリング理論 136
スーパーミラー 21, 27
スパレーション反応 18
スピネル構造 118
スピン 11
スピンカイラリティ 120
スピン-軌道相互作用 129
スピン相関 157
スピンダイマー 165
スピン波 148
スピン波励起 148
スピンフリッパー 112, 115

ゼロ点振動 148
遷移確率 38
全散乱 44, 77
全散乱カメラ 76, 78
全散乱実験 80
全散乱装置 131
全散乱断面積 40
全磁化作用素 43
全反射 27, 69
　——の臨界波長 15
全反射角 15

全反射法 14

相関関数 52, 54, 56, 76
相関距離 138
双極子相互作用 88
相転移 134, 136
相転移温度 137
速度 93
ソーラコリメーター 103

タ 行

第1ボルン近似 12
対称操作 5
対分布関数 54, 76, 131
ダイマー量子 166
楕円スパイラル 120
多重フォノン課程 146
多層膜 27
縦波モード 144
単位格子 4
単位胞 3, 9
短距離秩序 77
単結晶回折 81
単結晶回折計 87
弾性散乱 14, 45, 47, 60
弾性波 142
弾性率 140
単フォトン過程 146

秩序変数 138
中間相関関数 122, 124
中心力 12
中性子 11
　——と原子（核）との相互作用 13
　——の屈折 14
　——の屈折率 14, 66
　——の磁気散乱 40
　——の単色化 95
　——の特性 11
　——の非干渉性散乱成分 70
中性子回折 64, 81, 82

中性子回折法　65
中性子核分裂　17
中性子吸収　15, 25
中性子質量　11
中性子寿命　11
中性子源　16, 31
中性子検出効率　29
中性子光学　64, 66
中性子光学現象　13
中性子散乱現象　12
中性子散乱長　80
中性子散乱能　80
中性子磁気散乱　151
中性子磁気散乱断面積　40, 43, 137
中性子磁気非弾性散乱　159
中性子磁気非弾性散乱断面積　150
中性子集束　14
中性子小角散乱　65, 73
中性子小角散乱装置　64, 70
中性子小角散乱断面積　59
中性子小角散乱プロファイル　71
中性子スピン　88
中性子スピンエコー　121
中性子スピンエコー装置　123
中性子スピンエコー法　121, 124
中性子全散乱　76
中性子全散乱カメラ　65, 76
中性子導管　20
中性子パルス時間幅　22
中性子反射計　64〜66
中性子非弾性散乱　148
中性子微分散乱断面積　49
中性子分光　93
中性子分光装置　93
中性子偏極　14
中性子ラジオグラフィー法　64
中性子臨界散乱　139
長距離秩序構造　77
超交換相互作用　156
超小角散乱装置　64
超伝導相　158
調和振動子　142

チョッパー　31, 95
チョッパー（TOF）分光器　95, 161

低次元磁性　156
低次元磁性体　156
低次元磁性物質　156
低次元スピン相関　157
低次元の熱力学現象　156
定常中性子源　18
ディスクチョッパー　32, 98
デバイ温度　47
デバイリング　82
デバイ-ワラー因子　146, 148
点群　5
電子リニアック　16

同位元素　44
同位元素効果　72
透過分布関数　105
銅酸化物　167
銅酸化物高温超伝導体　163
同時刻相関　47
同時刻相関関数　54, 76
動的感受率　54
動的磁化率　151
動的スケーリング理論　136
ド・ブロイ波　14

ナ　行

ナノ構造　2

2次元（面状）　156
2次元 PSD　87
2次元反強磁性励起　163
2次元量子反強磁性　167
2次相転移　136, 156
入射波　13
ニューティター　117, 118

熱外中性子源　17
熱中性子　29

索　　引

——の透過度　13
熱中性子源　12, 16, 17
熱（低速）中性子散乱現象　12
ネール状態　164

ハ　行

配位数　80
ハイゼンベルグハミルトニアン　149
パイロリチックグラファイト　102
白色中性子ビーム　93
波長　93
パルススパレーション中性子源　82
パルス中性子　16
パルス中性子源　18, 31, 34, 82, 95, 161
パルスのピーク強度　22
ハルデインギャップ　165
ハルバッハ磁石　28
反強磁性規則構造　127
反強磁性スピン波　157
反強磁性体　152
反強磁性ハイゼンベルグ1次元鎖　164
反強磁性マグノン　155
反射・屈折現象　67
反射率　67
反転比　89, 93

光反応　16
非干渉性（散乱）　40, 44, 116
非干渉性散乱振幅　44
非干渉性散乱断面積　54
飛行時間分析（TOF）法　33, 83, 94, 95, 101
歪み　87
左回り　129
非弾性散乱　32, 45〜47
非弾性散乱強度　104
非弾性散乱実験　104, 107
非弾性散乱断面積　151
非弾性スペクトル　150
非弾性中性子散乱実験　104
非調和格子振動　148
比熱　134

微分散乱断面積　93, 104
非偏極中性子　91
——の偏極方法　113
ビームコリメーター　104

ファンデルワールス力　147
フィルター　25, 103
フェリ規則構造　127
フェルミ擬ポテンシャル　37, 38, 46
フェルミチョッパー　32, 97
フェルミの黄金則　38
フォーカシング効果　107, 108
フォノン　140, 144, 145
フォノン散乱　146, 148
フォノン分散関係　144〜147
フォノン量子　149
不均質媒質中　59
複合核　12, 14, 39
物質波　12, 46
部分構造因子　81
部分散乱関数　73, 77
フラストレーション　166
フラストレーション効果　118
フラストレートスピン　120
ブラッグ条件　10
ブラッグの法則　6, 8, 83
分解能　86
分解能関数　104, 105, 107
分解能楕円体　108, 109
分散関係　149
分散現象　70
分子結晶　147
分子場近似　136, 137
分析　93
粉末回折装置　83, 86
粉末構造回折　64, 78, 81, 87

平均自由行程　15
ベクトル作用素　42
ベーテ状態　164
偏極中性子　24, 25, 49, 88, 110
——のラーモア回転　94

偏極中性子散乱　49, 91, 110
偏極中性子反射計　68
偏極中性子反射率測定　69
偏極度　24, 25
偏極（度）解析　110, 114
偏極度解析分光装置　110
偏極微分散乱断面積　50, 51
偏極方法　88

ポイズン減速器　86, 97
ボーズ粒子　144
ポテンシャル散乱　14, 39, 40
ボルン近似　37, 38, 45, 47, 52, 59, 70, 71
ポロド則　61, 62, 72, 75
ポロド不変量　63

マ 行

マグノン　148〜150, 152
マグノン量子　148

ミクロ構造　2, 77, 130
ミクロ構造解析　131
ミクロ構造研究　76
峰型磁気散乱分布　159
峰型分布　158
ミラー関数　4

モザイク幅　102
モノクロメーター　31, 103, 104, 109
モノクロメーターチョッパー　34, 97

ヤ 行

陽子シンクロトロン　18
陽子線　16
揺動散逸定理　55
横波モード　144
4軸単結晶回折計　64

ラ 行

ラウエの法則　6, 8
ラウエリング　9
螺旋構造　128〜130
螺旋方向　131

リートベルト解析　87
リートベルト法　87
量子効果　148, 164
臨界現象　138
臨界散乱　136, 138
臨界散乱現象　136
臨界散乱振幅　137, 138
臨界指数　136, 138, 139, 156
臨界遅延現象　136

ルチル構造　128

励起スペクトル　101
冷中性子　17
冷中性子源　17

欧 文

AMATERAS　97, 98

$^{10}BF_3$　30
$^{10}BF_3$ 比例計数管　30
bremsstrahlung　16

$CdCr_2O_4$　118
chadwick, J　11
chirality　128, 129
constant ε scan　108
constant Q scan　101, 108
CPC　164
$CsNiF_3$　160
$CsVCl_3$　163

diffusion　73

direct geometry spectrometer　95
D-M 相互作用　129
dynamical matrix　143

4SEASON　99
focusing　111
focusing effect

^{3}He ガス計測器　30
^{3}He ガス検出器　30
^{3}He ガス比例計数管　30
^{3}He 偏極装置　26
helicity　129, 130
HRC　97

inverted geometry spectrometer　95
ISIS　18

Jahn Teller 相互作用　90
J-PARC　29, 95, 97, 101
　――の MLF　19
　――の中性子源　23
JRR-3 原子炉　19

kinematical slowing down　138

La_2CuO_4　167〜169
$La_{2-x}M_xCuO_4$　169
Laue ring　9

magnon　148
MEOP　26
MnO　152, 155

Pd_2MnSn　152
PDF　81

$\vec{Q}$ 固定のスキャン　101

radial distribution function（RDF）　80
Ridge-like　161
RKKY 相互作用　152, 154

SEOP　26
SINQ　18
SNS　18
$SrCu_2(BO_3)_2$　165

TMMC　157, 159
TOF チョッパー　95

著者略歴

遠藤 康夫(えんどう やすお)

1939 年　大阪府に生まれる
1985 年　京都大学大学院工学研究科中退
2003 年　東北大学金属材料研究所教授定年退官
現　在　東北大学名誉教授
　　　　高エネルギー加速器研究機構ダイヤモンドフェロー
　　　　原子力研究機構嘱託
　　　　理化学研究所嘱託
　　　　理学博士

朝倉物性物理シリーズ 9
中 性 子 散 乱

定価はカバーに表示

2012 年 4 月 25 日　初版第 1 刷
2017 年 11 月 25 日　　　第 3 刷

著　者　遠　藤　康　夫
発行者　朝　倉　誠　造
発行所　株式会社　朝　倉　書　店
　　　　東京都新宿区新小川町 6-29
　　　　郵便番号　162-8707
　　　　電　話　03(3260)0141
　　　　Ｆ Ａ Ｘ　03(3260)0180
　　　　http://www.asakura.co.jp

〈検印省略〉

© 2012〈無断複写・転載を禁ず〉　　　印刷・製本 東国文化

ISBN 978-4-254-13729-3　C 3342　　　Printed in Korea

JCOPY <(社)出版者著作権管理機構 委託出版物>

本書の無断複写は著作権法上での例外を除き禁じられています。複写される場合は、そのつど事前に、(社)出版者著作権管理機構(電話 03-3513-6969, FAX 03-3513-6979, e-mail: info@jcopy.or.jp)の許諾を得てください。

好評の事典・辞典・ハンドブック

物理データ事典 日本物理学会 編 B5判 600頁

現代物理学ハンドブック 鈴木増雄ほか 訳 A5判 448頁

物理学大事典 鈴木増雄ほか 編 B5判 896頁

統計物理学ハンドブック 鈴木増雄ほか 訳 A5判 608頁

素粒子物理学ハンドブック 山田作衛ほか 編 A5判 688頁

超伝導ハンドブック 福山秀敏ほか 編 A5判 328頁

化学測定の事典 梅澤喜夫 編 A5判 352頁

炭素の事典 伊与田正彦ほか 編 A5判 660頁

元素大百科事典 渡辺 正 監訳 B5判 712頁

ガラスの百科事典 作花済夫ほか 編 A5判 696頁

セラミックスの事典 山村 博ほか 監修 A5判 496頁

高分子分析ハンドブック 高分子分析研究懇談会 編 B5判 1268頁

エネルギーの事典 日本エネルギー学会 編 B5判 768頁

モータの事典 曽根 悟ほか 編 B5判 520頁

電子物性・材料の事典 森泉豊栄ほか 編 A5判 696頁

電子材料ハンドブック 木村忠正ほか 編 B5判 1012頁

計算力学ハンドブック 矢川元基ほか 編 B5判 680頁

コンクリート工学ハンドブック 小柳 洽ほか 編 B5判 1536頁

測量工学ハンドブック 村井俊治 編 B5判 544頁

建築設備ハンドブック 紀谷文樹ほか 編 B5判 948頁

建築大百科事典 長澤 泰ほか 編 B5判 720頁

価格・概要等は小社ホームページをご覧ください．